网络空间安全管理

王文娟 等 主编

Security Management of Cyberspace

图书在版编目(CIP)数据

网络空间安全管理 / 王文娟等主编 .— 上海 ：上海社会科学院出版社，2024
ISBN 978-7-5520-4250-4

Ⅰ.①网… Ⅱ.①王… Ⅲ.①网络安全—安全管理 Ⅳ.①TN915.08

中国国家版本馆 CIP 数据核字(2023)第 190644 号

网络空间安全管理

主　　编：王文娟　但洪敏
责任编辑：霍　覃
封面设计：霍　覃
出版发行：上海社会科学院出版社
　　　　　上海顺昌路 622 号　邮编 200025
　　　　　电话总机 021-63315947　销售热线 021-53063735
　　　　　http://www.sassp.cn　E-mail:sassp@sassp.cn
排　　版：南京展望文化发展有限公司
印　　刷：上海龙腾印务有限公司
开　　本：710 毫米×1010 毫米　1/16
印　　张：20.25
字　　数：360 千
版　　次：2024 年 1 月第 1 版　　2024 年 1 月第 1 次印刷

ISBN 978-7-5520-4250-4/TN·001　　定价：98.00 元

国家社科基金后期资助项目
出版说明

后期资助项目是国家社科基金设立的一类重要项目，旨在鼓励广大社科研究者潜心治学，支持基础研究多出优秀成果。它是经过严格评审，从接近完成的科研成果中遴选立项的。为扩大后期资助项目的影响，更好地推动学术发展，促进成果转化，全国哲学社会科学工作办公室按照“统一设计、统一标识、统一版式、形成系列”的总体要求，组织出版国家社科基金后期资助项目成果。

全国哲学社会科学工作办公室

前　　言

随着信息技术的迅速普及，人类全面进入网络时代，创造出将全球紧密联系在一起的网络空间，并成为全新的战略领域。网络空间以其特有的方式，迅速而有力地塑造着全新的社会系统、权力结构、生产生活方式和价值观念，也给国家安全带来诸多新的问题和挑战。正如习近平所指出："从世界范围看，网络安全威胁和风险日益突出，并强烈地向政治、经济、文化、社会、生态、国防等各领域传导渗透。"①伴随网络的快速发展，网络空间安全问题日益突出，网络攻击、网络恐怖主义、网络暴力等安全事件不时爆发，网络诈骗、网络侵权等违法犯罪行为依然猖獗，网络意识形态斗争愈演愈烈，给国家主权、安全、发展利益造成严重影响。随着物联网、云计算和大数据、人工智能等新一代信息技术的蓬勃发展，世界各国对网络空间安全的价值认识更加深化，纷纷把网络空间安全提升到国家战略高度，加强战略筹划与管理。

中国网民数量居世界第一，是名副其实的网络大国。党的十八大报告提出要高度关注"网络空间安全"。习近平多次强调，"没有网络安全就没有国家安全"。党的十九大报告提出建设网络强国的战略目标，强调"加强互联网内容建设，建立网络综合治理体系，营造清朗的网络空间"。党的二十大报告提出要加快建设网络强国、数字中国。如何从维护国家安全的高度出发，处理好安全与自由、安全与发展的关系，搞好网络空间安全管理，维护我国网络空间利益，确保我国网络空间安全，已经成为维护我国国家主权、安全和发展利益必须关注的非常重要而又相当紧迫的现实课题，值得我们审慎思考与大胆探索。

本书的撰写，坚持以党的十八大、十九大、二十大重要精神和习近平新时代中国特色社会主义思想为根本遵循，以总体国家安全观为引领，以习近平关于网络强国、网络空间安全的重要论述为指导，紧密结合国际国内安全形势和网络发展态势，深入思考和探索网络空间这个新兴领域的管理理论、管

---

① 习近平.在网络安全和信息化工作座谈会上的讲话[N].人民日报，2016-4-26(2).

理对象、管理过程以及具体的管理方式和手段等。通过广泛深入的调查研究，将理论研究与最新实践相结合、基础研究与应用研究相结合、突出中国特色与借鉴国外经验相结合，强调思想性、针对性和操作性的统一，力求丰富、发展和创新我国网络空间安全管理的理论，以期为网络空间安全管理实践提供指导和服务。

本书由王文娟、但洪敏担任主编，高波担任副主编。第一章网络空间安全管理概述，由王文娟撰写；第二章网络空间安全管理基础理论，由但洪敏撰写；第三章网络空间安全管理体制，由季德源、王文娟撰写；第四章网络空间安全战略管理，由但洪敏撰写；第五章网络空间人员安全管理，由栗爱斌、陈肖龙撰写；第六章网络运行环境安全管理、第七章网络空间信息安全管理，由王永华撰写；第八章网络空间技术安全管理、第九章网络空间安全风险管理、第十章网络空间安全事件应急管理，由高波撰写；第十一章网络空间安全管理国际合作，由陈肖龙撰写；第十二章网络空间安全管理法规，由方宁撰写。附录一，经典案例分析，由王文娟撰写；附录二，法律法规选编，由高波、王文娟收集整理。方宁参加了统稿工作。

网络空间安全管理研究领域新、管理实践少、理论争议多、技术难度大，要把它研究透、说清楚，形成共识，需要一个从实践到理论、理论到实践的长期过程，不是一次研究、一份成果就能达到的。本书属首次从管理学科理论的角度对网络空间安全管理进行研究，很难把涉及的所有方面都论述清楚，浅薄乃至错谬在所难免，竭诚欢迎大家批评指正。

2022 年 12 月

目录 CONTENTS

第一章　网络空间安全管理概述

随着人类全面进入网络时代，网络空间成为人类生存的第二大空间，它极大地丰富了国家利益的内容并重塑了国家安全的边界，是建设网络强国、维护国家安全的新制高点与承载体。习近平强调："建设网络强国的战略部署要与'两个一百年'奋斗目标同步推进，向着网络设施基本普及、自主创新能力显著增强、信息经济全面发展、网络安全保障有力的目标不断前进。"①当前，面对日益严峻的网络安全形势，如何有效加强网络空间安全管理，维护国家网络空间安全和网络空间利益，是我们亟须解决的一项全新的重大现实课题，复杂而艰巨。准确界定网络空间安全管理的基本概念，明晰其特点、基本内容和地位作用，是研究网络空间安全管理问题的理论起点。

第一节　网络空间安全管理的基本内涵

安全管理"是为实现系统的安全目标，运用管理学的原理、方法、手段和相关原则，分析和研究各种不安全因素，对涉及的人力、物力、财力、信息等安全资源进行决策、计划、组织、指挥、协调和控制的一系列活动，通过运用一系列技术的、组织的和管理的措施，解决和消除各种不安全因素，防止事故的发生。"②安全管理是一种基本的社会实践活动，它贯穿于人类社会实践的历史过程。网络空间安全管理，旨在通过对网络空间中各种活动、各种主体的管理来实现网络安全目的，是人类在网络空间活动全过程的生命线。

一、网络空间安全管理的基本概念

要想明确网络空间安全管理的概念，首先需要厘清网络空间、网络空间

---

① 习近平.习近平谈治国理政[M].北京：外文出版社，2014：198.

② 王凯全，等.安全管理学[M].北京：化学工业出版社，2011：8.

安全的概念。特别是网络空间的概念,这是一个最具根本性的问题。

（一）网络空间

网络最早诞生于美国。1969年,在美国麻省理工学院、斯坦福大学及兰德公司等的协助下,美国国防部高级研究计划局组建名为"阿帕网"(ARPANET)的计算机网络,成为互联网的前身。研究人员建立"阿帕网"的初衷,是通过电话线使用其他单位的计算机,但是科研人员很快就开始用其进入数据库和传递信息,网络的巨大价值初步展现。后来,该网络向非军用部门开放,形成包括不同网络的互联网。经过近20年的发展,基于TCP/IP技术的主干网NSFNET取代了"阿帕网",成为互联网主干网。到了20世纪90年代初期,Internet成为真正意义上的互联网,使整个世界实现了互联互通。随之而来的是各国政府、金融、军事、交通、通信、能源等专用网络的日臻完善。发展至今,网络已经像水和空气一样,成为人们生活工作必不可少的要素。

网络的高速发展,创造了一个新的人类空间——网络空间。"网络空间一词译自英文单词cyberspace,由cybernetics和space这两个单词组合而成,它最早出现于加拿大科幻小说作家威廉·吉布森(William Ford Gibson)在1984年出版的著作《神经漫游者》(*Neuromancer*)中,本意是指将电子信息设备与人体神经系统相连接后所产生的一种虚拟空间。20世纪末期以来,随着互联网在全球范围内的蓬勃兴起,人类的政治、经济、军事、文化等主要活动越来越依赖于计算机网络,无迹可寻却又无处不在的'网络空间'日渐成为人们高频热议、国家竞相角逐的焦点所在。"①那么,如何准确定义网络空间?理论界与实践界也经历了一个从强调网络的物理层,到多维度对网络空间进行分析的发展过程。美国在这方面的探讨极具代表性。如2003年2月,小布什政府公布的《保护网络空间的国家安全战略》认为网络空间是国家的中枢神经系统,并将网络空间定义为"由成千上万个互联的计算机、服务器、路由器、转换器、光纤组成,并使美国的关键基础设施能够工作的网络,其正常运行对美国经济和国家安全至关重要。"2006年12月,美国参谋长联席会议发布的《网络空间行动国家军事战略》,指出:"网络空间是指利用电子学和电磁频谱,经由网络化系统和相关物理基础设施进行数据存储、处理和交换的域"。2010年,美国陆军在其《网络空间行动概念能力计划2016—2028》中指出,网络空间应当包括物理域、逻辑域和社会域三大组成部分。其中,物理域

① 檀有志.网络空间全球治理:国际情势与中国路径[J].世界经济与政治,2013,27(12):25-42.

包括地理元件和物理网络元件，前者即网络中各种要素所在的地理环境，后者包括电子设备如路由器、服务器和计算机等，及将各种电子设备连接在一起的网络硬件如电线、光缆等；逻辑域是指将各种电子设备连接成网络的技术元素，如网络连接协议等；社会域则包括人与认知，前者是指人在网络上的身份与标识如邮件地址、计算机 IP 地址、电话号码等，后者是指使用网络的实实在在的人。① 不过，也有人认为不能过于夸大网络空间的范畴，认为网络空间只是可以应用在陆、海、空、天领域的工具，如同汽车、轮船、飞机和卫星一样的工具。②

我国对网络空间概念的探讨，也经历了一个不断深化的过程。目前普遍从广义的视角来认识网络空间。例如，有观点认为，网络空间是现代信息革命的产物，是一个由用户、信息、计算机(包括大型计算机、个人台式机、笔记本电脑、平板电脑、智能手机以及其他智能物体)、通信线路和设备、软件等基本要素交互所形成的人造空间，该空间使生物、物体和自然空间建立起智能联系，是人类社会活动和财富创造的全新领域。③ 还有观点认为，网络空间是一个在物理层基于有线或无线传输网络，信息层基于信息流动、发送、接收、处理、使用的完整性、可用性、可靠性、有效性、私密性，认知层基于信息语义分析、态势感知的一致性、真实性、正确性、共享性，群集层基于族群价值观、地缘结构、政治架构、文化同源、人生观、世界观等贴近度形成的集团意识组构而成的多维度、多层次、一体化的复合空间。网络空间可以理解为一个由物理而生理而心理而社会的大空间概念。④

时至今日，有关网络空间基本概念与内涵的认识并未统一。2010 年联合国国际电信联盟(ITU)指出，网络空间是指“由以下所有或部分要素创建或组成的物理或非物理的领域，这些要素包括计算机、计算机系统、网络及其软件支持、计算机数据、内容数据、流量数据以及用户。”该定义将网络空间涵盖了用户、物理设施和内容逻辑等 3 个层面，是当前相对较为权威、系统和准确的解释。

我们认为，网络空间是一个由物理要素、逻辑要素与人员要素组合而成的、虚拟与现实相结合的人造战略空间。它是信息技术和社会信息化程度发

---

① The United States Army's Cyberspace Operations Concept Capability Plan 2016 - 2028 (TRADOC Pamphlet 525 - 7 - 8) 2010, pp.8 - 9.

② 吕晶华.美国网络空间战思想研究[M].北京：军事科学出版社，2014：64.

③ 惠志斌，唐涛.中国网络空间安全发展报告[M].北京：社会科学文献出版社，2015：3 - 4.

④ 李召宝，王小明，顾香.网络空间安全威胁模型分析及防范[J].电脑知识与技术，2014，10(26)：6051 - 6054.

展到一定阶段的产物，它有别于陆、海、空、天等自然存在的物理空间，与实体空间相互重叠、相互对接、相互影响。在这个空间里，网络通过设施、节点按照确定的标准和协议连接、运转，形成不同范围内的网络系统，人们在这里创造、存储、交换和使用信息，满足生产生活的需求。网络空间的构成要素主要包括三类：一是物理要素，即网络空间基础设施，是指构成网络空间的硬件设备，包括：为电子设备提供场所的自然与人造环境，如用于安放电子设备的各种建筑物，用于铺设电缆和传递信号的陆地、海底和太空空间，用于传输信号的光纤数据线；电子设施如计算机、服务器、路由器等。这些设施相互配合、相互联结，形成了多种相互交叉的大大小小的网络。二是逻辑要素，即网络空间服务。它是指网络空间的各种数据交换，包括：各种软件、源代码、操作程序；各种规则、协议；各种信息。三是人的要素，是指人在网络空间的相互作用及人与基础设施和信息的交互。这里的人，包括网络系统的设计者、操作者、维护者和使用者等。①

网络空间具有鲜明的独特属性。第一，网络空间是人造空间。网络空间虽然与陆、海、空、天空间并列为第五空间，但它并不是一个物理空间，而是历史上第一个由人通过网络创建出来的空间。这个人造空间随着网络技术的全面普及，正逐渐实现着与实体空间的一体化。从这个意义上看，说网络空间是人类生活的“第二大空间”更为准确。第二，网络空间虚拟与现实交织。很多人认为，网络空间是一个虚拟空间。的确，网络空间具有一定的虚拟性，但并不意味着它是一个纯粹的虚拟空间。网络空间的存在高度依赖于网络设施、网络技术这些现实存在的物理基础。同时，现实的人制造了虚拟的网络空间，并对现实世界发挥具体作用。网络空间和现实空间实现交织融合。从这种意义上讲，网络空间不仅是虚拟空间，也是同时存在并交融着物质流、能量流和信息流的现实空间。也就是说，网络空间不可能脱离国家和国际社会的监管。无论是物理设施还是人，都必须处于其所辖的主权国家的监督和管理之下。第三，网络空间界限的模糊性。不同于传统的陆、海、空、天等实体空间有形、明晰、稳定和排他的特征，在网络空间中，全球网络基础设施、复杂信息系统、智能终端设备，以及数十亿网民的思想相互连接、实时交互，无数个企业和个人合作生产、协同创新，共同筑就了一个不断扩展、全面交互的网络信息空间。信息技术使网络轻松突破了主权国家传统意义上的疆域界限，将相距万里的现实空间高度融为一体。如何确定网络空间的国界成为一个世界性难题。有观点认为，网络空间与太空、公海一样是全球公域，没有国

---

① 吕晶华.美国网络空间战思想研究[M].北京：军事科学出版社，2014：65.

家间的边界；有观点认为，网络边疆现实存在，包括有形与无形两个部分。有形的部分就是基于地理要素对网络基础设施和人员的实体部分以国家为边界，无形部分包括国家专属的互联网域名及域内；还有观点认为，无形的部分，应充分考虑网络的互通性特点，以网络访问权限为标准，将网络空间划分为"公网""领网""专属网"三部分，分别对应"公海""领土、领海、领空"和"专属经济区"等3种不同区域的法律地位。基于国家主权与国家利益的考虑，网络空间存在国界受到普遍认可，但对于如何确定一国的网络空间边界仍存在较大分歧。[①] 第四，网络空间对现实世界的影响巨大。信息技术的突飞猛进催生了与物理世界并行存在的网络空间，全面覆盖了金融、教育、军事、交通、能源、电力、传媒、电信等各个系统，个人信息和相关事务等各种纷繁复杂的人类活动。网络主权、网络经济、网络国防、网络军控、网络犯罪等一系列与网络空间相关的政治、军事、文化、法律概念和问题也相继提出和产生，影响并改变甚至重塑人类社会的秩序、人类活动的行为规则。

（二）网络空间安全

既然网络空间是一个大空间概念，那么网络空间安全也应该是一个跨时空、多层次、立体化、广渗透、深融合、多维度的评估测度空间，涉及政治、经济、文化、外交、军事等诸多领域。随着网络空间安全重要性的日益凸显，世界各国目前也都倾向于从综合层面、从广义角度来理解网络空间安全，认为网络空间安全是真正涉及整个国家生产生活各个方面的"大而全"的概念。因此，我们认为，网络空间安全是指一国的网络主权和在网络空间中的国家安全，社会公共利益，公民、法人和其他组织的合法权益相对处于没有危险的和不受境内外威胁的状态。

网络空间安全，应从技术性安全和非技术性安全两个维度来理解。技术性安全是网络空间的本体安全，即网络空间各构成要素及其系统安全。非技术性安全是指网络空间所覆盖和影响的领域即网络空间对各国政治、经济、军事、社会和文化等带来的安全影响。从两个维度来界定网络空间安全更为全面科学，但从管理的角度来说，非技术性安全要以技术性安全为基础和抓手才能实现，也就是说，网络空间安全管理需要更多着眼于确保网络空间的技术性安全，才能有效实现网络空间的整体安全。因此，为了更加准确地理解和指导网络空间安全管理实践，本书主要从技术层面，即从规范和管理网络空间的构成要素这些本体来界定网络空间安全的含义。也就是说，网络空间安全既涵盖了硬件、软件安全，又涵盖了用户和内容安全，包括网络设施安

① 袁艺.网络空间的国界在哪[N].学习时报，2010-5-10(7).

全、网络数据安全、网络行为(活动)安全、网络用户安全等4个方面。具体来说,是指网络系统的软硬件及其系统中的数据受到保护,不受偶然的或者恶意的原因而遭到破坏、更改、泄露;网络系统连续可靠正常地运行;网络服务不中断;网络用户能够正常合法地通过网络进行人与人、人与信息之间的互动与交流活动。

(三) 网络空间安全管理

网络空间安全管理,是指在现代管理科学基本原理的指导下,依据相关法律法规,为维护网络空间安全和秩序所进行的决策、计划、组织、领导、协调和控制活动。其主要任务是通过确保网络空间中网络设施、网络数据、网络行为和网络用户的安全,达到维护网络空间安全乃至国家安全的最终目的。

网络空间安全管理与网络战不同,网络空间安全管理侧重于平时对网络设施、数据、行为和人员的管控,重在预防和应急处置。而网络战是指网络攻防作战,是一种非常状态下的攻击和防护活动。本书附录一介绍了一些关于网络战的案例,旨在从一些国家网络攻击实例中汲取经验教训,用来加强我们的网络空间安全管理工作,力求做到防患于未然。

二、网络空间安全管理的特点

网络空间安全不同于一般的安全管理。网络空间安全的非传统安全特征决定了网络空间安全需要独特的管理理论、管理模式和管理方法。对网络空间安全管理特点的认识,是正确理解和把握网络空间安全管理的重要基础。

(一) 管理地位的战略性

从现实情况看,随着网络应用领域的不断扩大,网络已经成为国家机器正常运转、社会秩序维持稳定、经济活动正常开展和军事行动顺利实施的重要支撑,网络空间安全对国家各种活动已带有明显的全局性、长远性影响。网络空间安全保障能力已经成为21世纪综合国力、经济竞争实力和生存能力的重要组成部分,是世纪之交世界各国在奋力攀登的制高点。2009年5月29日,美国总统奥巴马称,“21世纪美国的国家安全取决于网络空间安全”,并将网络威胁与核、生、化、太空威胁相提并论,要求严加防范。2014年,习近平强调,“网络安全和信息化是事关国家安全和国家发展、事关广大人民群众工作生活的重大战略问题,要从国际国内大势出发,总体布局,统筹各方,创新发展,努力把我国建设成为网络强国。”[①]网络安全战略地位凸显,

① 习近平.习近平谈治国理政[M].北京:外文出版社,2014:197.

网络安全管理也必然要从国家战略层面去统筹、设计和实施。

（二）管理主体的多元性

网络已经成为人类生存、社会各类活动不可或缺的基础资源，成为政治、经济、军事、文化、交通、能源、通信乃至社会各领域的基础因素。无论是政治安全、经济安全、军事安全、文化安全、交通安全还是能源安全、通信安全、个人安全等，都离不开网络安全。也就是说，无论是对国家、政府、军队、企业而言，还是对各类社会组织、公民而言，网络空间的安全都是极为重要的，各类主体对于自己所在领域的网络安全负有直接的管理责任。习近平明确指出："网络安全为人民，网络安全靠人民，维护网络安全是全社会共同责任，需要政府、企业、社会组织、广大网民共同参与，共筑网络安全防线。"[①]"企业要承担企业的责任，党和政府要承担党和政府的责任，哪一边都不能放弃自己的责任。"[②]要"形成党委领导、政府管理、企业履责、社会监督、网民自律等多主体参与，经济、法律技术等多手段相结合的综合治网格局"。[③] 从国家层面来说，网络安全的管理主体包含多种力量，主要有政府中的管理力量、军队中的管理力量、企事业单位中的管理力量以及各类社会组织中的管理力量等。其中，政府中的网络安全管理力量是国家网络安全管理的主体；军队中的网络安全管理力量既是国家网络安全管理力量的重要组成部分，也是网络安全管理的生力军；企事业单位和社会组织中的管理力量是有益补充。个人既是网络安全管理的客体，也是网络安全管理的主体，主要表现为自我管理。从国际层面来说，网络空间安全管理的主体还包括各种国际组织，比如联合国、北约、欧盟，以及各种非政府间组织等。

（三）管理对象的全维性

网络空间安全管理是一个庞大、复杂、动态的系统工程，管理范围包罗万象。从管理对象的领域来说，具有全域性。凡是网络延伸到的地方，皆为网络安全管理的领域，既包括对互联网的安全管理，也包括对电力网、金融网、工业网、军事网等国家政治、经济、军事、社会、文化各领域的公共网络和专用网络的安全管理。从管理对象的性质来说，具有复杂性，既包括网络所承载的核心——信息，也包括网络行为、网络活动的主体——人员，既包括构成

① 习近平.在网络安全和信息化工作座谈会上的讲话(2016-4-19)[M]//习近平.论党的宣传思想工作.北京：中央文献出版社，2020：202-203.

② 习近平.在网络安全和信息化工作座谈会上的讲话(2016-4-19)[M]//习近平.论党的宣传思想工作.北京：中央文献出版社，2020：206.

③ 2018年习近平在全国网络安全和信息化工作会议上的讲话[M]//中共中央党史和文献研究院编.习近平关于网络强国论述摘编.北京：中央文献出版社，2021：57.

网络空间的基础——运行环境,也包括网络空间的支柱——网络技术等各要素。

（四）管理活动的全时性

与传统管理相比,网络空间安全管理具有全时性。破坏网络安全的方法和手段,往往具有很强的隐蔽性和突然性。网络病毒平时可长期秘密潜伏在破坏目标之中,在需要的时候才发起攻击,而且采用木马窃秘、病毒传染、漏洞攻击等隐蔽性极强的方式,一旦攻击成功便会立即撤离。一个典型的例子就是伊朗核设施遭受"震网"病毒攻击事件。2010 年 6 月,"震网"病毒才开始被大量监测发现,但实际上在发起攻击之前,"震网"病毒已经潜伏了一年之久。所以说,一年 365 天,一天 24 小时,一小时 60 分钟,只要网络在运行,网络安全管理就必须相伴而行,任何时候都不能懈怠。

（五）管理手段的综合性

网络空间始于技术、建于技术,技术是网络空间的支柱,同时也影响甚至决定着网络空间安全管理的方式和手段。单纯依靠传统的行政管理手段,已经远不能满足网络空间安全管理的需要,必须与技术手段相结合,多策并举,建立起网络信息安全技术防护体系。

1. 抵御网络渗透与攻击的相关技术,包括密码技术和防火墙、访问控制、安全隔离、漏洞扫描、防病毒和防黑客系统、恶意攻击防范等技术。

2. 保护网络安全互联和数据安全交换的相关技术,包括虚拟专用网、安全路由器等技术。

3. 监控和管理网络运行安全的相关技术,如系统脆弱性检测、安全态势感知、数据分析过滤、审计与追踪、网络取证、决策响应等技术。

4. 持续提供网络服务的相关技术,包括容灾备份、灾难恢复、系统加固、入侵容忍、网络生存等技术,主要用于在网络遭受攻击、发生故障或意外情况下,最大限度地减少损失,并使网络保持或尽快恢复正常运行,为用户提供不间断的服务。在网络空间安全管理中,通常需要综合运用上述防护、检测、监控、响应和恢复等安全技术,实现技术与管理的结合,保障网络空间的安全秩序。

（六）管理效益的不对等性

破坏网络安全的方式方法多种多样,可以使用人工破坏、电磁脉冲攻击等硬摧毁手段,也可以使用网络阻塞、病毒传播、木马潜入、漏洞攻击等软杀伤手段。网络攻击的成本也相对低廉。在早期,一个人、一台计算机、几条指令就能发起一次破坏或攻击行动,而且一旦成功,破坏、攻击的对象往往陷入核心机密被窃、重要信息传递受阻甚至网络运行瘫痪的境地。在网络空间安全管理中，作为破坏网络安全的一方可能会以极小的代价甚至是无意识的过失而造成严重的后果；但作为防护一方，管理者面对的却是这个庞杂的空间中各种各样的不确定性风险。因此，网络空间安全管理与传统的管理工作相比，具有管理效益与破坏代价的不对等性。即便是美国这样拥有先进信息技术、强大网络安全防护体系和保障能力的国家，也无力改变网络空间安全管理的这一特性。近几年美国先后被揭露出来的棱镜门事件、维基解密事件和索尼被黑事件，无一不让其陷入被动境地，遭受重大损失。

第二节　网络空间安全管理的基本内容

网络空间安全管理的内容非常广泛，涉及网络空间安全管理战略的制定、风险评估、控制目标与方案选择、制定规范的操作流程等一系列信息安全管理工作；涉及在安全方针策略、组织体制、资源分配与控制、人员安全、物理与环境安全、通信与运营安全、访问控制、系统开发与维护等多领域内的管控；涉及互联网以及政府网、电力网、金融网、军事网等各专用网络的管理活动。按照不同的标准，可以将网络空间安全管理的内容划分为不同种类。本书主要按照管理对象及重点节点划分，将网络空间安全管理的基本内容划分为“四类对象”“三大过程”“三项保障”“一个合作”。

一、“四类对象”——网络空间人员、运行环境、信息和技术安全管理

网络空间安全管理的四类对象包括网络空间人员、运行环境、信息和技术。

网络空间人员安全管理是指对网络设施和网络技术的设计人员、制造人员、维护人员和使用人员的行为所进行的安全管理。在网络空间中，技术起主导作用，但起决定作用的依然是人，制造设计网络世界、规范网络空间秩序、维护管理网络环境、使用网络等都是人来完成的。由此可见，对网络空间安全的管理，无论是对设施设备、技术、信息的安全管理，最终都是通过对人员的安全管理来实现的。网络空间人员安全管理，要按照不同的人员类型实行不同的管理方式，采取不同的管理手段，确定不同的管理重点。

网络空间运行环境安全管理是指对网络设备、带宽资源、域名资源、用户资源、能量系统等运行环境构成要素的安全管理，确保网络运行环境各要素能够正常发挥各自的效能，协调稳定运行。网络空间运行环境中各要素的安

全都非常重要，任何要素的故障都会直接影响网络的正常运行，甚至中断正常业务的开展，核心部位的故障可能导致网络功能大面积瘫痪。因此，必须综合运用各种安全技术和制度，加强网络运行环境的全方位安全管理，力求杜绝可能发生的各种安全事故，保障信息网络安全运行。网络运行环境安全管理是经常性和基础性工作，其工作成效直接决定着网络安全以及未来网络空间主动权的获取，必须在安全管理的一般规律指导下，着眼网络运行环境的构成、分布特点，有针对性地组织实施。

网络空间信息安全管理是指综合运用法规制度、方法措施和技术手段，确保信息的机密性、完整性、真实性、可用性、可认证性、不可抵赖性和可控性。网络空间信息安全管理，按信息的活动过程可分为网络空间信息采集安全管理、处理安全管理、信息入网安全管理、传递安全管理、更新安全管理和利用安全管理。网络空间信息安全管理，要以确保信息的高效运用为着眼点筹划各种管理活动，制定各项管理措施。做到全过程周期、动态开放、质量控制、区分等级、权职对等的安全管理，以提供安全、实时和准确的信息。

网络空间技术安全管理，是指为确保网络空间领域技术的安全，而进行的决策、计划、组织、领导、协调和控制活动。网络空间技术是构建网络空间安全的基石，它的安全是网络空间安全的基础。在我国信息技术相对落后，缺乏自主核心技术的条件下，世界网络空间技术强国对我国网络空间技术发展进行封锁、限制、打压甚至蓄意破坏的今天，加强技术安全管理对维护我国网络空间安全意义重大。网络空间技术管理主要包括网络空间技术研发管理、技术安全产业管理、安全测评认证管理等内容。

二、“三大过程”——战略管理、风险管理和应急管理

网络空间安全管理大致包括三大过程：一是具有全局性、宏观性、综合性的战略管理；二是事前防范型的风险管理；三是事后处置型的应急管理。

网络空间安全战略管理，是指从战略全局的角度对网络空间安全重大问题进行的决策、规划、协调、控制、评估等一系列活动。网络空间安全战略管理是网络空间安全管理实践与战略管理理论相结合的产物，是战略管理运用的新拓展。网络空间安全战略管理的主要内容，包括战略决策、战略规划、战略实施、战略评估等 4 个方面。网络空间安全战略决策，是指网络空间安全战略管理领导者和领导机关对网络空间安全工作全局所进行的总体筹划，并对这些全局性的重大问题作出相应的决定。它是网络空间安全战略管理的首要职能，也是网络空间安全战略管理机构组织领导活动最重要的内容。网络空间安全战略规划，是把抽象的、宏观的战略目标变为具体的、可以实施的

行动计划的过程。战略实施，是通过“正确的做事”来执行战略规划。战略评估，是指对网络空间安全战略管理诸要素与既定战略管理指标匹配程度进行的评估。通过对网络空间安全战略管理评估，可以全面地掌握信息化建设中战略管理存在的问题，为组织管理信息化建设提供科学的量化依据，从而保证我国信息化建设健康、高效的发展。

网络空间安全风险管理，是指为提高网络空间领域对安全问题的预见性、主动性、针对性和有效性，相关单位或部门对可能导致网络空间安全问题发生的各种危险进行风险识别、分析和评估，进而采取有效的风险控制策略，增强网络空间安全防范力，将危及网络空间安全的风险降低到可以接受水平的活动。网络空间安全风险管理的基本流程主要包括风险识别、风险评估和风险控制。风险评估是对风险及其影响的识别和评价，依据评估的结果建议如何降低风险。网络空间安全风险控制是风险管理的最后一个环节，其目标有两个：一个是控制潜在损失的目标，它是指在风险事故发生前应该要采取的控制措施，以此来预防风险事故的发生；另一个是控制实际损失目标，它是指在风险事故发生后采取一定措施，以降低组织遭受的损失。

网络空间安全事件应急管理，是指管理部门及其他机构在面对网络空间安全事件时，为确保网络空间安全而在事前预防、事发应对、事中处置和善后管理过程中采取的一系列必要措施。网络空间安全事件应急管理是对突发网络空间安全事件的全过程管理，根据事件的预防、预警、发生和善后等 4 个发展阶段，可分为预防、准备、响应和恢复等 4 个阶段。网络空间安全事件预防是指为防范安全事件的发生，预先采取一定的措施和手段，为将安全事件消灭在萌芽阶段，确保网络空间安全的活动。网络空间安全事件应急准备主要是针对可能发生的应急事件，做好各项准备工作。网络空间安全事件应急响应是指在安全事件发生前对其进行监控预警，在安全事件发生后，对其采取的应急补救措施的行为。网络空间安全事件恢复是指在对安全事件进行应急处置后，对系统恢复还原并及时总结经验汲取教训改进措施。

三、“三项保障”——网络空间安全管理理论、管理体制和管理法规

网络空间安全管理理论、管理体制和管理法规等都属于网络空间安全管理的保障性内容，对于确保网络空间安全具有基础性支撑作用。

网络空间安全管理理论是指用于指导网络空间安全管理工作的科学基础理论。主要包括党的安全指导理论，如安全发展观、总体国家安全观；现代

安全管理理论，如系统安全管理、风险管理理论、墨菲定律、海恩法则、危险源控制理论、本质安全理论、安全文化管理理论、重大事故隐患管理理论；信息安全管理理论。深入研究网络空间安全管理理论，有助于进一步认识网络空间安全管理的本质特征，完善网络空间安全管理的理论体系，进而正确认识和解决网络空间安全管理实践中出现的各种问题，提高网络空间安全管理水平和效益。

网络空间安全管理体制是指一个国家为实施网络空间安全管理而建立起来的组织机构及其设置、职能划分、相互关系和运行方式的制度体系。网络空间安全管理体制的核心是建立科学的网络空间安全管理组织机构、合理配备工作人员，明确管理组织机构及其人员的职责、权限，理顺机构间的领导关系、协作关系，确保网络空间安全管理组织机构之间能够形成合力、协调运转，为网络空间安全管理提供有效的组织保障。

网络空间安全管理法规是调整网络空间安全管理活动中各种社会关系的法律规范的总称。网络空间安全管理法规，按制定主体，可分为国际层面的法律法规、国家层面的法律法规、军队层面的法律法规以及国际社会的条约、准则等。按规范主体，可分为对网络空间设施管理法规、人员安全管理法规、信息安全管理法规、技术安全管理法规等。按规范性质，可分为网络空间技术规范和网络空间行为规范两大类。网络空间安全管理法规是规范网络空间安全管理活动的科学依据，是打击网络空间违法犯罪行为有力武器，是维护国家安全与公民权益的重要调节器。

四、"一个合作"——网络空间安全管理国际合作

网络空间安全管理国际合作是指在网络空间安全管理领域的国际合作。网络空间安全管理，仅靠一国之力难以实现，必须加强和发展各国在网络空间安全管理上的国际合作，凝聚共识，相互协作，密切配合，共同提高网络空间安全管理能力和水平。网络空间安全管理国际合作目前有联盟式、协约式、论坛式等3种模式。我国对于网络空间安全管理国际合作要有所选择，根据国家战略利益需求，有选择地发起和参与；要力争主导，积极争夺网络空间安全管理国际合作的主导权和话语权；要相互促进，积极以"合作共赢"的新理念强化网络空间安全管理国际合作；要形式多样，利用多种方式、多种平台积极倡导和参与网络空间安全管理国际合作；要注重长效，要着眼未来网络空间发展及其与其他领域的融合趋势，重视网络空间安全管理国际合作的可持续性发展和长期性影响，循序渐进地扩大合作规模、拓展合作深度，不断提升网络空间安全管理国际合作的水平和质量。

第三节　网络空间安全管理的地位作用

网络空间安全是世界各国所面临的全新的综合性挑战。加强网络空间安全管理，营造健康的网络生态环境，已经成为全球共识。网络空间安全管理，对于提升我国应对来自网络空间安全威胁的整体能力，维护国家网络空间利益，确保国家综合安全发挥着重要作用。为此，《中共中央关于制定国民经济和社会发展第十四个五年规划和二〇三五年远景目标的建议》明确提出，要“坚定维护国家政权安全、制度安全、意识形态安全，全面加强网络安全保障体系和能力建设”。

一、网络空间安全管理是应对我国网络空间安全现实威胁的迫切要求

我国以最大的网民数量、最大的网站数量、最大的手机用户数量和最快的发展速度成为网络大国。① 但是，“大而不强”仍是我国网络空间的基本现状，面临着严重的安全隐患，存在很多困难。一是国民经济的发展和社会的运行与稳定，对信息技术和信息化的依赖越来越大，复杂到传统管理方式远远不能适应，敏感到一个漏洞和一线风险都能引发“千里之堤、溃于蚁穴”的严重后果。二是信息技术、核心设备仍然受制于人，信息化建设的设备设施很多来自国外，尚未实现自主。三是国内网络空间安全形势日益严峻，网络失泄密、网络犯罪、意识形态渗透等网络安全形势复杂多元。四是国际形势、国际关系日益复杂，各种矛盾风险叠加，网络空间安全遭受多方面的挑战。具体表现为：

（一）网络数据泄密严重

无论是公民的个人隐私，还是事关国家安全的敏感信息的泄露、被窃，近年来都呈日益严重的趋势。中国国家互联网应急中心数据显示：2014 年 3 月 19 日—5 月 18 日，位于美国的 2 077 个木马或僵尸网络控制服务器，直接控制了我国境内多达 118 万台主机。2020 年上半年，我国境内被篡改网站数量为 147 682 个，被篡改政府网站 581 个，被植入后门的网站数量为 40 086 个，被植入后门的政府网站数量 127 个，收集整理信息系统安全漏洞 11 073

---

① 根据中国互联网网络信息中心发布的第 46 次《中国互联网络发展状况统计报告》显示，截至 2020 年 6 月，我国网民规模达 94 亿，互联网普及率达到 67%。网民规模连续 9 年位居全球首位。参见第 46 次《中国互联网络发展状况统计报告》，http: //www.gov.cn/xinwen/2020 - 09/29/5548176/files/1c6b4a2ae06c4ffc8bccb49da353495e.pdf。

个，较同期增长 89.2%，收集整理信息系统高危漏洞 4 280 个，较 2019 年同期增长 128.1%。①

（二）网络犯罪严重

网络金融犯罪、网络色情犯罪、网络走私犯罪、网络恐怖主义犯罪以及传播谣言、散布虚假信息犯罪等日益猖獗。2006 年以来，中国网络犯罪总量持续高位运行，年平均在 470 万起左右。随着网络的日益普及，这个数字在飞速增长。据统计，仅 2012 年一年，网络诈骗金额就超过 2 800 亿元、受骗人数达 2.57 亿。

（三）意识形态面临网络渗透攻击

俄罗斯总统普京曾指出，互联网“经常被用作激发极端主义、分裂主义和民族主义，用作操纵社会舆论以及直接干涉主权国家内政的工具”。美国等西方国家利用网络对我国大搞网络政治，开展各种意识形态渗透活动，加大我国政权和社会维稳压力。美国前国务卿奥尔布莱特曾直言不讳地说：“我们要利用互联网将我们的价值观送过去，送到中国去。有了互联网，对付中国就有了办法。”②习近平指出：“互联网日益成为意识形态斗争的主阵地、主战场、最前沿”。“掌控网络意识形态主导权就是守护国家的主权和政权。”③

（四）网络战争威胁迫在眉睫

已有 40 多个国家组建了网络战部队。网络作战也早已付诸实践，网络空间硝烟弥漫。美国兰德公司更是在《中美爆发冲突的六种前景》中明确指出，网络空间已成为中美爆发军事冲突的重要领域。

（五）国际话语权有待进一步提高

西方国家凭借其多种垄断权，主导全球网络空间的国际话语权和国际规则的制定权。2011 年，中国和俄罗斯等国向联合国大会提交了《信息安全国际行为准则（草案）》，一直被西方国家视而不见。2013 年，北约“合作网络防御示范中心”（CCD COE）发布了《塔林手册——适用于网络战的国际法》，试图以“软法”的形式强化美国等北约国家在网络空间的安全利益和优势，在国际社会推行网络空间的“北约规则”。此后，又于 2017 年推出了《塔林手

① 参见 http://views.ce.cn/view/ent/201405/28/t20140528_2886739.shtml 第 46 次《中国互联网络发展状况统计报告》http://www.gov.cn/xinwen/2020-09/29/5548176/files/1c6b4a2ae06c4ffc8bccb49da353495e.pdf。

② 李明.网络时代高校德育面临的挑战及对策[J].学校党建与思想教育，2005，23(7)：47-48.

③ 中共中央党史和文献研究院编.习近平关于网络强国论述摘编[M].北京：中央文献出版社，2021：54-55.

册——可适用于网络行动的国际法》,被称为塔林手册2.0版,新增了和平时期的整套网络空间国际规则,实现了平时和战时网络空间国际规则的全覆盖。十八大以后,我国网络空间国际话语权和影响力逐步提升,提出的网络主权概念得到了国际社会的认同。但是,我国在网络顶级域名、核心标准、国际交换中心、IP地址等关系互联网产业发展规模的资源性问题上,国际话语权权重依然有待提高。

在复杂艰巨的网络空间安全形势面前,我国网络空间安全管理的任务艰巨而复杂,在信息技术、产品、设施、数据等层面处于严重不对称地位的情况下,加大自主创新,加强网络空间安全管理,以安全保发展,以发展促安全,是我们的必然选择。

二、网络空间安全管理是实现国家总体安全的重要举措

随着信息技术的迅猛发展及其在社会各个领域的广泛应用,网络已经成为治国理政的重要平台、经济发展的重要支撑、社会稳定的重要动力和国家安全的重要屏障。网络空间安全问题已由单纯的信息技术领域的安全上升到涉及和影响个人、企业、社会、军队、政府安全的各个层面,与国家安全、民族兴衰息息相关,成为整个国家安全战略的重要组成部分。我国越来越重视维护网络空间安全。继党的十八大报告明确指出要高度关注海洋、太空和网络空间安全后,党的十八届二中全会又决定设立国家安全委员会,彰显了新一届党中央领导集体的"大安全观",为包含网络空间安全在内的非传统安全领域问题的有效治理提供了重要体制机制保障,是中国国家安全体制机制的一个重大创新性举措。2014年2月,习近平亲自担任中央网络安全与信息化领导小组组长,将网络安全提到了前所未有的高度。他反复强调"网络安全和信息化是事关国家安全和国家发展、事关广大人民群众工作生活的重大战略问题"①,"没有网络安全就没有国家安全"。② 要加强党中央对网信工作的集中统一领导,确保网信事业始终沿着正确方向前进。③ 要坚持发展和治理相统一、网上和网下相融合,广泛汇聚向上向善力量。各级党委和政府要担当责任,网络平台、社会组织、广大网民等要发挥积极作用,共同推进文明办网、文明用网、文明上网,以时代新风塑造和净化网络空间,共建网上美好精神家园。④ 这些重要论述充分表明,网络空间安全是我国整体安全战略的

① 习近平.习近平谈治国理政[M].北京:外文出版社,2014:197.
② 习近平.习近平谈治国理政[M].北京:外文出版社,2014:198.
③ 习近平.习近平谈治国理政(第三卷)[M].北京:外文出版社,2020:308.
④ 习近平.习近平谈治国理政(第四卷)[M].北京:外文出版社,2022:319.

重要内容，构筑国家网络空间安全保障体系是我国的一项重要战略任务，网络空间安全管理则是实现网络空间安全保障的重要战略举措。

三、网络空间安全管理是提高信息化建设效益的重要保障

网络空间安全关乎我国信息化建设的成败。近年来，我国的信息化建设取得了较大成效，但网络空间安全却存在着明显短板，整体滞后于信息化建设的发展。除去网络资源、信息技术等方面的劣势之外，一个重要原因就是对网络空间安全管理的重视程度不够。要充分认识到，保安全与促发展是互为一体的，没有安全的发展不是真正的发展，甚至是有害的发展。现阶段，由于网络安全保障能力的制约，各领域的信息化建设普遍还存在着网络不能联通、系统不能充分运用、数据不能有效共享等问题，信息化建设的投入未能发挥应有效益，严重制约着我国信息化建设的发展，甚至影响国家综合实力的提高。因此，加强网络空间安全管理，必须妥善处理好安全与发展的关系，建立健全我国网络空间安全防护体系，强化风险意识，以解决好现阶段网络空间安全的突出矛盾和薄弱环节为突破点，带动网络安全防护能力整体提升。

四、网络空间安全管理是增强打赢信息化战争能力的重要保证

传统战争中，作战的指导思想主要是着眼于如何更多更有效的消灭敌方的有生力量，战果统计也是以消灭敌兵员、建制部队和毁损各种武器装备的数量以及攻城略地的数量来计算的。然而，信息化条件下的战争，作战行动将会越来越多地在无形的网络空间进行，更强调网络攻防。信息化战争把敌方的信息系统及其指挥与控制系统列为最主要的打击目标。通过对敌方信息系统及其指挥与控制系统实施摧毁、干扰，可以破坏其对信息的获取、处理、传输、控制和使用能力，可以使敌方的整个作战机构陷于瘫痪，从而丧失作战能力。近年来的军事实践表明，国防和军事信息是各方窃取的重点目标。以往人们注重的“制海权”“制空权”“制太空权”，都是从某一局部、某一范围反映战争的内在规律，唯有“制网权”“制信息权”是从全局上、本质上体现信息化战争的主要特征。近些年，随着人工智能技术的快速发展，智能化战争初显端倪，建立在“制网权”“制信息权”基础上的“制智权”也已经成为衡量一个国家战争能力的重要标志，是战争双方争夺的制高点和赢得具有智能化特征的信息化战争的关键。网络空间安全管理恰恰是夺取“制网权”“制信息权”的重要前提和保障。为此，我们应当把网络安全管理工作作为网络强国、网络强军的重要任务，作为打赢具有智能化特征的信息化战争准备的基

础工程，以堵漏洞、增内功、强防护为着眼点，大力提高网络安全保障能力和应急处置能力，为战时夺取“制智权”“制网权”“制信息权”打下坚实基础。

第四节　网络空间安全管理的基本原则

实施有效的网络空间安全管理过程，首先应当紧密结合网络空间的特点和安全管理的一般原则，确立网络空间安全管理的指导原则。

一、安全与发展并重

习近平强调，网络安全和信息化是一体之两翼、驱动之双轮，必须统一谋划、统一部署、统一推进、统一实施。做好网络安全和信息化工作，要处理好安全和发展的关系，做到协调一致、齐头并进，以安全保发展、以发展促安全。[①] 在互联网发展之初，设计者并未充分考虑安全问题，而是采取事后修补的态度和措施，造成了严重的安全隐患。面对着网络空间安全的复杂形势，在信息化建设的过程中，必须要将安全因素提前考虑进去，从“网络安全”的思路转变为“安全网络”的思路，在源头上把好关。对于网络系统的设计、规划、采购、安装、集成、建设和运行，特别是国家公共通信和信息服务、能源、交通、水利、金融、公共服务、电子政务等重要行业和领域，以及其他一旦遭到破坏、丧失功能或者数据泄露，可能严重危害国家安全、国计民生、公共利益的国家关键信息基础设施，必须有网络空间安全方面的总体性预防措施，采取必要的安全设备和安全技术，使网络系统具有强大的预防功能和安全防范能力，并确保安全技术措施与信息系统同步规划、同步建设、同步使用。

二、实施体系防护

网络空间安全管理是一个系统工程，各子系统之间既相互渗透又相互影响。网络互联互通的突出特点，使得网络空间中任何一个环节上的安全缺陷都可能会对整个系统构成重大安全威胁，甚至可能会出现攻破一点即瘫毁全局的结果。因此，构建网络空间安全管理体系，进行全面的网络空间安全管理，必须坚持均衡防护的原则，在各种范围和各个领域内全面展开，各个层次同时推进，协调发展，从信息化建设伊始到网络终端的用户使用的全过程中，都需要对网络设施和网络系统中各个环节、各个层面进行统一的综合考虑、

---

① 习近平.习近平谈治国理政[M].北京：外文出版社，2014：197－198.

规划和架构，防止出现防护薄弱环节或遗漏之处。在重点安全防护的基础上，全面加强网络安全保障体系和能力建设，实现体系化的、均衡的安全防护。

三、确保自主可控

自主可控是每个国家网络空间建设和网络空间安全管理所追求的目标。主要包括三层含义：

（一）立足国内自主技术装备

改变以往关键技术核心设备靠引进的做法，大力支持自主关键技术和核心产品的研发，在此基础上建立自主网络安全防范体系，实现核心关键领域软硬件产品和网络应用环境的可控可信。

（二）国家对其领土内的网络设施和网络活动拥有独立自主的管辖权

各国政府有权制定符合本国国情的网络安全政策、法规、标准和系统评估体系，各党政机关、军事机构、各社会组织、各行业有权制定符合本单位、本系统实际的网络安全标准和系统评估体系，规范信息的获取、传输和共享，明确对资源共享的程度、级别和上网的控制等并付诸实施。

（三）任何国家不得利用网络干涉他国内政或损害他国利益

防止少数网络霸权国家利用网络空间干涉他国内政，损害他国网络空间权益。

四、坚持协同合作

网络空间安全管理主体的多元性，要求网络空间安全管理必须坚持协同合作的原则。近些年来，越来越多的国家开始全面整合多领域资源，加强政府、企业以及社会各行业、社会组织的统筹与协调，采取情报共享、定期会商、联防联控、行动协同等共同防护措施，提升国家网络空间安全整体水平和防护能力。从全球范围内来看，网络空间安全也不是一个国家能够独立完成的事情，即便是美国、英国、法国等网络强国，也难以独善其身。这也是世界各国都越来越强烈地呼吁加强网络空间安全管理国际合作，携手解决网络空间安全问题，共同维护网络空间安全的主要原因。因此，必须树立协同观念，在国家的统一领导、全面规划和整体协调下共同推进网络安全管理工作。

五、实现即时处置

在网络空间中，信息传输以接近光速的速度展开，并且与地理距离无关。无论实际时空距离的远近，网络信息都可以实现快速流动，发送与接收信息基本实现同步;谣言、虚假信息也可以在短时间内迅速扩散,甚至引发蝴蝶效应,引起社会混乱;网上交易,特别是数字产品的交易,可以即时交付;病毒等有害信息同样可以在网络空间瞬时扩散、放大,给个人、企业、政府造成无可挽回的损失。这就要求网络空间安全管理必须具备极强的时效性,才能实现最大的安全效益。错失时机的安全管理,难以在网络这个高速运转的空间中取得成效。遇有突发网络安全事件时,需要瞬时作出一系列反应,才能及时控制事态,保证安全。网络空间安全管理中,指挥行动、跟踪变化、调节关系、控制整个网络安全管理系统始终围绕确定的目标运转等,都是极其复杂的,是完全动态的,常常处于瞬息万变之中。这要求网络空间安全管理机构和人员必须确立时效意识,争取用最短的时间、最快的速度发现和消除网络空间安全隐患、处置网络空间安全问题和突发事件。此外,还应当健全网络空间风险评估制度,建立起快速反应机制与应急处置预案,预先有准备才能在关键时刻保障安全。

第二章　网络空间安全管理的理论基础

科学理论是在社会实践基础上产生并经过社会实践检验和证明的理性认识，是客观事物本质规律的正确反映。深入研究网络空间安全管理理论，对于准确理解和把握网络空间安全管理的主要特点、内在规律、运行机理，丰富和发展网络空间安全管理的理论体系，进而有效解决网络空间安全管理实践中存在的突出矛盾和问题，提高网络空间安全管理的科学性、针对性和实效性，都具有重要意义。网络空间安全管理理论主要包括党的安全指导理论、安全管理基础理论和信息安全管理理论。

第一节　党的安全指导理论

中国共产党历来重视安全管理工作，在指导中国革命、建设和改革伟大实践中，创造、形成和发展了系列安全管理指导理论，为开展网络空间安全管理提供了科学指南。其中，最具代表性的安全管理是安全发展观和总体国家安全观等。

一、安全发展观

(一) 安全发展观的形成发展

实现国家安全和人民安居乐业，是新中国成立 70 多年来党和国家为之不懈努力的方向。根据安全生产工作不同时期的不同目标和工作原则，我国逐步确立、丰富和完善了安全生产方针，形成了较为成熟的安全发展观。

中华人民共和国成立之初，国家的主要任务是克服长期战争遗留下来的困难，加速经济建设。与之相适应，国家确立了“生产必须安全、安全为了生产”的方针。1952 年，毛泽东针对当时不少企业存在劳动条件恶劣、伤亡事故和职业病相当严重的状况，在劳动部的工作报告中明确批示：“在实施增产节约的同时，必须注意职工的安全、健康和必不可少的福利事业；如果只注意前一方面，忘记或稍加忽视后一方面，那是错误的。”①李立三作为当时的劳动部部长，为贯彻毛泽东主席这一指示，结合实际第一次提出“安全生产方针”，但并未明确阐释其具体内涵。后来，作为当时的国家计委主任，贾拓夫对此又作了进一步拓展，提出“生产必须安全、安全为了生产”。随着实践的深入发展，又赋予其“从生产出发，为生产服务”“安全第一”“优质、高产、安全、低消耗”等内涵。

“文化大革命”结束后，当时的国家劳动总局劳动环保局局长章萍认为，安全应成为生产活动的重中之重，并且应以预防的方式确保安全得到落实，提出“安全第一，预防为主”的思想。这一思想，将预防作为确保安全的屏障，有效降低各类安全事故的发生，实践证明，具有很强的科学性。1979年，“安全第一、预防为主”成为当时航空工业部安全工作的指导思想。1984年，“安全第一，预防为主”作为劳动保护工作的方针，被写进全国安全生产委员会的报告中。1987年，“安全第一、预防为主”被写进我国第一部《劳动法（草案）》。从此，“安全第一、预防为主”便作为安全生产的基本方针确立下来。②后来，这一方针又被写入中国共产党十三届五中全会决议中，得到了全党和全国人民的认可。

进入21世纪，随着我国经济的快速发展，粗放型经济增长方式带来的高投入、高消耗、高排放、不协调、难循环、低效率等问题，逐渐成为国家经济可持续发展的严重障碍。针对经济持续快速增长、但环境日益恶化，生产能力明显提高、但重大生产事故频发，区域经济蓬勃发展、但资源短缺日益严重，人民生活水平得到改善、但社会矛盾日益凸显等影响全局的复杂社会性矛盾和问题，党在十六届五中全会首次明确提出“安全发展”理念，把“综合治理”充实到安全生产方针当中，强调要“坚持安全第一、预防为主、综合治理，落实安全生产责任制，强化企业安全生产责任，健全安全生产监管体制，严格安全执法，加强安全生产设施建设”③，“推进国民经济和社会信息化，切实走新型工业化道路，坚持节约发展、清洁发展、安全发展，实现可持续发展”④。这标志着我们党从经济社会发展的全局出发，把安全摆在与资源、环境同等重要的位置，把安全发展作为一个重要理念纳入中国特色社会主义现代化建设之中。2006年3月，中共中央政治局举行的第三十次集体学习，再次把“安全

① 转引自我国安全生产方针的演变[J].劳动保护，2009(10)：12。
② 我国安全生产方针的演变[J].劳动保护，2009(10)：12.
③ 我国安全生产方针的演变[J].劳动保护，2009(10)：14.
④ 我国安全生产方针的演变[J].劳动保护，2009(10)：14.

发展”作为关注焦点，强调“发展应该是以安全为前提和基础的发展”，要“把安全发展作为一个重要理念，纳入我国社会主义现代化建设的总体战略”①。

党的十八大以来，习近平强调，要牢固树立和切实落实安全发展理念，并作出一系列重要部署。党的十八大提出要加强安全体系建设；党的十八届三中全会明确提出食品药品安全、安全生产、防灾减灾救灾、社会治安防控等方面体制机制改革任务；党的十八届四中全会提出了加强网络安全立法、推进公共安全法治化的要求，依法强化危害食品药品安全、影响安全生产、损害生态环境、破坏网络安全等重点问题治理。习近平在中共中央政治局第二十三次集体学习时强调，“要牢固树立安全发展理念，扎实做好公共安全工作，努力为人民安居乐业、社会安定有序、国家长治久安编织全方位、立体化的公共安全网”②。2016 年 1 月，习近平对食品安全工作作出重要指示，强调“要牢固树立以人民为中心的发展理念，落实最严谨的标准、最严格的监管、最严厉的处罚、最严肃的问责‘四个最严’要求”③。这标志着党和国家对安全发展观的认识发展到了新的高度。

综上所述，安全发展观是时代发展的产物，是基于时代发展作出的科学判断，深刻揭示了安全形势决定发展理念、发展理念牵引管理方式这一安全发展的内在规律，是我们党治国理政和建军治军理念的升华。

（二）安全发展观的科学内涵

安全发展观是国家和军队建设宏观指导理论的重大创新和发展。从强调安全稳定到突出强调安全发展，不仅是词汇、概念的变化，更是思想内涵的扩展；不仅是工作标准的提升，更是治国理政思想的飞跃。

安全发展的实质，就是要最大限度地降低发展过程中的安全风险，提高发展的综合效益。安全对于发展而言，具有“一百减一等于零”的一票否决作用。也就是说，安全发展意味着全面、协调、可持续的发展。换言之，没有安全保障的发展，是不全面的发展；忽视安全因素的发展，是不协调的发展；失去安全基础的发展，是不可持续的发展。这与传统的安全稳定标准相比，要求更高了，不仅要好字当头“不出事”，而且要在谋发展上有作为，质量效益的观念更加明确，体现了抓安全与促发展的高度统一。具体而言，“安全发展观”与传统的“安全观”相比，有以下 3 点明显的不同：

---

① 胡锦涛在中共中央政治局第三十次集体学习时强调　坚持以人为本关注安全关爱生命　切实把安全生产工作抓细抓实抓好[A].新华社，2006 - 3 - 28.

② 习近平：牢固树立切实落实安全发展理念　确保广大人民群众生命财产安全[A].新华社，2015 - 5 - 30.

③ 习近平对食品安全工作作出重要指示[A].新华社，2016 - 1 - 28.

1. 把安全与发展紧密地联系起来，不再一味单纯地讲安全，而是在发展的同时也要讲安全，以安全保发展，以发展促安全。

2. 注重发展的主观动机，区分积极的和消极的。安全发展观要求在发展中求安全，反对消极保安全。

3. 把理论与实践紧密结合起来，把安全与发展、要求与落实联系起来，为安全建设和管理实践提供了基本指导。

实现安全发展，必须正确认识和把握安全工作的特点规律。只有认识和掌握了安全工作的特点规律，才能从根本上破除"事故难免论"，真正确立安全发展观。安全发展理念是在充分肯定安全价值基础上对安全和发展关系的科学论断，是科学发展的内涵所在。这就要求我们必须充分认清安全发展的极端重要性，充分认识安全发展理念的价值，充分把握安全为了发展、发展必须安全的辩证关系，在安全工作实践中强化以人为本意识，把安全发展作为指导自身言行的自觉行动，使之成为经济社会发展和国防军队建设的强大助推器。

安全发展的关键是要科学防范重大安全问题。"重大安全问题，主要是指对国家政治外交、社会和谐稳定和对军队战斗力造成重要影响的安全风险、安全威胁和事故案件"①。发生重大安全问题，必然导致国家政治外交被动，危害国家战略利益和安全发展。这就要求必须把防范重大安全问题作为重点突出。预防为主、防范在先，是做好安全工作的基本原则。新形势下，重大安全问题防范的难度越来越大，要求越来越高。只有展开深入研究并发现主要特点和内在规律，才能增强防范重大安全问题的科学性预见性；只有突出防范重点，搞好重点目标、重点部位的安全管理工作，才能增强安全防范的针对性实效性；只有加强综合治理，从教育、训练、管理、安全设施等多方面采取有力措施，建立健全长效机制，才能提高防范重大安全问题的整体效益。

（三）安全发展观对加强网络空间安全管理的实践要求

党的十八大报告强调，要高度关注海洋、太空、网络空间安全。网络空间安全已经成为国家安全的重大课题，必须引起高度重视，摆在突出位置。近年来，各类组织或个人对系统漏洞、安全产品的研究逐步深入，信息攻击技术越发成熟，高级持续性威胁攻击、社会工程学攻击等各种新型网络攻击手段不断涌现，我国网络空间安全面临日益复杂严峻的形势。网络空间安全管理的水平，很大程度上取决于能否有效降低网络空间的安全风险，能否消除和化解各种不安全因素。新时代，加强网络空间安全管理，必须站在维护国家

---

① 张秦洞.科学防范重大安全问题概论[M].北京：军事科学出版社，2015：7.

安全的战略高度，处理好安全与发展的关系。

1. 要切实突出人的作用

人是网络空间安全管理的主体，思想麻痹大意、趋于利欲诱惑、心存侥幸心理，是造成网络空间安全事件的重要原因。随着信息网络技术快速发展以及信息装备水平不断提高，保密、窃密甚至网络攻防的手段日益先进多样，对人的能力素质提出了更高要求。面对当今世界政治多元化、经济全球化、文化大交融的复杂形势，人们时刻面临着政治信仰、金钱诱惑、道德操守等考验，筑牢保密心理防线比以往任何时候都更加重要。近年来，一些国家发生的失泄密案件，绝大多数也是由人过失泄密甚至主观卖密等造成的。“维基解密”“棱镜门”等事件反复证明，做好人的工作是实现网络空间安全的根本。必须善于运用安全发展观指导网络空间安全管理，自觉突出人的主体作用，充分发挥人的主观能动性。

2. 要准确把握网络安全事件发生的特点规律

弄清信息时代网络空间安全事件的基本特点、来龙去脉和演变机理，是深刻把握典型网络安全事件产生缘由和做好防范工作的前提。网络空间安全事件虽然表现形式多种多样，但一般呈现出目标指向明确、肇事主体多元、爆发难以预测、事态发展迅猛、后果复杂严重等特点。究其发生的深层原因，基本遵循着技术为本、利益驱动、内外共患、连锁反应等规律。只有把握了这些基本规律，才能增强网络空间安全管理的科学性针对性实效性。

3. 要高度重视隐患和风险排查

在信息化条件下，网络面临的风险具有显著的广域性、多样性、技术性、潜伏性和危害的剧烈性等特点，风险管理的地位作用进一步凸显，但组织日益复杂，难度越来越大。从实际情况看，网络安全缺乏完善的风险评估机制和等级防护制度，应急处置能力还不够强，管理水平还有待提高。这就要求我们必须着眼防患于未然，加快建立健全网络空间安全风险评估机制，定期对网络的保密性、完整性、可用性进行科学评估，不断发现和寻找影响网络空间安全的薄弱环节，把各类风险制止在萌芽状态。

4. 要在积极用网中提高网络空间的安全性

网络是信息存储与传播领域的一次伟大创造，是人类文明发展的伟大结晶，已深深融入社会生活方方面面，深刻改变着人们的生产生活方式。每一个善于运用人类文明成果的国家、集团乃至个人，都应当以积极的姿态去看待和运用网络。当前，我国已成为网络大国。网络空间虽有风险，但不能因噎废食，网络安全是信息化推进中必然面临的问题，只能在发展的过程中运用发展的方式加以解决。绝不能简单地通过不上网、不共享、不互联互通等消极方式来保安全,或者片面强调建专网。这样做无异于“村村点火、户户冒烟”,大面积重复建设必然导致大量网络资源得不到充分利用,进而增加信息化成本,降低信息化效益,错失发展机遇。例如,“维基解密”事件发生后,美国政府恨不得置其创始人阿桑奇于死地,但美国政府并没有因此而封网,其军方仍然将大部分文电通过网络来处理。加拿大几乎所有军事场所都能无线上网,而加拿大军官更是配备功能强大的黑莓手机,随时通过网络进行工作。俄军也把互联网连到了最基层。为此,加强网络空间安全管理,必须在积极用网中实现技术创新和体制机制创新,不断形成维护网络空间安全的新思路、新方法、新举措、新本领,从根本上提高网络空间的安全水平。

二、总体国家安全观

(一)总体国家安全观的形成发展

国家安全问题,是我们党始终高度关注的重大问题。坚持从全局和宏观层面思考、把握、运筹国家安全,是我们党治国理政的宝贵经验。毛泽东提出的“积极防御”和“人民战争”战略思想,使新中国在惊涛骇浪中实现了30年的国家安全。邓小平主导的“改革开放”,开辟了国家安全与发展的新境界。江泽民提出的“新安全观”和胡锦涛提出的“综合安全观”,体现了“合作安全”和“共同安全”理念。2015年4月15日,习近平在中央国家安全委员会第一次会议上首次提出“总体国家安全观”的概念,强调“构建集政治安全、国土安全、军事安全、经济安全、文化安全、社会安全、科技安全、信息安全、生态安全、资源安全、核安全等于一体的国家安全体系”①。2015年7月,新的《国家安全法》充分体现和有力贯彻了总体国家安全观,明确规定:“国家安全工作应当坚持总体国家安全观,以人民安全为宗旨,以政治安全为根本,以经济安全为基础,以军事、文化、社会安全为保障,以促进国际安全为依托,维护各领域国家安全,构建国家安全体系。”②

安全的综合性是客观存在的。20世纪80年代以来,经济、科技、社会、文化、信息、生态等方面安全的重要性日益凸显,引起了各国的高度关注。党和国家适应时代发展新要求,明确提出总体国家安全观,并将之贯穿于中国特色国家安全体系建设之中,是对国家安全问题的新概括,对国家安全规律的新认识,对马克思主义安全观的新发展,对于有效应对国内外安全挑战、维

---

① 习近平关于总体国家安全观重要论述摘编[C].人民网,2019-11-7.

② 参见2015年7月1日第十二届全国人民代表大会常务委员会第十五次会议通过的《中华人民共和国安全法》第三条。

护党和国家长治久安，具有重要指导意义。

（二）总体国家安全观的科学内涵

习近平强调："总体国家安全观关键在'总体'，强调的是做好国家安全工作的系统思维和方法，突出的是'大安全'理念，涵盖政治、军事、国土、经济、文化、社会、科技、网络、生态、资源、核、海外利益、太空、深海、极地、生物等诸多领域，无所不在，而且将随着社会发展不断拓展。"①这一重要论述，深刻揭示了总体国家安全观的基本内涵，为我们准确理解和把握总体国家安全观提供了基本遵循。客观地讲，总体国家安全观是一个内涵丰富、开放和发展的观念体系，蕴含着维护国家安全的价值理念、工作思路、运行机制和创新路径，是指导新时代维护国家安全的"新国家安全观"。

总体国家安全观谋求实现国家整体安全。安全观是一个国家维护自身安全过程中，逐步形成的关于国家安全问题的认识和观点。它包括对自身所处安全环境的理解认识，也包括对现实威胁的评估判断，还包括为获得国家安全利益所采取的基本策略和手段。总体国家安全观，是指用全局的、联系的、系统的思维来思考政治、经济、社会、军事，以及科技、生态、粮食、能源等一系列安全问题，通过科学统筹，运用多种手段，发挥整体合力，实现国家的总体安全。总体国家安全观作为新形势下我们党关于国家安全问题的根本态度和看法，从国家安全利益、安全威胁、安全价值、安全战略和安全效益等方面，为制定国家安全战略提供了逻辑前提和理论基础。

总体国家安全观体现了注重顶层治理的战略思维。设立国家安全委员会，实际上确立了统筹国家安全与发展的顶层机构，有益于经济建设和国防建设的协调发展，有益于消除军地分割、推动网络和信息化深度发展。随着国家安全内涵和外延的深刻变化，维护国家安全的力量构成和协调机构也应随之发生变化。随着新的安全威胁的不断出现，有些是跨领域的，靠单一系统已难以有效解决，必须在顶层有一种协调各个部门的力量和机制来应对各种安全威胁。

总体国家安全观强调统筹兼顾的发展理念。随着国家安全利益的不断拓展，随之而来的各种安全威胁也不断增多，太空、网络、海洋等领域的斗争十分激烈，国家安全已远远超出传统安全范畴，其范围日益广泛，相互间的联系也更加紧密。无论是应对综合性安全挑战，还是加强某个具体领域的安全管理，都必须树立安全发展理念，坚持以总体国家安全观为指导，注重把国家

---

① 参见十四、坚决维护国家主权、安全、发展利益——关于新时代坚持总体国家安全观(《习近平新时代中共特色社会主义思想学习纲要》连载之十五)[N].光明日报，2019-8-9(2)。

发展与国家安全、国家安全与社会稳定、内部安全与外部安全、国土安全与国民安全、传统安全与非传统安全、本国安全与别国安全、安全体制机制与安全意识能力等联系起来,综合考虑多方面的复杂因素,运用全面、联系、协调的思路来筹划和把握。

（三）总体国家安全观对加强网络空间安全管理的实践要求

习近平指出:“网络安全牵一发而动全身,深刻影响政治、经济、文化、社会、军事等各领域安全。”①网络空间安全是总体国家安全的重要内容,并渗透于其他安全的方方面面。随着信息技术的发展,大数据、物联网、人工智能、区块链和空间地理信息集成等新一代信息技术和载体广泛运用。这些新技术、新载体、新网络的叠加和跨界融合,促使网络空间形成了跨越时空、立体多维、渗透融合的新形态,与其他传统安全和非传统安全领域深度交织,成为具有总体安全、综合安全、共同安全、合作安全性质的全新疆域。“万物都互联,万物存风险”成为万物互联时代的新常态。我们要适应形势任务新变化和时代发展新要求,坚持以总体国家安全观为根本遵循,采取有力措施办法,切实维护国家安全和发展利益,为实现中华民族伟大复兴的中国梦提供坚强保障。

1. 要加强网络空间安全的战略统筹

近年来,维护网络空间安全已被各国提升到前所未有的战略高度,成为新时代各国新安全观的重要组成部分。以“棱镜门”为代表的国内外一系列重大事件的爆发,拉响了我国网络空间安全的警报,开启了我国维护网络空间安全的战略觉醒。习近平指出:“网络安全和信息化是一体之两翼、驱动之双轮,必须统一谋划、统一部署、统一推进、统一实施”。② 这一重要思想,为我们加强网络空间安全管理提供了战略指引。网络空间作为新兴“第五疆域”,也应与陆、海、空、天等 4 个疆域一样,坚决维护国家主权、安全和发展利益。随着互联网的迅速普及,许多国家面临着主权和政权被侵犯被颠覆、社会面临着被撕裂被搅乱的巨大威胁。在西亚和北非等地,美国网络空间的“飞船巨舰”,直击他国政权稳定和社会秩序,引起严重社会动荡。为此,必须以全球视野来思考中国网络空间安全管理的应对方式,着眼建设网络强国,加强网络空间安全建设的整体筹划和顶层设计,调整各种资源和力量的投向投量,站上网络空间战略博弈制高点。

---

① 中共中央党史和文献研究院.习近平关于网络强国论述摘编[M].北京：中央文献出版社,2021：97.

② 习近平谈加快建设网络强国[N].兰州日报,2019 - 9 - 10(15).

2. 要强化网络空间安全管理的全面协作

网络空间安全关系到国家政治、经济、军事、科技安全等方方面面，对国家安全构成的挑战具有很强的综合性，单一部门往往难以独立完成维护网络空间安全的任务，必须多部门齐抓共管、通力配合。加强网络空间安全的全面协作，需要机制作保障，比如交流合作机制、情报共享机制、常态化的联演联训机制等。其中，网络空间安全演习，是保证多部门快速协同行动，应对网络安全威胁的重要保证。应定期组织由国家网络空间安全主管部门牵头，政府、军队、企业共同参加的演习演练，以检验国家网络空间安全状况和各部门联合应对网络空间安全威胁的能力。为确保网络空间各部门顺畅而密切地安全协作，各相关部门还应设立专门的协调机构，直接受部门首长的领导，并接受国家网络空间安全主管部门的指导。

3. 要深化网络空间安全管理的军民协同

实现网络空间安全，政府、军队、社会都负有重要责任。在网络空间这个战略博弈和军事角力的全新领域，尤其是在面对我国网络用户数量庞大、安全意识淡薄的现实情况下，迫切需要破除单打独斗或推诿扯皮等过时思维和做法。应加强军地整体联动，构建军地联防机制，建立起政府、军队、公安、企事业单位、社会组织等联席会议制度，在国家层面构筑军民协同、军民兼容的一体化网络空间安全管理体系，形成信息安全共享、技术研发合作、风险联管联控的整体合力，在更广范围、更高层次、更深程度上推进网络空间安全管理协同发展。

第二节　现代安全管理理论

现代安全管理理论，是指以现代条件下安全生产管理活动为主要对象，综合运用现代管理科学和安全科学的原理与方法，研究各类事故原因，揭示安全管理规律，寻求有效防范对策的系统化理性认识和知识体系。借鉴现代安全管理理论，深入分析网络空间事故案件原因，科学揭示网络空间安全管理的特点规律，对于加强网络空间安全管理具有重要意义。

一、系统安全管理理论

系统安全管理理论，是 20 世纪 60 年代美国学者为解决复杂系统的整体性和安全性问题而提出的安全管理理论和方法体系。“系统安全是指在系统寿命周期内应用系统安全工程和系统安全管理方法，辨识系统中的危险源，并采取有效的控制措施使其危险性最小，从而使系统在规定的性能、时间和成本范围内达到最佳的安全程度。”①系统安全管理，则是在系统寿命周期内的安全问题进行的计划、组织、协调与控制等活动。

系统安全管理，是人们在探索安全管理过程中逐步形成的一种新理念，它以传统安全管理为基础，把系统科学与系统工程理论融入其中，对管理对象施行全寿命、全过程管控，对所有阶段开展安全分析、综合评价和趋势预测，并根据实际采取多种管理措施，以获取最佳的安全性。系统安全管理采用系统科学和系统工程的基本原理，注重对事故的先期预防，在实施过程中更加注重整体化、综合化，是一种科学的安全管理方法。

系统安全管理理论包括很多区别于传统安全理论的创新理念：

（一）事故发生的原因，主要是来自人的不安全行为，但也不能排除物的不安全状态和环境的不安全因素。这就要求人们必须关注通过改善环境的可靠性来提高复杂系统的安全性问题。

（二）发生事故是必然的，没有绝对的安全，任何系统、事物中都潜藏着危险因素。这些潜藏的危险因素，即危险源。可能导致人员和财产损失的可能性，即危险。

（三）危险源和危险不容易识别，当然也不可能完全根除。为了所谓安全，不顾一切地减少甚至消除来自现有危险源的危险性，是不经济的。

（四）危险源和危险不会一成不变，会随着环境变化、技术进步而不断变化。同时，危险源和危险具有很强的潜藏性，难以辨识。

（五）发现危险必须注重全系统安全分析。为使安全全面的得以实现，必须细化安全分析的内容，包括各种可能的危险源以及各子系统接口、软件等都要认真分析研究。

（六）追求“本质安全化”，通过全员、全方位、全过程的风险预控管理，形成有机协调、自我控制、自我完善的安全管理运行模式，有效控制危险源，消除人的不安全行为、物和环境的不安全状态。

网络空间实施系统安全管理，需要重点把握好以下 5 个方面：一要建立健全网络空间系统安全组织机构；二要尽早进行网络空间系统安全设计；三要运用现代方法和手段进行网络空间系统风险分析；四要制定周密的网络空间系统安全计划方案；五要重视网络空间信息安全管理系统建设，收集和处理相关安全信息。

---

① 教育部高等学校安全工程学科教学指导委员会.安全工程概论[M].北京：中国劳动社会保障出版社，2010：38.

二、风险管理理论

安全风险管理是形成于20世纪90年代的一种安全管理理论，通过风险识别、风险评估判明风险，根据风险大小制定相应的信息安全方针，采取适度措施对风险进行管控，进而规避、降低或者转移风险。风险管理的核心理念是：一切活动基于风险，一切意外均可避免，一切损失皆可控制。

风险管理的实质就是要解决下列问题：所从事的工作和所进行的活动到底有哪些危险因素？这些危险因素可能造成损失的概率有多大？如果发生事故需要付出多大代价？如何才能减少或消除可能带来的损失？有没有其他规避风险的方案？如果改用其他方案是否会带来新的风险？

风险管理是一个以最低成本最大限度地降低系统风险的动态过程，其目的是通过科学识别风险、客观评估风险，进而最大限度地规避风险，包括风险分析、风险评估、风险控制等3个阶段，也称风险管理的三要素。

（一）风险识别

风险识别是开展风险管理的第一环节，其内容通常包括物理性危险因素、化学性危险因素、生理心理性危险因素、素质能力性危险因素、行为性危险因素、管理和制度缺陷性危险因素和客观环境性危险因素等。

通常，风险识别的步骤包括：1. 分析任务，弄清任务特点和完成任务所需条件。2. 识别风险，对任务开展进行全流程分析，将各环节可能存在的威胁和风险事件查找出来。3. 鉴别危险因素，在识别风险基础上，通过现场检查、技术检测等方法，对潜在威胁和防线事件进行鉴别，以确定需要关注的重点。

（二）风险评估

风险评估是开展风险管理的关键环节，其主要任务是在风险识别的基础上，根据事故发生的因果联系，采取定量和定性相结合的方法，分析研判风险可能造成的危害程度及发生概率，对应事故等级划分，确认危险程度。

根据数学方法的运用程度，风险评估包括定性评估、定量评估和半定量评估。定性评估通常是根据个人经验对危险源的危险性作出概略评价。而定量评估则是借助于一些数学方法，利用数据和模型对危险因素作出精确的评价。为提高风险评估的精确度，进行定量或半定量评估十分必要。

风险评估的步骤通常包括：建立评估组织、确定评估内容、选择评估方法、组织实施评估、作出评估结论、提出对策建议、编制评估报告等。

（三）风险控制

控制风险是风险管理的最终目标。实施风险控制的目的，是要采取相应的措施手段和应急预案，减小或者规避风险，把风险程度降低到人们可以接受的程度,或者尽可能降低事故或危险发生的频率,减少事故损失和严重程度。

当判定完成任务有一定风险时,首先要选择最佳方案,采取相应措施降低风险。如果实施条件不完备或者完成任务存在较大的风险,一方面可推迟任务,待环境好转和条件许可后组织实施;另一方面,在面临不可抗拒的重大危险因素时,应当取消计划、终止行动。

其次,要实施风险预警,让每个现场人员都清楚面临的威胁和危险是什么;要组织专业技能培训,确保作业人员具备应有的能力;要强化技术防控,对设备设施和运行环境进行技术检测,完善安全技术监控。对关系重大、影响全局的重要活动、重要行动、重要目标,要进一步强化风险控制措施,提供全方位的安全保障。

风险管理来源于实践,与日常工作生活息息相关、与各项任务交织在一起。组织实施网络空间风险管理,应遵循以下原则:

(一)基于任务

风险管理是围绕具体任务展开的,其最终目的是要确保任务顺利完成。在不影响任务完成的情况下,应当接受一些无法避免且影响不大的风险。实施网络空间风险管理,在一定保险系数下冒一定的险是必要的,绝对保险是不现实的。

(二)系统控制

要将网络空间风险管理纳入系统总体筹划计划之中,通过综合运用管理与技术手段,对相关活动实施全面控制,将风险管理贯穿各个领域,融入各个环节。

(三)全员参与

面临风险的一线人员始终是风险管理的主体,直接承担着风险责任。领导和机关是一切活动的组织者、管理者,对系统安全、任务安全、人身和财产安全承担着更大的责任,必须强化所有人员的风险意识,发挥各级各类人员的积极性主动性创造性,依靠人民群众识别风险、抵御风险。

(四)建立标准

建立各系统、各专业、各岗位的风险分级标准,网络运行环境的安全质量技术标准,重大隐患、典型事故以及重要事件概率数据库,还应建立起互联互通的风险管理信息系统,为风险管理的定量定性分析提供支撑。

三、海恩法则

海恩法则是德国飞机涡轮机的发明者帕布斯·海恩提出的关于飞行安

全的法则。海恩通过对多起航空事故的分析,发现"每起严重事故的背后,必然有近 29 次轻微事故和 300 起未遂先兆事件,以及 1 000 起事故隐患"①。要想消除这一起严重事故,就必须把这 1 000 多起事故隐患控制住。但是,人们要么没有去发现,要么及时发现了也没有引起足够的重视,从而导致事故的发生。可以从 4 个方面理解法则:第一,事故发生这一质的变化,是由于量不断积累的结果;第二,事故的发生总是有原因的,并且是有征兆的;第三,事故可以避免;第四,人的因素是决定性的,再好的技术、再完美的规章,也无法取代人的素质和责任心。

海恩法则不仅在航空领域具有实用价值,在其他领域也有其潜在意义。海恩法则阐明了风险—隐患—事故的转化规律,任何事故的发生都是从量变到质变的过程,都可以从管理松懈、防范疏漏找到原因。正确理解海恩法则所阐述的道理,应从以下 4 个方面努力:

(一) 要依法依规办事

通过对事故的调查研究可知,事故的发生往往都与当事人规则意识淡化,不遵守安全规章制度和操作规程有关。因此,只有老老实实按制度办事,按程序办事,才能保持各项工作的良好秩序,遏制各类事故苗头和隐患。

(二) 要注重细节

对一些小违纪、小错误放任迁就,其后果必然是积小成大、病久成疾,必须及时发现问题,树立精、细、严、实的管理作风,全方位、全时空营造严抓细管的氛围。

(三) 要坚持抓落实

安全来自常年的警惕,事故源于片刻的麻痹。预防事故是一个动态的过程,必须常抓不懈,把经常性管理教育和监督检查紧密结合起来,渗透到日常生活和管理的各个环节中去。

(四) 要加强群防群治

安全工作涉及每一个人,发生事故的因素散布在各个角落,要解决这些成百上千的事故隐患,必须发动每个人主动参与,积极预防,从自己做起,从身边抓起,切实把安全管理建立在群防群治的坚实基础上。

开展网络空间安全管理,没有捷径可走,只要善于小中见大,见微知著,做到"防微杜渐,棋先一着",把问题想在前,把措施定在前,把工作做在前,禁于未萌,止于未发,消灭事故于萌芽状态,就能牢牢掌握网络空间安全工作的主动权。

---

① 转引自崔娟莲,王亚平.医疗安全之"墨菲定律"和"海恩法则"[J].医学与哲学,2012(12):2。

四、墨菲定律

墨菲定律是美国空军上尉、工程师爱德华·墨菲提出来的。1949年，美国空军为了测定人类对加速度的承受极限开展了MX981实验。其中有一个实验项目是将16个火箭加速度计悬空装置在受试者上方，当时有两种方法可以将加速度计固定在支架上，而不可思议的是，竟然有人有条不紊地将16个加速度计全部安装在了错误的位置。于是墨菲断定："如果有两种选择，而其中一种将导致灾难，则必定有人会作出这种可以导致灾难的选择。这一论述后来逐步成为一条安全规则：只要存在发生事故的可能，事故就一定会在某个时候发生，而且不管其可能性多么小，但总会发生，并造成最大可能的损失。"[①]这不是危言耸听，而是经无数事实证明的规律。灾祸发生的概率虽然很小，但积累到一定程度，就必定会从最薄弱的环节爆发。

世界已经入网络时代，网络带给我们诸多便利的同时，也带来诸多风险。有的风险带来的挑战，远超乎人们的想象。墨菲定律忠告我们：人类在网络空间同样无法克服自身的缺陷，要有效规避网络空间固有的巨大风险，我们必须想得更周到、更全面一些，采取多种保险措施，决不能听天由命、消极对待。

（一）要正确看待网络空间安全形势，正确对待发生事故案件的苗头，牢固树立"安全时间越长，离不安全越近"的思想观念，坚持做到越是形势好时，越要居安思危谋安全，越是平安无事时，越要警钟长鸣抓管理，把"无事当作有事抓，苗头当作问题抓，别人的教训当作自己的问题查"，切实增强抓安全管理的责任感紧迫感。

（二）要牢固树立事故案件可防可控观念，从网络空间安全薄弱环节入手，消除事故隐患发生发展的条件。正如明末清初学者朱柏庐所言："宜未雨而绸缪，毋临渴而掘井。"

（三）要经常分析本单位网络安全形势，对本单位存在的网络安全隐患、事故案件苗头及薄弱环节要熟知、尽知、细知、实知。

（四）要为在充分预想各种可能的安全事件基础上，提前制订预案，明确在不同情况下的应对措施。

五、危险源控制理论

危险源控制理论是由美国学者哈默提出的。该理论主要从消除和控制

---

① 转引自崔娟莲，王亚平.医疗安全之"墨菲定律"和"海恩法则"[J].医学与哲学，2012(12)：1。

危险源角度出发，充分运用管理和技术方法手段，防止危险源导致事故、造成人员伤亡或财产损失。哈默根据危险源在安全实践中的作用，将其划分为两类：

第一类危险源是指作用于人体的过量能量，或干扰人体与外界能量交换的危险物质。在安全管理实践中，这类危险源通常包括产生能量的能量源、拥有能量的能量载体、储存危险物质的设备和场所等，如核反应堆、弹药库、行进中的车辆、巡航中的飞机等。人们通常采取一定的措施存放或保护此类危险源，避免不安全事件发生。一旦这些措施失效，就可能发生事故。

第二类危险源是指导致约束、限制能量措施失效的各种不安全因素，如人员的操作失误、违反制度或规律的不安全行为，设备设施的故障，系统运行的不良环境，包括物理、自然环境及人际关系环境等。

第一类危险源决定着事故的严重程度，第二类危险源决定着事故发生的概率。危险源产生危害性，酿成事故，取决于第一类危险源的数量和第二类危险源的频度。

危险源辨识，是一个从确定分析系统，调查危险源，界定危险区域，分析客观条件、触发因素、潜在危险性，到划分危险源等级的过程。

运用危险源理论加强网络空间安全管理，一要善于运用现代方法和手段，清楚辨识第一类危险源和第二类危险源；二要加强对设备设施故障和事故规律的研究探索，针对性地采取措施，从人为因素、环境因素和时间因素等方面控制事故案件发生。

六、本质安全理论

本质安全的概念，源于一种安全型电气设备。20 世纪 60 年代，一款不需要打火、不会引起易燃易爆气体爆炸的电气开关，被称为本质安全电器开关。这一带根本性、预防性的安全理念，成为产品设计的一种指标，逐步演变为系统运作的重要标准。所谓本质安全，就是指综合采取先进技术和管理措施，确保无论在什么情况下都不会发生事故，都不会威胁人的生命和财产安全。

随着信息技术、虚拟技术及人工智能技术等高新技术的开发和应用，本质安全已被广泛接受和运用，成为一种新的安全管理理念。本质安全主要有 4 个实现途径：

（一）促进人的本质安全。既强调通过安全教育增强人的知识、技能、意识等素质，还注重安全文化建设，从人的安全理念、伦理、情感、态度、认识、品德等人文素质方面，提出安全管理新思路。

（二）提高物的安全可靠性。采用先进的安全科技，设计良好的人机对话界面，减少操作程序，增强容错、纠错功能，提高设备设施的自动化、智能化水平。

（三）推行现代安全管理方法。应用系统论、控制论和信息论有关原理，广泛开展不伤害他人、不伤害自己、不被别人伤害的活动，提高安全隐患排查、安全风险评估成效。

（四）建立科学管理与制度规范体系。通过建立制度规范体系，实现组织活动的科学化、法制化、标准化，通过文件、手册和各类媒介的宣传，持续改进组织的安全水平，推动本质安全化。

本质安全管理是一种预控管理，是安全管理的最高境界，对于从源头上消除事故发生的可能性，实现“一切意外均可避免”和“一切风险皆可控制”的目标。

要抓好网络空间安全管理，防范重大安全问题，就必须认清形势，抓住主要矛盾，找准突破口，推动本质安全化。一要树立正确的安全理念，培养良好的安全素养，强化安全行为养成；二要提高基础设施的安全性、稳定性和可靠性；三要完善安全分析、隐患排查、风险评估、安全督察、应急处置等安全管理机制。

七、安全文化管理理论

“安全文化”的概念，源于 1986 年苏联切尔诺贝利核电站发生事故后国际核安全组织的总结报告。该组织出版的《核电厂基本安全原则》一书，明确将“安全文化”概念作为一种重要的管理原则，随后这一理念逐步渗透到核电厂以及相关的核电保障领域，现已拓展为全民安全文化。

安全文化是安全生活观念、行为、环境、条件的总和。从文化的功能看，安全文化可分为安全科学文化和安全人文文化两大类。安全科学文化追求的目标是研究、认识事故发生的本质、规律及其原因，掌握排除隐患、预防事故、应急救援的方法途径。安全人文文化追求的是满足人们精神世界和心理需求的终极关怀。安全科学文化是基础，安全人文文化是核心。安全人文文化促进安全科学文化的进步，安全科学文化又制约着安全人文文化的发展。从文化的形态看，安全文化包括观念文化、制度文化、行为文化、物态文化。其中，观念文化处于中心地位，对其他 3 个层次的文化起支配和指导作用；物态文化处于最外层，是观念文化的外在表达。安全文化是感性和理性的统一，其宗旨是抓住“人”这个根本，必须着力提高人们事故预防能力和安全意识，有效减少人的不安全行为。

美国管理学家埃德加·H.沙因曾说:“领导者所要做的唯一重要的事情就是创造和管理文化,领导者最重要的才能就是影响文化的能力。如果有必要把领导理论和文化管理区别开来,我们必须认识在领导理论中,文化管理职能居中心地位。如果从事企业管理工作,却不了解文化如何发挥作用,正像研究物理学与生物学而不懂地球引力和大气压力一样荒唐可笑。”①安全文化以其特有的凝聚、导向、约束、传递功能,在事故防范中发挥着不可低估的作用。2006年3月,中央政治局第三十次集体学习时提出了“大力建设安全文化”的任务。

实践表明,短期安全靠管理,中期安全靠制度,长期安全靠文化。当人们长期受到安全文化熏染,就会内化于心,进而外化于行,主动追求安全,把安全当作一种行为习惯、一种工作精神、一种人生态度。

网络空间安全管理,是一项复杂的系统工程,需要大力加强安全文化建设。(一)要强化顶层设计。在对安全文化中的安全价值观、认识论、安全哲学等进行梳理、概括和定型基础上,通过个性化的语言,准确概括价值观念,形成朗朗上口、便于记忆的口号、标准。(二)要加强宣传教育。通过领导垂范、艺术熏陶、氛围塑造等手段,多法并举地进行精神内化,营造网络空间安全管理文化氛围,使“我要安全”成为网络使用和管理的共识和行为自觉。(三)要抓好教育训练。促使安全文化由知识向能力的转变,在网络空间安全科学文化与人文文化的结合中生成和提高安全综合素质。(四)要形成评估机制。组织网络空间安全文化在精神层、行为层和物质层的综合评价,形成科学合理、公平公正、运转良好的安全文化评估机制。

八、重大事故隐患管理理论

重大事故隐患管理理论,是我国学者在20世纪90年代提出的。该理论认为,无论什么性质的事故,都要经历潜伏期、爆发期、衰败期等3个过程。处于潜伏期的事故叫作事故隐患。重大事故隐患是指可能导致重大人身伤亡或重大经济损失的安全隐患。对于存在重大事故隐患的单位,应当编写重大事故隐患报告书,制定一旦发生事故的应急处置和调查处理措施。

当今时代,人们前所未有地依赖网络,网络安全隐患具有预测难、破坏性大、复杂性强等特点,互联网、无线网、物联网、云计算、智能电网险象环生。面对防不胜防的网络安全隐患,需要重点把好“四个关口”:

(一)管理制度关。要制定一套严密适用的网络安全管理制度,诸如网

① 埃德加·H.沙因.企业文化与领导[M].北京:中国友谊出版公司,1989:4.

络互联安全管理规定、安全保密管理规定、服务设备安全操作规程、网络软件使用管理规定、用户入网审批管理规定、用户地址变更管理规定、网络共享数据更新管理规定等，技术人员要严格按照规定进行操作，入网用户要严格执行管理规定。

（二）网络互联关。要严格按照规划和程序办理入网终端，禁止私自将单位或个人终端连入网络，更不允许把连入因特网的终端接入保密网。

（三）网络资源管理关。要明确规定，任何单位和个人在未经网络管理人员许可的情况下，不得使用未分配的 IP 地址，或擅自改变入网终端的 IP 地址，以防因网络 IP 地址重复使用而造成合法用户无法入网的事故发生。

（四）安全意识关。对入网用户要经常进行网络安全保密教育和安全操作培训，以增强其安全保密意识，提高其安全操作技能，尽可能把事故隐患消除在萌芽状态。

第三节 信息安全管理理论

从本质上讲，网络空间安全属于信息安全的范畴。信息安全管理理论，对于加强网络空间安全管理具有直接的指导作用。

一、信息安全管理理论的形成发展

20 世纪 60 年代中期以后，信息论开始应用于安全领域。人们对信息安全这一概念的认识，是随着时代发展而不断变化的。20 世纪 80 年代以前，信息安全通常是指通信安全保密；二十世纪八九十年代，随着计算机的广泛应用，人们更多关注信息安全保护；其后，随着互联网技术的不断发展，被动的信息保护已难以适应全球化信息化安全需求，人们开始提出了“保护—检测—响应—恢复”的主动防御思想。

在信息安全问题出现之初，人们倾向于运用信息技术和产品去解决信息安全问题。这一定程度上发挥了作用，但随着安全技术产品不断增多，技术手段所能产生的效果越来越有限。据统计，所有的计算机安全事件，人为因素、自然灾害、技术错误、内部作案、外部攻击分别约占 52%、25%、10%、10%、3%。这些安全问题，约 95%都可以通过信息安全管理手段加以避免。

截至目前，信息安全大致经历了通信安全、信息系统安全和信息安全保障等 3 个发展阶段。从通信安全阶段到信息安全保障阶段，出现过不少信息安全管理理论，并演变出不少管理模型，比较有代表性的有：信息安全管理体系持续改进模式、网络风险管理模型、信息安全保障模型、信息安全管理框架，还有我国沈昌祥院士提出的体系模型等。其中，信息安全保障模型较有代表性，认为信息安全涉及安全技术、管理控制和法规支撑等多个方面的工作，单纯地强调信息安全防护技术，没有真正抓住安全管理的关键，会造成信息安全设备投入过大和信息系统的盲目建设。这一模型将信息安全管理划分为风险分析、保障策略、主动防护、渗透检测、安防认证、动态响应和灾难恢复等7个环节。

综合国内外专家学者的观点，信息安全管理是指为实现信息的保密性、完整性、可用性、可控性、占用性和责任性等目标，而进行指导、计划、组织、协调、控制的一系列活动和过程。确保信息的保密性、完整性、可用性、可控性、占用性和责任性，是人们对信息安全的期望，是信息安全管理的基本目标。

其中，信息的保密性是指通过"访问控制""加密"等手段，确保拥有权限的人才允许其访问，而那些未获授权的人则被禁止访问的特性；信息的完整性是指确保信息在存储、传输和使用过程中不被删除、修改、伪造、乱序、重放、插入的特性；信息的可用性是指保证合法用户按自己的需求存取信息，其他任何人都不能妨碍合法用户访问的特性；信息的可控性是指通过采用密钥托管、密钥恢复等手段，确保在授权范围内对信息内容、流向及行为方式具有控制力的特性；信息的占有性是指通过物理和逻辑的存取控制、有关文件访问的审计记录、标识与签名的使用等，维护信息资源所有权或控制权的特性；信息的责任性是指信息的行为人既不能抵赖曾有过发送信息的行为，也不能否认曾经接收过他人信息的事实的一种对自身信息行为负责任的特性。

二、信息安全管理理论的主要内容

信息安全管理涉及诸多内容，包括制定信息安全政策、评估信息安全风险、设定安全控制目标、制定规范的操作流程、培训相关人员的安全意识等。概括起来讲，主要包括"三项内容""三大措施"。

"三项内容"：一是强化风险管控，尽可能识别、控制并减少或消除可能影响信息安全的风险，将其控制在可接受的成本范围内；二是制定灵活的信息安全策略；三是加强信息安全教育。

"三大措施"：一是制度方面的措施，即国家有关安全管理的法律法规；二是技术方面的措施，如防火墙、防病毒、信息加密、访问控制等软硬件；三是管理方面的措施，包括实时监控、改变安全策略，以及对安全系统实施漏洞检查等。

信息安全管理作为组织整个管理体系中的一个重要环节，指导组织对其信息资源进行安全风险管理和控制，其目的是通过对计算机和网络系统中各个环节的安全技术和产品实行统一的管理和协调，进而从整体上提高整个系统防御入侵、抵抗攻击的能力，使得系统达到所需的安全级别，将风险控制在用户可接受的程度，提高为用户提供优质高效信息服务的能力。

三、信息安全管理理论对加强网络空间安全管理的实践要求

21世纪是一个以网络为核心的信息时代，由于信息网络的开放性、互联性和多样性等特征，任何国家、组织和个人在享受现代信息技术带来益处的同时，也面临着各种各样的信息安全威胁，如计算机病毒、网络黑客、恐怖分子、间谍，以及内部人员欺诈与恶意行为、计算机犯罪、信息处理设施滥用等。近年来，世界各国信息安全事件呈上升趋势，给网络空间安全造成极大威胁。必须以信息安全管理理论为指导，综合采取安全管控措施，提高网络空间的整体安全水平。

（一）持续加强信息安全意识的培塑

人是网络信息系统安全保障的第一道防线。要深入社区、深入学校、深入群众、深入机关，大力普及信息网络安全风险与防范常识，广泛宣传文明守法上网和文明依法办网的行为准则，通过举办学习班、专题讲座、印发信息安全宣传手册、图片展览等形式，提高信息安全意识，增强维护信息安全的责任感。

（二）始终坚持预防为主的方针

注重关口前移，在信息系统的规划、设计、采购、集成、安装环节，应同步考虑安全防护手段建设，从源头上解决信息安全问题。

（三）加强信息安全制度建设

制度建设是信息安全防护的重要保证，是强化网络空间规范化、法治化管理的内在要求。通过制度建设，明确安全责任，增强责任意识。重要的信息系统都应建立配套的信息安全制度，确保信息系统的规划、设计、实现、运行都有相应的安全规范要求。如机房管理制度、计算机使用规定、网站管理规定等。

（四）立足国内自主品牌

安全技术和设备首先要立足国内，采用新技术时要重视其成熟程度，尽可能选用具有自主知识产权的技术手段，为网络安全提供可靠保证。

（五）加强信息安全应急演练

通过机制化的信息安全应急演练，检验应急预案是否有效，发现信息安

全应急处置工作面临的突出矛盾和问题,达到锻炼应急指挥和保障队伍、提高应急响应能力的目的。

(六)加强信息安全通报工作

积极接收、汇总各种渠道的安全信息,及时了解国际信息网络安全动态和国内信息安全状况。要组织专门人员和有关专家,对有关安全信息的性质、危害程度和可能影响范围进行分析、研判和评估。分析和预判结果要及时向有关部门报告,必要时向社会发布预警信息。

第三章　网络空间安全管理体制

网络空间安全管理体制是网络空间安全管理的基本保障，其设置是否科学、完善、合理，直接关系到网络空间安全管理的能力、水平和效益，对于整个网络空间的全系统、全寿命安全管理，具有决定性作用。

第一节　网络空间安全管理体制概述

随着网络空间安全迅速成为各国所关注的重点领域，网络空间安全管理体制应运而生，成为各国安全管理建设的一个崭新亮点。

一、网络空间安全管理体制的含义和作用

网络空间安全管理体制，是指国家为实施网络空间安全管理而建立起来的组织机构及其设置、职能划分、相互关系和运行方式的制度体系。核心是建立科学的网络空间安全管理组织机构，合理配备工作人员，明确职责、权限，理顺机构间的领导关系、协作关系，确保网络空间安全管理组织机构之间能够形成合力、协调运转，为网络空间安全管理提供有效的组织保障。

随着网络空间攻击、渗透、控制技术和手段的迅速发展，网络空间安全隐患林林总总、花样翻新，围绕网络空间信息展开的明争暗斗空前激烈。虽然网络空间安全威胁从表面上看去不像现实世界的其他威胁那么直观，但其后果之严峻，其实更为严重。人类在网络空间安全威胁面前呼唤秩序和管理。规范人类利用网络空间的行为，加紧制定网络空间信息法律、法规和规章，管理和监督法规制度的执行，成为摆在人类面前的重大课题。只有尽快建立和完善网络空间安全管理体制，才能有组织、有计划、有步骤地推进网络空间安全立法、执法、司法和法律服务等各种管理工作和管理活动，规范网络空间中的各种行为，确保网络空间安全。

二、构建网络空间安全管理体制的基本原则

根据网络空间安全管理体制的性质、功能作用和基本特点，分析各国网络空间安全管理体制的现实，构建网络空间安全管理体制基本遵循下列 4 项原则。

（一）宏观管控

网络空间安全关系一个国家的安全利益，层次高，涉及面广。确立其安全管理体制属于一个国家的战略管理层次，应当做好顶层设计。坚持宏观管控原则，就是要实现其宏观筹划、全局管控的职能定位。

（二）联席机动

网络空间安全是一个分布面较广而专业性极强的领域。管理好这种业务，不可能牵动一大片，叠床架屋，把组织机构搞得十分臃肿、庞大，又不能忽视任何一个方面和环节。坚持联席机动原则，就是要在较高级的层次上，组建由各方面人员组成的联席协调组织，形成一种人员精干高效、议事机动灵活的运行机制。

（三）分级负责

网络空间安全系统是一个既纵横交错、又相互交叉渗透的网状结构。中国又是一个幅员辽阔、人口众多的大国，在组织管理上，不仅区分为中央、省市、地县各级，每一级又有部、委、厅局、科室、乡镇。具体到一个机关或者一个企业，其网络空间运作体系，既有网络中心，又有终端用户，既有网络维护，又有信息交互，既有行政监管，又有业务指导、技术检测和日常维护。因此，条条、块块这种行政与业务交叉格局，要求人们必须遵循分级负责、各司其职的管理原则。

（四）责权统一

在各级网络空间安全管理体制内部，必须明确区分职责、权限，分工要明确，职责和权限要对应、统一。避免因为职能定位不准，责权不一，出现遇事相互推诿、拖延，人浮于事，效率低下的现象。

第二节　主要国家网络空间安全管理体制概况

随着网络空间安全威胁的日益加剧，网络空间安全管理的战略地位也日益凸显，各国纷纷建立起国家网络空间安全管理体系，并加以完善国家级应对网络安全的组织机构和管理体系，逐步形成国家和军队各级安全管理体系

和制度。

一、美国网络安全管理体制

美国将政府统筹、信息共享、快速反应作为网络安全体系建设的核心，着力构建以总统为核心，国防部、国土安全部和军方主导，民间机构配合的国家网络安全管理体制。2009 年 5 月，白宫宣布组建网络空间安全办公室，负责就网络空间安全问题向总统提供咨询建议，协调政府相关政策与活动。同年 6 月，国防部成立网络空间司令部，负责协调美军网络安全策略及部署，统一指挥美军网络的网络战。①

美网络空间领导工作牵头单位为白宫网络安全协调官与情报、通信和基础设施等部门共同组成的跨部门决策委员会，负责制定联邦网络安全政策，授权情报部门与民间共享网络威胁信息等。国土安全部负责协调国内信息安全行动，保护国家关键基础设施，保障政府和关键网络安全，指导各行业完善安全制度；国防部负责保护美国国防部及军队网络安全、应对海外网络攻击、并筹划实施对外网络打击等；联邦调查局负责美国国内情报与反情报、反恐等领域的网络侦查任务；国家安全局、美军网络司令部负责国外网络空间、外部网络威胁情报搜集和研判，以及国家安全和军事网络系统安全防护。美国还建有国家信息安全中心，监控网络安全，并作为网络数据收集和共享枢纽。此外，美国还建有通信基础设施信息共享和分析中心、电力信息共享和分析中心等信息安全机构，负责政府部门、企业及行业间网络安全指挥协调、信息共享和应急响应。②

二、英国网络空间安全管理体制

1999 年，英国成立了国家基础设施安全协调中心。该中心是英国网络安全事务的政府主管机构，其主要职能任务是负责通信、金融、能源、核生化、交通、粮食、卫生、供水和其他政府公共服务领域关键基础设施的网络信息安全，防范这些基础设施遭受网络攻击。该中心是一个跨部门机构，在行政序列上隶属于英内政部，但人员由内政部、国防部、政府通信总部等多个相关机构派出。

2009 年 6 月，英国成立了网络安全办公室和网络安全运营中心。内阁

---

① 参见吕晶华.奥巴马政府网络空间安全政策述评[J].国际观察，2012(02)：23－29。

② 周季礼，李慧.美国构筑网络安全顶层架构的主要做法及启示[J].信息安全与通信保密，2015(08)：28－31.

网络安全办公室的主要职能是从战略层面统领政府各部门、各机构的网络安全工作，保护英国信息产业基础设施免受侵害。① 同时，网络安全办公室还负责协调与美国和其他欧洲国家在网络安全方面的合作和关系。网络安全运营中心负责协助内阁网络安全办公室保护国家重要的信息产业基础设施。此外，英政府还组建了“国家基础设施保护中心”，主要对国家基础设施提供网络安全措施。

2011 年 4 月，英国国防部成立网络安全政策小组，2012 年 3 月成立了隶属于国防部联合作战司令部的网络防御行动组。此外，国防部还设有全球作战与安全指挥中心，负责武装力量的网络防御。

三、法国网络空间安全管理体制

为了确保国家信息安全，应对网络威胁，法国早在 2001 年就成立中央信息系统安全署，下设信息安全行动中心。2009 年 7 月，原信息系统安全总局升级为国家信息系统安全局，作为法国网络空间安全管理的最高领导机构。该机构隶属于总理府国防与安全总秘书厅，同时与国防部保持密切联系，主要职能是保证国家信息系统安全，监控全国主要基础设施的网络运行，为政府机关和网络运营商提供应对网络空间安全威胁的建议，为政府部门构建安全、保密的网络体系等。

法国国防部设立信息防御斗争分析中心，主要负责网络监视，确保国家和军队网络运行安全和数据安全；危机处理，及时恢复网络系统的正常运转；安全防范，对网络安全隐患进行排查，制度网络安全保护策略手段等。

四、俄罗斯网络空间安全管理体制

为构建统一的网络安全保障体系，实现全时段、全维度防护，俄罗斯建立了由政府主导，各部门、各行业共同参与的国家安全管理体制。俄罗斯联邦安全委员会科学技术理事会下设信息安全分会，统一组织协调国家信息安全的规划和建设。联邦安全局，联邦保卫局，内务部，联邦数字发展、通信与大众传媒部，外交部，国防部，联邦技术与出口监督局，联邦国民警卫队信息技术局等国家重要部门均设有网络监管机构；政治经济、科教文卫、能源资源等各行业部门也都设有对应的防护与监管机构。

长期以来，俄罗斯的网络空间安全管理主要由内务部、联邦安全局和国防部负责。内务部负责调查、防范和打击境内网络犯罪活动。联邦安全局重

---

① 刘一.国外网络信息安全建设概述[J].信息安全与技术，2013，4(06)：3－4，7.

点负责网络事务管理，其下设的“信息安全中心”负责打击网络犯罪，实施互联网网络监控，保护国家网络选举系统等。国防部总参谋部负责网络空间对抗的组织筹划、指挥管理；网络空间侦察和网络空间行动；国防部网络空间安全保障等，其保护范围不仅涵盖军方目标，也包括民用基础设施和国家重要目标。①

五、日本网络空间安全管理体制

日本一直比较重视网络空间安全问题，建立了较为全面、层级分明的网络安全管理体制。在国家层面，日本网络安全的顶层决策机构是 IT 战略本部和国家安全保障委员会。其中，IT 战略本部负责信息和网络安全总体战略的顶层设计，由首相担负本部长。IT 战略本部下设的信息安全政策委员会(2005 年成立)是日本信息政策基本战略的决策机构，负责制定国家信息安全的基本战略，拟定所有重要的总体设计与政策。其执行机构是内阁官房信息安全中心，该中心是日本网络空间安全的最高执行机构，负责制定信息安全政策及相关基本战略、规定，同时负责协调官方、民间和自卫队之间网络空间安全行动。国家安全保障委员会成立于 2013 年 12 月 4 日，由日本首相直接领导，主要负责涉及外交、军事的重大网络空间安全的政策制定、管理与决策。②

为增强国家网络空间安全保障能力，日本从 2014 年起开始对网络空间国家最高管理决策体系进行调整完善。2015 年，信息安全政策委员会正式升级为网络安全战略本部，统一协调各部门的网络安全应对对策。③ 2014 年 5 月，日本设立副部长级别的“内阁网络安全官”，由助理官房长官担任，负责领导内阁官房信息安全中心，以加强内阁官房作为网络攻击应对指挥中心的功能。随着 2015 年网络安全战略本部的成立，内阁官房信息安全中心也改组为“网络安全中心”，继续发挥其在日本国家网络空间安全行动、领导政府机构信息安全监控应急协调小组、管理国际合作事项。日本政府各省厅分别承担网络空间具体管理工作。警察厅主要负责管理打击网络犯罪相关事务；总务省主要负责通信、网络政策制定和基础设施管理；外务省负责日本网络空间的国际合作事务；经济产业省负责信息安全与管理方面的政策制定；防卫省负责日本自卫队及防卫网络安全，并参与和承担国家网络空间安全防卫

① 参见刘刚.俄罗斯网络安全组织体系探析[J].国际研究参考，2021，(01)：24－29。
② 参见谭玉珊，任玮.日本加快完善网络空间管理体系[J].中国信息安全，2015，6(3)：104－107。
③ 谭玉珊，任玮.日本加快完善网络空间管理体系[J].中国信息安全，2015，6(3)：104－107.

工作。

在自卫队层面,2012 年 5 月日本防卫省成立网络空间攻击应对委员会,作为防卫省的网络安全最高指导机构,由日本防卫大臣政务官担任委员长,负责统抓自卫队网络空间安全管理。2014 年 3 月,日本防卫省成立"网络空间防卫队"作为日本自卫队防御应急的核心组织,负责搜集、共享网络空间情报、网络空间防御、网络空间技术支援、网络空间作战训练等工作。

此外,其他国家也纷纷采取措施健全完善网络空间安全管理体制。例如,韩国 2013 年在国家安全室设网络安全秘书一职,应对针对国家关键机构的网络攻击。2010 年 1 月韩国成立了网络空间司令部,以防范网络空间恐怖袭击和网络间谍入侵。新加坡于 2009 年 10 月宣布成立信息技术安全局,负责加强新加坡关键信息技术基础设施的保护,研发新型信息安全技术,制定完善的安全事故报告制度和应对安全威胁应急机制,有效处理与网络空间信息安全有关的国家危机,确保国家能够随时对付各种意想不到的网络恐怖袭击。以色列于 2002 年设立国家信息安全局,着手加强重要基础设施网络防护。2011 年,成立网络空间安全小组。2012 年 1 月,组建国家网络局,隶属总理府办公室,下设国防、民事、战略规划、国际合作、研究发展等司。该机构统合了原先分散在政府部门、安全机构和军队的网络管理责任,负责协调整个国家的网络安全建设、规划发展方向及领导开展国内外合作等。

第三节　我国网络空间安全管理体制

我国网络空间安全管理体制是在 20 世纪信息化建设管理体制的基础上,伴随网络在技术应用发展逐渐发展完善起来的,时至今日,已经基本理顺,形成了全国"一盘棋"的格局。

一、我国网络空间安全管理体制的历史沿革

我国网络安全管理体制是在国家信息化建设的基础上建立起来的,而且深度融合于国家整个信息化建设体制之中。1986 年 2 月,国务院成立了国家经济信息中心,负责建设国家经济信息系统。国家经济信息中心由原国家计委所属的计算中心、预测中心和信息管理办公室合并组建,1988 年更名为国家信息中心。1987 年,国家信息中心设立安全处,这是我国第一个网络安全专门机构。1994 年《中华人民共和国计算机信息系统安全保护条例》发布

施行，明确由公安部负责计算机系统安全。1996 年 4 月国务院信息化工作领导小组成立。1999 年，国家信息化工作领导小组正式成立，负责组织协调国家计算机网络与信息安全管理方面的重大问题，小组由 15 人组成，时任国务院副总理吴邦国任组长，信息产业部部长任副组长，其余成员是来自国家相关部门的领导。领导小组没有单设办事机构，具体工作由信息产业部承担。2001 年 8 月 23 日，中共中央、国务院决定重新组建国家信息化领导小组，以进一步加强对推进我国信息化建设和维护国家信息安全工作的领导，时任中央政治局常委、国务院总理朱镕基任组长，副组长包括两位中央政治局常委和两位中央政治局委员。同时还成立了国家信息化领导小组国家信息化专家咨询委员会，聘请经济、技术、公共管理、法律等领域的有关专家组成，负责就我国信息化发展中的重大问题向国家信息化领导小组提出建议。同年 12 月，国家信息化领导小组召开第一次会议，单设了办事机构国务院信息化工作办公室（以下简称国信办），由国家发展计划委员会主任、国家信息化领导小组副组长兼任国务院信息化工作办公室主任。国家信息化领导小组负责审议国家信息化发展战略，宏观规划，有关规章、草案和重大决策，综合协调信息化和网络空间信息安全工作。国信办具体承担领导小组的日常工作。[①] 这标志着国家网络安全管理工作有了最高协调机构，网络安全统筹协调力度大幅度增强，网络安全管理开始步入正轨。

2008 年，国务院机构改革，原国家发展和改革委员会的工业行业管理有关职责，国防科学技术工业委员会核电管理以外的职责，以及信息产业部和国信办的职责，统一纳入新成立的“工业和信息化部”，国家信息化领导小组的具体工作由工业和信息化部承担。总的来看，这一时期的网络安全管理体制较为分散，主管部门多元化，除国信办负责统筹协调之外，工信部、安全部、保密局、公安部，以及国务院新闻办、法制办、国家工商总局、文化部、广电总局、新闻出版署、教育部、卫生部、食品药品监督管理局、中国人民银行等部门都负有一定管理职责，构成纵横交错的管理体系，这种多头管理体制，产生了多种弊端：一是统一的安全管理权被不同的部门分割，各部门的监管也缺乏整合优势，各自为营，造成全盘规划的困难。二是监管边界不清，容易产生职能交叉或者管理漏洞等问题，同时易导致争功诿过、执法责任不明确的后果。三是管理的低效率，各部门分别建立的数据库、监测系统、监管体系之间互不沟通，缺乏协调和联动机制，既增加了监管的信息获取成本、执法成本，又使监管往往达不到其应有的效果。

---

① 王政坤.中国网络安全管理体制回顾与展望[J].网络空间安全，2018，9(12)：41－45.

二、我国网络空间安全管理体制现状

党的十八大以来，党中央高度重视网络空间安全与信息化建设，统筹协调信息化和网络安全重大问题。针对我国网络安全管理管理体制“九龙治水”的管理格局，习近平2013年在中共十八届三中全会《决定》说明中明确表示：“从实践看，面对互联网技术和应用飞速发展，现行管理体制存在明显弊端，主要是多头管理、职能交叉、权责不一、效率不高。同时，随着互联网媒体属性越来越强，网上媒体管理和产业管理远远跟不上形势发展变化。”①十八届三中全会《决定》明确提出，要坚持积极利用、科学发展、依法管理、确保安全的方针，加大依法管理网络力度，完善互联网管理领导体制。此后，我国加快了完善网络空间安全管理体制的步伐，加强了集中统一领导，基本理顺了网络空间安全管理领导体制，我国网络安全管理格局发生了深刻改变，极大地促进了网络空间安全管理工作。

(一) 设立中央国家安全委员会

随着中国面临的国家安全和国际安全形势越来越复杂，以前只设国家安全领导小组已经不能满足形势发展的要求。2014年1月24日，中共中央政治局召开会议研究决定，设置中央国家安全委员会。中央国家安全委员会由习近平任主席，下设常务委员和委员若干名。中央国家安全委员会作为中共中央关于国家安全工作的决策和议事协调机构，向中央政治局、中央政治局常务委员会负责，统筹协调涉及国家安全的重大事项和重要工作。其中一项重要职责就是统筹协调国家网络安全工作。

(二) 成立中央网络安全和信息化领导小组

2014年2月27日，中央网络安全和信息化领导小组成立②。中共中央总书记、国家主席、中央军委主席习近平亲自担任组长；李克强、刘云山任副组长。中央网络安全和信息化领导小组是在中央层面设立的网络空间安全管理的最高领导机构。领导小组的成立是中国网络安全和信息化国家战略迈出的重要一步，体现了我国最高层加强网络空间安全顶层设计的意志，显示出我国在保障网络安全、推动信息化发展等方面的决心，也标志着我国开始进一步确立集中统管式的网络安全管理体制。

中央网络安全和信息化领导小组着眼国家安全和长远发展，统筹协调涉

---

① 习近平.习近平谈治国理政[M].北京：外文出版社，2014：84.

② 中央网络安全和信息化领导小组成立：从网络大国迈向网络强国[OL].新华网，2014-02-27.

及经济、政治、文化、社会及军事等各个领域的网络安全和信息化重大问题；制定实现网络安全和信息化发展战略、宏观规划和重大政策；推动国家网络安全和信息化法治建设，不断增强安全保障能力。

领导小组的办事机构是中央网络安全和信息化领导小组办公室，由国家互联网信息办公室承担具体职责。国家互联网信息办公室主任兼任中央网络安全和信息化领导小组办公室主任。

（三）中央网络安全和信息化领导小组改为中央网络安全和信息化领导委员会

为了加强党中央对网信工作的集中统一领导，2018 年中央网络安全和信息化领导小组改为中央网络安全和信息化领导委员会。作为议事协调机构，负责相关领域重大工作的顶层设计、总体布局、统筹协调、整体推进、督促落实。

中央网络安全和信息化委员会的办事机构为中央网络安全和信息化委员会办公室（以下简称中央网信办）。同时，进一步优化了中央网信办的职责，将国家计算机网络与信息安全管理中心由工业和信息化部管理调整为由中央网信办管理，进一步增强了网络安全统筹协调能力。

（四）进一步明确国务院有关部门网络安全职责

根据我国有关法规，国家安全部、国家保密行政管理部门、公安部等部门在各自的业务范围内履行维护网络安全的职责，全面维护我国网络空间安全。

1. 工业和信息化部。主要负责网络强国建设相关工作，推动实施宽带发展；负责互联网行业管理（含移动互联网）；协调电信网、互联网、专用通信网的建设，促进网络资源共建共享；组织开展新技术新业务安全评估，加强信息通信业准入管理，拟定相关政策并组织实施；指导电信和互联网相关行业自律和相关行业组织发展。负责电信网、互联网网络与信息安全技术平台的建设和使用管理；负责信息通信领域网络与信息安全保障体系建设；拟定电信网、互联网及工业控制系统网络与信息安全规划、政策、标准并组织实施，加强电信网、互联网及工业控制系统网络安全审查；拟订电信网、互联网数据安全管理政策、规范、标准并组织实施；负责网络安全防护、应急管理和处置。

工业和信息化部专设网络安全管理局，其主要职责是：组织拟订电信网、互联网及其相关网络与信息安全规划、政策和标准并组织实施；承担电信网、互联网网络与信息安全技术平台的建设和使用管理；承担电信和互联网行业网络安全审查相关工作，组织推动电信网、互联网安全自主可控工作；承担建立电信网、互联网新技术新业务安全评估制度并组织实施；指导督促电信企业和互联网企业落实网络与信息安全管理责任，组织开展网络环境和信息治理，配合处理网上有害信息，配合打击网络犯罪和防范网络失窃密；拟定电信网、互联网网络安全防护政策并组织实施；承担电信网、互联网网络与信息安全监测预警、威胁治理、信息通报和应急管理与处置；承担电信网、互联网网络数据和用户信息安全保护管理工作；承担特殊通信管理，拟定特殊通信、通信管制和网络管制的政策、标准；管理党政专用通信工作。①

2. 公安部。公安部主要负责全国互联网安全监督管理，维护互联网公共秩序和公共安全，防范和惩治网络违法犯罪活动，负责计算机信息系统安全保护工作，行使下列职权：(1) 监督、检查、指导计算机信息系统安全保护工作。(2) 查处危害计算机信息系统安全的违法犯罪案件。(3) 履行计算机信息系统安全保护工作的其他监督职责，包括：① 监督、检查、指导计算机信息系统安全保护工作；② 组织实施计算机信息系统安全评估、审验；③ 查处计算机违法犯罪案件；④ 组织处置重大计算机信息系统安全事故和事件；⑤ 负责计算机病毒和其他有害数据防治管理工作；⑥ 对计算机信息系统安全服务和安全专用产品实施管理；⑦ 负责计算机信息系统安全培训管理工作等。②

3. 党和国家宣传文化教育系统。包括中央到地方各级宣传部门、文化部门、广播电视传媒系统等，主要负责从思想政治上、意识形态上、文化道德上，把好网络空间信息的舆论导向，抵制各种危害国家安全稳定的有害信息，作好网络意识形态斗争。

4. 外交部。外交部于 2013 年设立了网络事务办公室，负责协调开展有关网络事务的外交活动。③

（五）国家互联网络信息安全辅助机构的设置与职责

为了辅助国家信息化领导小组了解情况、提供科学决策，国家还成立了一些咨询和服务性机构，包括国家信息化专家咨询组、国家互联网信息中心、互联网协会、信息安全测评中心和电子政务标准化总体组等。

---

① 参见《工业和信息化部机构职责》 https：//www.miit.gov.cn/gyhxxhb/jgzz/art/2020/art_4a8ec0f5dc754b30be418107d0de6c1b.html。

② 参见全国互联网安全管理服务平台 http：//www.beian.gov.cn/portal/jigouzhineng?token=dce9c5f3-4e66-48e3-bc45-31e13a247816。

③ 参见“外交部设立网络事务办公室 负责网络事务外交活动”https：//mp.weixin.qq.com/s?src=11×tamp=1625730049&ver=3177&signature=OBUqj*QoNcBU7ch1QLV2TOqO*lHrQBqZlCEXdGqtCTStReCJ8Yj28JQR2oD8kGK7SNfu7nBTeKVSnpyjML*M8fDokwmXqLWkA-Chp4tWq9ZDIT8eumEslj*uQoyoKHqw&new=1。

1. 中国互联网络信息中心

中国互联网络信息中心(CNNIC)是经国家主管部门批准,于1997年6月3日组建的管理和服务机构,行使国家互联网络信息中心的职责。作为中国信息社会重要的基础设施建设者、运行者和管理者,中国互联网络信息中心(CNNIC)在"国家公益、安全可信、规范高效、服务应用"方针的指导下,负责国家网络基础资源的运行管理和服务,承担国家网络基础资源的技术研发并保障安全,开展互联网发展研究并提供咨询,促进全球互联网开放合作和技术交流,不断追求成为"专业·责任·服务"的世界一流互联网络信息中心。

2. 中国互联网协会

中国互联网协会成立于2001年5月25日,由国内从事互联网行业的网络运营商、服务提供商、设备制造商、系统集成商以及科研、教育机构等70多家互联网从业者共同发起成立,是由中国互联网行业及与互联网相关的企事业单位自愿结成的行业性、全国性、非营利性社会组织。现有会员400多个,协会的业务主管单位是工业和信息化部。中国互联网协会的宗旨是:遵守国家宪法、法律和法规,遵守社会道德风尚;坚持以创新的思维、协作的文化、开放的平台,有效的服务的指导思想,为会员的需要服务,为行业发展服务,为政府决策服务。

3. 中国信息安全测评中心

2001年7月29日,国家信息化测评中心成立。它是政府授权专门从事信息技术安全测试和风险评估的权威职能机构。依据中央授权,测评中心的主要职能包括:负责信息技术产品和系统的安全漏洞分析与信息通报;负责党政机关信息网络、重要信息系统的安全风险评估;开展信息技术产品、系统和工程建设的安全性测试与评估;开展信息安全服务和专业人员的能力评估与资质审核;从事信息安全测试评估的理论研究、技术研发、标准研制等。

4. 电子政务标准化总体组

标准化是我国电子政务建设的基础性工作,是网络空间电子政务系统实现互联互通、信息共享、业务协同、安全可靠的前提。2002年在北京成立了国家电子政务标准化总体组。电子政务标准化总体组由来自各级政府部门、各行业主管部门、科研院所和企业的专家组成。总体组的职责是:提出我国电子政务的标准体系框架和实施计划,组织制定电子政务建设需要的标准,参与解决我国电子政务网络建设和应用过程中产生的互联互通问题及其他与标准有关的问题,完成国务院信息化工作办公室和国家标准化管理委员会交办的其他事宜。

第四节 我国网络空间安全管理体制的发展趋势

从网络空间安全管理发展的长远需要和我国实际来看，完善网络空间安全管理体制，需要进一步明确监管主体，加强集中统管，完善监管方式，以体制促机制，以机制促落实，探索出一条有中国特色的网络空间安全管理体制之路，实现网络空间安全的总体目标。

一、政府主导集中统管与行业自律并行

网络空间与现实社会全面融合的特点和趋势，决定了我国网络空间安全体制应当适应国家安全管理的规律，在中央网络安全和信息化领导小组的领导下，强化政府作为国家网络安全管理的主体地位，进一步加强政府的主导作用，明确由国家网信部门统一筹划协调全国的网络空间安全管理工作。国务院的其他有关部门，依法在各自职责范围内负责网络安全的相关管理工作。各级人民政府对辖区内的网络安全管理工作负主要职责，并对政府相关部门网络安全管理工作进行监督。

此外，行业自律是网络安全管理的必要补充，也是西方国家普遍采用的一种手段。引导互联网内容供应商和网民加强自律，是对法律、行政手段的重要补充，世界各国都十分重视发挥互联网行业自律和公众监督作用。网上内容的管理，涉及主办者、公众和政府等多个层面。推动互联网信息服务行业自律，引导业界自觉遵守法律法规和社会公德，已经成为世界各国管理互联网的共识。法国的《菲勒修正案》，就是一项有关通信自由的法律基础上针对互联网的特点制定的一套规范，其立法目的旨在促进网络运营商的自律。① 中国互联网协会通过的《中国互联网自律公约》《中国新闻界网络媒体公约》《中国互联网协会反垃圾邮件规范》《全国青少年网络文明公约》等 4 部自律性规范，为实现我国网络安全管理的行业自律打下了坚实的基础。

二、研用管监一体互动

在某一特定网络系统建立初期，往往会经历一个由研制开发，到使用推广，再到管理和监督的渐进过程。当网络系统成熟以后，这种直线式递进性管理模式必须让位于闭环式交互反馈性管理模式。研发是前提，应用是目

① 韩冰.对互联网信息加强行政监管的必要性[J].信息化建设，2008，11(11)：40－42.

的,管理控制和监督是保障。一切都要紧紧围绕应用展开管理活动。

建立研用管监一体化高度融合的管理体制,不仅是各国网络安全管理体制的发展趋势,也是对安全管理的一个共同的要求。

(一) 由一过性研发向滚动式研发过渡。在网络安全体制架构内,要始终保留研发人员的话语权和管理权,摈弃那种仅仅将研发当作网络安全建设起始点的观念,确立伴随性研发、全程跟踪、全程服务的意识,在网络应用、管理和监督的过程中,不断向研发人员提供反馈意见和研发需求,使研发工作全程跟进。

(二) 推广应用直接与管理和监督挂钩。建立应用、管理和监督联动机制,如果应用同管理、监督脱节,不仅会出现管理、监督不到位的问题,也会使管理和监督者失去工作的抓手,失去服务对象。

(三) 把协调和服务作为管理的职责。管理不是向被管理者发号施令,要做好研发、应用和监督等各个环节的协调工作,通过协调关系和资源配置,为各个环节提供一流的服务。

(四) 发挥领导者法律和制度监督的职能。共管体制强调领导者随时监督而不是事后监督,从事各个环节的全程监管,保证法律制度的全面落实,循序渐进,真正构建起研用管监一体互动的网络安全共管共享体制。

三、国家间协调合作

当今世界,由于网络空间没有实际边界,跨国网络犯罪十分猖獗,加上国家间围绕网络空间的明争与暗斗,互联网发展对国家主权、安全、发展利益提出了新的挑战,各国都在积极应对这一严峻挑战。正如 2014 年习近平在巴西国会作《弘扬传统友好共谱合作新篇》演讲时所指出,“虽然互联网具有高度全球化特征,但每一个国家在信息领域的主权权益都不应受到侵犯,互联网建设再发展也不能侵犯他国的信息主权。在信息领域没有双重标准,各国都有权维护自己的信息安全,不能一个国家安全而其他国家不安全,一部分国家安全而令一部分国家不安全,更不能牺牲别国安全谋求自身所谓安全。国际社会要本着相互尊重和相互信任的原则,通过积极有效的国际合作,共同构建和平、安全、开放、合作的网络空间,建立多边、民主、透明的国际互联网治理体系。”①

中国作为一个网络大国,网络空间安全不仅关系到国家和民族的安全利

---

① 转引自朱瑞.实现互联互通愿景共担网络空间责任[J].信息安全与通信保密,2014,36(12):84-85。

益,而且越来越影响到国际社会的网络安全形势。互联网时代,各个国家政治、经济、军事、文化的相关性日益强烈,网络安全的互动性日益突出。中国积极参与国际社会的网络空间安全事务,为推进国家间网络安全的协调和交流作出努力和贡献。中国明确主张,各国面临共同的网络空间安全问题,应当以《联合国宪章》、公认的国际法和国际关系准则为框架,构建网络空间新秩序。中国自20世纪80年代开始,就积极为加强国际网络空间的安全合作而努力。发达国家也不断就开展网络安全国际合作交换认识,取得一些共识。1998年11月,联大通过了由俄罗斯提出的倡议《在国际安全背景下信息和通信领域的发展》,提出"有必要阻止为犯罪或恐怖主义目的错误使用或开发信息资源或技术"。2000年10月,西方八国集团在柏林召开会议,讨论如何提高网络安全水平和防范网络空间犯罪的问题。2001年11月,欧洲委员会26个成员国以及美国、日本、加拿大和南非等签署了《网络犯罪公约》,制定了针对网络欺诈、破坏等犯罪行为的刑事处罚条款①,成为世界首部针对网络犯罪行为的国际公约。

① 王正德,杨世松.信息安全管理论[M].北京:军事科学出版社,2009:413-414.

第四章　网络空间安全战略管理

网络空间安全战略管理，是指从战略全局对网络空间安全重大问题进行决策、规划及其评估等的一系列活动。它是网络空间安全管理实践与战略管理理论相结合的产物，是战略管理运用的新拓展。我国网络空间安全管理必须走出低层次的技术维护和日常性运维，上升到战略管理的高度进行统一筹划、综合防护。

第一节　网络空间安全战略管理的重要意义

网络空间安全已成为信息时代国家安全的战略基石。加强网络空间安全战略管理，对于维护国家总体安全，推动国家和军队网络安全和信息化建设全面转型，维护广大人民群众的切身利益，具有重要意义。

一、从战略层面维护国家安全与发展利益的重要内容

国家安全涉及政治、经济、文化、军事等各个方面，是确保社会稳定与发展的重要基础。在全球网络基础设施、网络系统和软件、各种信息终端和全球网民的生产生活实践共同筑成的网络空间里，网络已逐渐与国家的政治、经济、文化、军事等活动紧密融为一体，带来了无限的发展机遇，也给现实世界带来了强烈冲击和影响。带有全局性、宏观性、综合性的网络空间安全战略管理，已成为维护国家安全的必然选择和重要方面。实施网络空间安全战略管理，有利于随时洞察安全环境中的不确定因素，准确把握网络空间安全面临的机遇与威胁，科学设定网络空间安全管理战略目标，统筹配置网络空间各种资源，合理选择实现战略目标的各种方式和手段，提高维护国家综合安全和发展利益。网络空间安全战略管理的水平，直接决定国家安全的程度。如果一国网络空间安全战略管理成为“短板”，那么保障和拓展符合本国利益的“国家网络疆域”将难以实现。据统计，仅从 20 世纪 90 年代至 2012

年，全球就已有超过20个国家/组织出台了约40个网络空间信息安全战略规划，基本涵盖了全球各主要大国和多边组织。① 近年来，世界各网络强国纷纷加强网络空间安全战略管理，将其政治、经济、文化、军事等战略目标陆续植入国家信息安全战略之中，通过政策制定、法律建设、机构调整等对本国网络空间安全战略进行一系列筹划和布局，以有效应对来自内外部各种挑战，维护国家安全和发展利益。

二、加强战略统筹形成网络安全建设合力的紧迫需要

传统意义上的国家安全，主要是应对外部军事威胁，如外敌入侵时的国防安全。非传统安全又称新安全，它涉及日益拓展的领域和空间，如金融安全、能源安全、生态环境安全、网络安全等。面对日趋复杂的国家安全形势，需要集中各种力量，统筹各类资源，综合应对风险挑战。网络空间安全战略管理，是在全局和宏观层面制定网络空间安全的战略、规划、方案和措施，进而对网络空间安全威胁进行有效遏制的过程。加强网络空间安全战略管理，有利于更好统筹经济发展与安全稳定、中央和地方、陆地和海洋、传统安全和非传统安全等关系，通盘筹划国家网络空间安全战略运行，确保党和国家的长治久安。

三、推进网络空间全球治理变革夺取战略胜势的基础支撑

纵观当今世界，各主要国家围绕网络空间的发展权、主导权和控制权，展开了新一轮的战略角逐。哪个国家在这场网络空间的竞争中占得先机、抢得主动，就能在国际战略格局演变过程中谋取战略机遇，赢得战略优势。以美欧发达国家及其掌握在他们手中的公司与组织，在全球网络空间治理中掌握话语权，其优势既体现在关键技术标准、应用、基础设施、核心硬件开发、生产和商业化能力方面，也体现在国家层面的战略统筹、战略规划能力方面。其中，战略统筹、战略规划能力对于将技术优势转化为决策优势和战略攻势，发挥着强大的支撑作用。作为网络的滥觞之地，美国对于网络安全问题的关注走在了世界的前列，自发布第一份战略计划之后，围绕其总体目标，不断完善战略框架，持续推进战略落地，试图要像拥有核优势那样拥有对信息技术和网络空间的完全控制，进而完全主导世界。实践表明，一旦有国际行为体开始有意识地制定网络空间安全战略，其他行为体就会主动或被迫地采取一定的政策表态或出台相应的战略作为回应。在国际社会尚未就统一的网络安

① 惠志斌.全球网络空间信息安全战略研究[M].上海：上海世界图书出版公司，2013：191.

全行为规范达成共识之前，各主权国家和国家间组织争相制定网络战略、加强战略管理的大势已成，各国网络空间安全管理进入“战略管理”比拼时代。可以想见，如果没有清晰的网络空间安全战略，如果缺乏清晰战略指导下的规划、组织和战略统筹能力，根本无法有效应对日趋激烈复杂的网络空间安全挑战，根本无法有效参与网络空间全球治理。中国要在全球网络空间治理中掌握话语权，制定有利于我国的国际规则，必须切实抓住全球网络空间治理的战略机遇期，紧紧扭住网络空间带有长期性、全局性、根本性和综合性的问题，积极推进全球网络空间治理变革，积累战略管理经验，提升战略统筹能力，变劣势为优势，进而夺取胜势。

第二节　网络空间安全战略管理的主要内容

网络空间安全战略管理的主要内容，是由网络空间安全战略管理本质属性决定的，反映了网络空间安全运行的实际需求。网络空间安全战略管理的主要内容包括战略决策、战略规划、战略实施、战略评估等 4 个方面。

一、战略决策

网络空间安全战略决策是指网络空间安全战略管理领导机构对网络空间安全工作全局所进行的总体筹划，并对这些全局性的重大问题作出相应的决定。它是网络空间安全战略管理的首要职能，也是网络空间安全战略管理机构组织领导活动最重要的内容。网络空间安全战略决策的目的，是要通过探索把握网络建设、运营、维护和使用的特点规律，科学确立网络空间安全建设的战略目标、发展路径和战略重点，确保网络空间的安全，以促进经济和社会的繁荣发展。

（一）主要内容

网络空间安全战略管理是一个极其复杂的系统，涉及面广、相关因素多、组织实施十分困难。如何把握全局、关注重点，谋划设计好整个网络空间安全建设，作出正确的决策，是一项十分艰难的工作。对网络空间安全建设全局所进行的总体谋划和决策，按照不同的分类标准，具有多种形式。有综合的、单项的，有连续性的、阶段性的，等等。网络空间安全战略管理工作的总体决策所涉及的全局性重大问题，主要包括网络空间安全战略管理的方针与原则，网络空间安全战略资源的分配与调整、使用与管理，网络空间安全战略管理体制的改革与完善，网络空间安全建设经费的分配与使用，网络空间安全战略管理的方式与方法，网络空间安全战略管理队伍的建设与发展，网络技术和装备的研制与开发，以及网络空间安全环境的规划与建设等。从管理流程看，网络空间安全战略决策就是确定战略目标、发展途径和战略重点的过程。

（二）基本依据

战略决策不是简单的“推导”或“计算”，而是精心的“设定”或“谋划”。战略决策通常依据战略、需求和能力来确定目标，具体表现就是战略统揽、需求牵引、能力推动。

1. 网络空间安全战略

战略是实施战略管理的依据和前提。当前，世界主要国家普遍公开发布国家级网络空间安全战略，并不断出台和调整相关政策。比如，美国政府已多次发布国家网络空间安全战略。2003 年 2 月，发布首个《确保网络空间安全国家战略》；2009 年 5 月，发布带有国家战略性质的《网络空间政策评估》，并设置国家网络安全协调官和办公室，成立网络司令部；2011 年 5 月，发布《网络空间国际战略》《网络空间行动战略》《网络空间可信身份国家战略》；2014 年又发布《提升关键基础设施网络安全框架》。我国于 2016 年发布《国家网络空间安全战略》，阐明了我国网络空间发展和安全的重大立场和主张，明确了战略方针和主要任务，是指导国家网络安全工作的纲领性文件。国家网络空间安全战略是国家网络空间安全管理的指导文件，网络空间安全战略管理部门所构建的网络空间安全战略管理体制、制定的网络空间安全战略管理法规、选择的网络空间安全战略管理方式方法等都必须与此相适应、相一致。各级应紧紧围绕网络空间安全战略，深刻领会其精神实质，紧密联系网络空间安全战略管理实际，全面加强规划计划和组织实施工作，确保网络空间安全目标的实现。

2. 国家网络空间利益拓展的新需求

影响网络空间安全战略管理的因素有很多，国家利益在其中发挥着“指挥棒”的作用。进入 21 世纪以来，我国网络空间利益拓展呈加速发展趋势，与之相伴随的矛盾问题也很多，国家网络空间利益拓展的需求不断增加与网络空间战略管理实际水平之间的矛盾十分突出，对加强网络空间安全战略管理、战略筹划提出了许多新的需求。网络空间利益拓展使我国活动空间的范围更加广阔，战略边疆逐渐扩大，战略威胁更加复杂多样，战略筹划的客体数量急剧增多，需要统筹的战略关系更加复杂，迫切需要增强有效应对的战略手段。国家通信、广播电视、能源、水利、金融等行业的主管部门和其他有关部门，应当依据国家网络空间安全战略，进一步明晰保障网络空间安全的基本要求和主要目标，抓紧编制网络空间安全规划，建立健全网络空间安全标准体系，积极促进网络空间安全技术产业和产业发展，研究拟制全社会共同参与维护网络空间安全的政策措施，努力适应国家网络空间利益拓展的新需求。

3. 网络空间安全战略管理能力

网络空间安全战略管理工作的谋划决策，必须坚持实事求是，从我国网络空间安全战略管理的现实状况入手，从网络空间安全战略管理的实际能力出发。一方面，由于我国网络防护起步晚、基础差，科技水平与世界发达国家相比仍有较大差距，致使我国网络空间安全战略管理的建设和发展受到一定制约，网络空间安全战略管理意识和能力总体偏弱。另一方面，组织网络空间安全战略管理需要大量专业保障人员、保障装备和保障设施等，由于种种原因，近些年来，我国在这方面的建设和发展还相对滞后，在一定程度上制约了网络空间安全战略管理工作，影响网络空间安全战略管理的总体谋划和决策。因此，网络空间安全战略管理部门，需要紧密结合我国网络空间安全战略管理实际，谋划决策网络空间安全战略管理工作，规划网络空间安全战略管理的建设和发展，确保网络空间安全战略管理工作的顺利实施。

（三）基本要求

网络空间安全战略决策所涉及的问题，自然都是网络空间安全战略管理高层次的重大问题，涉及面广、复杂性强、消耗多、影响大。如果出现失误，势必会给经济社会建设带来严重后果。因此，必须对网络空间安全战略决策提出如下要求：

1. 目标的科学性

网络空间安全的战略目标是网络空间安全战略管理在一定时期所要达到的目的、标准和水平。设定科学合理的目标，是网络空间安全战略决策的关键。新时代，合理设定网络空间安全战略目标，应全面体现全局性、从属性、阶段性、指标性等特性。全局性，即网络空间安全战略目标是对网络空间安全建设和管理的总体构想，应在战略全局上进行准确概括；从属性，即网络空间安全战略目标必须是依据国家安全战略提出的属于下一层次的战略目标；阶段性，即网络空间安全战略目标可以分阶段和步骤实施；指标性，即网络空间安全战略目标不仅要有总体构想，还要有可检验的尺度。此外，网络空间安全战略目标的描述，要尽可能做到言简意赅，同时又要有丰富的内涵。

2. 机制的合理性

合理的机制是确保战略谋划决策科学、可行的必要条件。随着网络空间安全管理体制从“相对分散型”向“集中统一型”转变，实现网络空间安全管理战略决策的机构和部门都发生了变化，为适应这一变化，搞好网络空间安全战略管理的战略谋划和宏观指导，必须健全完善相应的谋划决策机构和决策制度，形成既分工又合作的决策机制，力求做到有章可循、有法可依。

3. 程序的规范性

谋划决策的程序通常包括：研究确定谋划决策的内容范围；收集、分析相关的信息；研究提出若干目标方案；论证目标方案的必要性和可行性；选择最佳方案；提出实现目标的步骤和要求。按照这个程序一步一步地进行，是确保谋划决策准确性的必要条件。因此，网络空间安全战略决策，必须按章办事，决不能由个别领导和少数人简单地“拍脑袋”行事，严格遵循谋划决策程序，讲求谋划决策过程的规范性。

4. 过程的开放性

在形成网络空间安全战略决策方案的过程中，提倡广开言路，重视不同意见，提高谋划决策的质量。一方面，不同意见的充分表达，实质上等于提出了更多可供选择的方案，通过各种方案的利弊分析，可以取长补短，实现方案的最佳选择。另一方面，不同意见的充分讨论，可以有效地提高方案的可靠性，并促进人们认识的深化和统一，有利于实施过程中的贯彻落实。因此，强调网络空间安全战略决策形成的开放性，意见征求的广泛性，可以使谋划决策目标方案更加完整和优化。

二、战略规划

列宁指出，没有一个长期的旨在取得重大成就的计划，是不能进行工作的。[①] 从某种意义上讲，网络空间安全战略管理就是把抽象的、宏观的战略目标变为具体的、可以实施规划计划甚至行动程序和步骤的过程。

（一）主要内容

战略规划的内容应该紧紧围绕网络空间安全战略目标的实现，确定网络空间安全建设和发展的方向，提出相应配套的能够实现目标的手段和方法。从宏观上讲，确定网络空间安全建设和发展的方向，就是要明确组织实施网络空间安全战略管理需要什么样的运行机制，需要什么样的保障队伍、保障装备和保障设施，需要怎样的保障法规、保障制度和保障方式方法等。网络空间安全战略管理部门，应该在充分领会统率部门的有关网络空间安全战略管理指示精神的前提下，根据国家和军队网络空间安全战略管理的需要与可能，明确网络空间安全战略管理的目标和网络空间安全战略管理建设及其发

① 列宁选集(第四卷)[M].北京：人民出版社，1972：394.

展方向，并提出配套的方法和手段。

总体上讲，网络空间安全战略规划的内容，主要包括分解战略目标、区分战略步骤和制订行动计划等 3 个方面。分解战略目标是网络空间安全战略目标的量化、细化和具体化，有利于网络空间安全管理各领域、各单位明确自己的任务和努力方向，有利于网络空间安全管理目标的逐级实现。战略目标的分解，既要注重自上而下，充分发挥上层目标的指导作用，使下层次目标与上层次目标协调一致，又要注重自下而上，使各层次的目标与网络空间安全战略管理实际相结合；既要考虑到不同领域、不同单位的特殊性，在管理目标上有所区别，又要考虑到一般性和相互之间的关系，使网络空间安全管理目标与各层次目标的协调一致，增强目标的可操作性。

区分战略步骤是对网络空间安全管理途径的具体化，是阶段目标与阶段任务的统一，有利于对网络空间安全战略目标的时序进行宏观统筹。区分战略步骤，要把网络空间安全管理所涵盖各方面要素尽可能量化，通过制定相关的参数指标（如时间、项目等）并将其有机结合，使各阶段目标更具科学性，实施步骤更具合理性和计划性。

制订行动计划，应在战略决策的指导下，作出近期的具体安排，制定落实措施。换言之，战略规划除了需要对战略作出规划外，还要着重对战略的近期阶段作出更加详尽的计划。战略规划一经审定下达，就成为网络空间安全管理的基本依据。网络空间安全战略管理行动计划，可采取滚动计划法，即在制订并实施当前计划的同时，不断制订和修订后续计划，保证战略规划得到不间断的实施。

（二）基本步骤

网络空间安全战略管理综合性、复杂性强，不确定因素多，组织实施网络空间安全管理战略规划，必然是一个上下结合、左右兼顾、多次反复、不断优化的过程。

1. 明确规划的实现目标

要搞好网络空间安全战略规划，首先必须确定网络空间安全战略管理的目标。目标是规划目的和任务的综合体现，确定网络空间安全战略管理的目标，就是要明确网络空间安全战略管理的总目的、总任务。网络空间安全战略管理目标，既是组织网络空间安全战略管理规划活动的起始点，又是整个保障规划活动的终结点，它总领网络空间安全战略规划活动的方向性、标准性和统一性。因此，必须在网络空间安全战略决策的基础上，认真领会其精神实质，制定合理、科学、明确的网络空间安全战略规划所需要实现的总体目标。这个目标既不要过高也不能过低，既要便于实现又要有利于调动整体积极性，这也是网络空间安全战略管理部门的一项艰巨任务。

2. 搜集分析有关信息，进行科学论证

网络空间安全战略规划的任务明确后，就要广泛展开信息搜集、分析和研究工作，分析影响完成规划计划实现的各种因素。搜集信息、分析资料、研究情况是正确制订网络空间安全战略规划的基础，只有对过去和现在的情况都心中有数，才能通过科学论证，制订出符合实际情况的规划。论证过程中，主要是对所掌握的情况进行分析研判，清晰罗列规划计划的有关项目，区分轻重缓急，规划项目开展进度和各阶段计划的具体指标和要求。网络空间安全战略规划的科学与否，是通过一定的指标来体现的，指标既要有定性的分析，更要有定量的要求，两者缺一不可。

3. 评估优选方案，明确具体内容

评估优选是最终选择网络空间安全战略规划的前提和基础。对已经论证的多个方案，要广泛征求意见，并运用科学分析的方法，综合评估，从中择优，形成较优方案。具体明确规划的内容时，应客观公正地反映当前网络空间安全战略管理实际，形成切实可行的规划草案。规划草案形成后，应按程序报请有关部门批准，并按法定程序下达执行。

4. 加强宏观调控适时进行调整

在规划组织实施过程中，应加强对网络空间安全战略管理规划的适时监控，按规定分阶段、分步骤地对规划的落实情况进行监督检查。针对在实施过程中出现的各种问题，应想方设法给予解决，并及时将有关情况反馈给上级有关部门进行决策，同时，根据变化的情况，提出规划需要补充和调整的意见。网络空间安全战略管理领导机构，应根据规划实施过程中所反馈的情况，综合分析，并适时进行调整。

（三）基本要求

1. 预测准确

网络空间安全战略规划，是对网络空间安全战略管理的全局提出远期与近期构想，是明确网络空间安全管理在未来一段时期内的建设和发展所要达到的目标。为此，要使明确的目标既符合实际可能，又适应未来需要，必须在制订网络空间安全战略规划时，根据信息化建设的总体规划、高新技术发展的进展情况、经费的供应状况等，准确地预测未来一段时期内网络空间安全战略管理的需求程度和可能达到的目标，并以此作出合理准确的总体安排，制订网络空间安全战略规划。准确预测，既是制订网络空间安全战略规划的前提和依据，也是最基本的要求。否则，预测不准，制订出战略规划必然与网络空间的实际发展和实际需求相脱节，从而使网络空间安全战略规划失去应有的指导意义。

2. 切实可行

网络空间安全战略管理规划是未来一段时期内网络空间安全建设和发展的行动方案,它将具体明确网络空间安全建设和发展的指导思想、目标、方向、重点、措施等内容。网络空间安全战略管理规划一经批准,必须坚决执行,按时按质按量完成。为此,网络空间安全战略管理规划的制订,必须充分考虑客观实际,立足现实,着眼未来,注重网络空间安全战略规划的可行性,使网络空间安全战略规划能够顺利地实施。网络空间安全战略规划与计划必须是明确的,而不是模糊的;必须是具体的,而不是抽象的;必须是可行的、便于操作和可以检验,而不是无法操作、不能检验。规划与计划不可行,就失去了制订的意义,就等于一纸空文。注重规划与计划的可行性,既是对制订网络空间安全战略管理的要求,又是检验网络空间安全战略管理水平高低的标准。

3. 均衡一致

网络空间安全战略管理工作的组织系统复杂、涉及面广,制订网络空间安全战略规划,既要纵向考虑各个层次的网络空间安全战略管理需要,又要横向兼顾各领域、各单位、各部门网络空间安全战略管理需要;既要突出以新装备为代表的主战网络装备的保障,又要全面组织普通装备、老旧装备的网络监管等。为此,制订网络空间安全战略规划,必须正确处理好网络空间安全战略规划内外部关系,尽可能全面、周到、均衡一致。

4. 讲求效益

经济是一切活动的基础,网络空间安全战略管理必然受到经济发展水平和经费支撑能力的制约。网络空间安全战略管理规划的制定,必须进行“投入—产出”分析,做到“少花钱,多办事”。随着网络装备结构日益复杂,性能不断提高,价格持续上涨,网络空间安全战略管理的发展对经济的依赖性也越来越大。为此,在制订网络空间安全战略规划时,必须考虑国家经济建设大局,精心策划,量力而行。

三、战略实施

战略规划制订之后,关键在于正确实施,否则,再好的战略规划也会失去意义。如果说战略决策、战略规划解决的是“朝正确的方向做正确的事”的话,那么战略实施则是通过“正确的做事”来执行战略规划。

(一) 主要内容

1. 战略协调

战略协调,是由高层机关通过组织各层次、各子系统的相互协作,使整体效益大于各独立组成部分效益总和的活动。战略协调是网络空间安全战略管理的内在特征和本质要求。随着国家信息技术的持续发展,网络空间安全战略管理工作也应进行调整,网络空间安全战略管理机构的职责也相应地发生转换。加之,网络空间安全战略管理工作涉及的部门多、专业繁杂,使网络空间安全战略管理系统的内部与外部关系复杂,如果指导不力、协调不当、关系不顺,就会从多方面影响网络空间安全战略管理总体决策和规划计划目标的实现。因此,协调网络空间安全战略管理关系,就是要理顺网络建设系统的内外关系,使之协调一致,减少因关系不顺而造成的负面影响。内外关系的协调,既包括政府与社会、军队的协调,还包括军队内部的协调。

军地之间的战略协调。理论上,军地协同管理是网络空间安全战略管理的一个客观要求。因此,网络空间安全战略协调必须立足国家层面,重视军地协调,搞好国家、军队和社会之间的协调。应重点抓好两个方面的工作:一是搞好军用民用网络技术互用的协调。网络时代,军用技术和民用技术的互通性增强,相互转化更为容易,网络空间安全战略管理应适应这样的形势。二是搞好军地跨机构协作,为相关组织体制的集成夯实基础。网络空间安全战略管理不能仅限于技术层面的协调,还要进行体制机制的对接,在技术与体制机制的结合中提高层次和水平。

军队内部的战略协调。军队网络空间安全战略实施,范围广、对象多、周期长,需要高度协调一致。军队内部的战略协调,应根据规划和实施方案或事先拟订的战略协调计划,紧紧围绕要突破的重点,在正确判断客观条件和准确评估各实施主体能力的基础上,注重进程控制,周密细致地组织。在方法上,可以按照重点突破的性质、任务和完成任务的主从关系进行协调,也可以按照重点突破的实践和进程进行协调,还可以按照重点突破过程中的发展态势进行协调。

2. 战略控制

战略控制,是指战略管理者对网络空间安全管理发展进程、规模范围及其后果等有意识地加以限制和约束,使其不超过预定计划的管理行为。战略控制是网络空间安全管理的中心工作,其主要内容包括:检查网络空间安全管理各项活动的进展情况;对标既定的战略目标,找出网络空间安全管理存在的战略差距,分析产生差距的具体原因,进而纠正偏差,特别是协调解决存在的突出矛盾;动态调整网络空间安全建设资源配置和流向流量;优化战略执行过程中的工作顺序,形成科学合理的工作流程。

3. 战略突破

实施战略突破,既符合事物发展的一般规律,也与国防和军队改革致力于重点领域和关键环节取得突破的战略构想相一致，是我国加强网络空间安全战略管理的必然选择。

战略突破，关键在于选取“突破口”。网络空间安全战略管理的“突破口”，是指优先考虑实施，并有较大成功把握，能取得明显成效的安全管理举措。突破口选准了，才有可能把握网络空间安全管理的最佳时机，进而少走弯路。要立足我国网络空间安全管理的独特优势选择突破口，增强自信，提高管理效益；要着眼最薄弱环节选择突破口，补齐短板，通过局部跃升促进整体发展；要选择对网络空间安全管理有较大影响的项目作为突破口，以发挥其引领示范作用。

（二）基本要求

战略实施应当力求使战略具体化、制度化。战略具体化和制度化，对实施网络空间安全战略管理具有桥梁和保障作用。

1. 战略具体化

战略具体化，就是要使战略目标体系化并维系战略与规划、计划的匹配与衔接。换言之，战略具体化是要解决如何将网络空间安全建设目标，经过科学合理的转化过程，使之与各层级、各时段目标规划和年度实施计划相衔接，使原则性宏观目标具有现实可操作性。在纵向上，充分反映决策层、协调层和执行层在不同层次上的目标职能特性；在横向上，要使各级目标相互配套，坚持网络空间安全建设各要素协调配套，相互促进；在时间上要使长期目标、各阶段目标、各年度目标相衔接，保持目标建设的连续性。

2. 战略制度化

战略制度化，就是要按照法治要求，建立健全网络空间安全建设法律法规体系，把网络空间安全战略管理纳入法治化轨道。通过法规制度把网络空间安全管理的目标、权力、资源分配、信息传递以及各系统、各层级、各环节乃至每个成员的行为规范起来，形成制度化、程序化的内外关系和运行机制。

四、战略评估

战略评估，是对网络空间安全战略管理诸要素与既定战略管理指标匹配程度进行的评估。通过对网络空间安全进行战略评估，可以全面地掌握我国网络空间安全管理存在的问题，为进一步加强网络空间安全战略筹划和集中统管提供科学的量化依据，从而保证我国网络空间健康、有序地发展。

（一）主要内容

1. 过程评估

过程评估，主要是对网络空间安全战略管理决策、规划、协调、控制等的评估。其中,决策评估包括决策依据、决策时效和决策方案等3个主要内容;规划评估包括对计划层次的评估和计划要素的评估;协调评估是对纵向、横向和内外协调的评估;控制评估主要是对控制方法和控制效能的评估。过程评估的意义在于,它通过对整个网络空间安全战略管理活动全程的分析评估,找出主观愿望与客观实际之间的差距,从中发现网络空间安全管理成效的主要环节和原因,然后提出有关的建议和措施,使决策计划和目标制定更切合实际。

2. 绩效评估

绩效评估是运用科学的方法和手段,对网络空间安全战略管理成果进行综合分析,通过将战略实施的实际成绩与预期效果的比较,作出客观准确判断的活动。绩效评估是绩效管理在战略管理中的体现。美国国家绩效评估中心的绩效测量小组将绩效管理定义为:利用绩效信息协助设定国家的绩效目标,进行资源的配置和优先顺序安排,以告知管理者维持或改变既定目标计划,并且报告成功符合目标的管理过程,简言之,是对公共服务或计划目标进行设定与实现,并对实现结果进行系统评估的过程。① 从该定义可以看出,绩效评估无疑是绩效管理的重中之重。目前,我国网络空间安全战略管理尚未建立起绩效管理的制度框架,绩效评估工作还处于相对落后的状况,亟待提高。

3. 风险评估

风险评估,是使用计算机模拟仿真模型去度量网络空间安全战略管理风险大小的活动。实施风险评估并形成长效机制,是有效规避风险,确保网络空间安全的重要保证。实施风险评估,首先要有先进的技术作为支撑。目前的风险评估多使用蒙特卡洛模拟②等项目风险模拟方法技术,以求得项目风险发生的概率分布和项目损失与机遇的大小。只有注重先进技术的使用,才能不断改善评估手段,使风险评估更好地起到辅助决策的作用。其次,要建立风险评估指标体系。运用定性与定量相结合的方法建立评估指标体系,使风险大小的判别更为直观,更利于作出正确的判断。最后,要实施交叉评估。风险评估包含多方面的内容,仅靠单方评估很难得出正确的结论。这就需要组织多方面力量实施交叉评估,对不同评估方案进行综合权衡,进而得出正

① 张成福,党秀云.公共管理学[M].北京:中国人民大学出版社,2001:271.

② 蒙特卡洛模拟是一种统计模拟方法,可以模拟数学物理、工程技术、生产管理等许多方面的实际问题。通过利用各种不同分布随机变量的抽样序列,模拟给定问题的概率统计模型,给出问题数值解的渐近统计估计值。目前,该方法已广泛运用于资源评价、风险分析、决策分析等诸多方面。

确的结论。

（二）基本要求

进行网络空间安全战略评估，现阶段我国应着重抓好以下两项工作：一是建立健全专业化评估指标体系和标准规范。加强安全管理评估理论研究，建立健全网络空间安全管理各项评估指标体系。二是加强专业化评估力量建设。委托院校、科研机构等第三方力量，建立网络空间安全测评中心、绩效评估中心等专业化评估机构。

第三节　提高网络空间安全战略管理效益需要把握的重点问题

目前，我国网络空间安全战略管理具备了一定基础，但还存在着对网络空间安全战略管理的地位作用认识不够、紧迫感不强；网络空间安全战略管理的组织领导不够有力、机制不够顺畅；网络空间安全战略管理的力量发展不快、能力不够强；网络空间安全战略管理的演练比较少、实战能力弱等问题。新时代，提高网络空间安全战略管理的效益，必须从以下几个方面采取针对性的对策措施。

一、加快落实网络空间安全战略

我国《网络空间安全战略》指出，维护我国网络安全是协调推进全面建成小康社会、全面深化改革、全面依法治国、全面从严治党战略布局的重要举措，是实现“两个一百年”奋斗目标、实现中华民族伟大复兴中国梦的重要保障。①《战略》明确了我国网络空间安全管理的目标，即以总体国家安全观为指导，贯彻落实创新、协调、绿色、开放、共享的发展理念，增强风险意识和危机意识，统筹国内国际两个大局，统筹发展安全两件大事，积极防御、有效应对，推进网络空间和平、安全、开放、合作、有序，维护国家主权、安全、发展利益，实现建设网络强国的战略目标。②《战略》还明确了当前和今后一个时期国家网络空间安全工作的九大战略任务：坚定捍卫网络空间主权、坚决维护国家安全、保护关键信息基础设施、加强网络文化建

① 国家网络空间安全战略[OL].中国国信网.2016－12－27.http：//www.cac.gov.cn/2016－12/27/c_1120195926.htm.

② 国家网络空间安全战略[OL].中国国信网.2016－12－27.http：//www.cac.gov.cn/2016－12/27/c_1120195926.htm.

设、打击网络恐怖和违法犯罪、完善网络治理体系、夯实网络安全基础、提升网络空间防护能力、强化网络空间国际合作等。① 这些战略任务，需要细化分解成一个个阶段目标、具体任务逐项加快落实，才能确保我网络空间安全战略管理落地生根。

二、健全完善网络空间安全战略管理运行机制

科学合理的网络空间安全战略管理运行机制，是提高网络空间安全战略管理效益的重要保证。目前，在网络空间安全战略管理运行机制方面存在的问题还比较突出，为使各种网络空间安全战略管理力量融为一体，快速形成网络空间安全战略管理合力，必须从多方面努力并重点解决好以下几个问题。

（一）强化统管机制

着眼解决以往互联网管理体制存在的政出多门、职能交叉、协调不畅问题，充分发挥中央网络安全和信息化领导委员会的集中统一领导作用，围绕国家安全和信息化发展战略、宏观规划和重大政策，健全完善统筹协调制度机制，增强网络空间安全监管能力。

（二）完善协同机制

我国网络建设、网络运维、网络防护力量之间缺少应有的协同配合，需要通过建立相关的制度机制，形成具有规范性和可操作性的协同机制。

（三）完善交流机制

近年来，随着网络空间安全斗争形势的发展，军地院校、科研单位专家学者开展了大量富有成效的理论研究和实践探索，取得系列理论成果，积累了宝贵实践经验，但由于缺乏交流机制，使得相互之间无法及时学习和借鉴。为改变这种局面，应当从军队和地方两个方面入手，分别建立军队与地方以及各自内部之间的网络空间安全战略管理交流机制。将在网络空间安全斗争中取得的经验教训，进行必要的交流和共享，确保网络空间安全战略管理少走弯路。

（四）完善合作机制

网络空间安全战略管理涉及多个部门、多种力量，只有各方密切配合，从建立和完善合作机制入手，才能有效规避网络空间风险，提高我网络空间安全战略管理的整体能力和水平。

---

① 国家网络空间安全战略[OL].中国国信网.2016-12-27.http://www.cac.gov.cn/2016-12/27/c_1120195926.htm.

三、把攻克关键信息技术摆到战略位置

习近平指出:“只有把核心技术掌握在自己手中,才能真正掌握竞争和发展的主动权,才能从根本上保障国家经济安全、国防安全和其他安全。”[①]网络信息技术的发展推动着网络空间形态的不断演变,对人类生产、生活和安全的影响越来越广泛深入,技术已经成为一个重大战略问题。当前,世界各国都把发展信息技术置于战略地位。

近年来,我国不断加大核心信息技术研发力度,在一些领域取得重大进展,但与世界发达国家相比,信息技术水平仍有较大差距,一些重要信息系统和核心要害部位的安全建设滞后,核心技术受制于人的状况仍未根本扭转。特别是在现代信息和智能技术不断涌现和交叉融合的态势下,如果不抓住机遇加紧突破,我国网络空间将面临更加严重的安全隐忧。

因此,加强网络空间安全战略管理,必须坚持把技术创新作为战略基点,下大力气突破制约信息化建设的核心关键技术,以技术创新促管理创新,夯实网络空间安全战略管理的技术基础。要准确把握网络攻防的特点,加强密码技术应用,建设网络信任体系;加快构建基于区块链的通信平台,确保信息的安全传输;大力发展主动防御技术,实现“御敌于国门之外”;要大力发展具有自主知识产权的信息技术,大力推进国产关键软硬件研发,从根本上提高我国网络空间安全的自主可控水平。

四、着力提升网络空间安全战略管理能力

加强战略管理演练,是提高网络空间战略防控能力重要举措。美国从20世纪90年代中期就开始了网络安全对抗方面的演练,并不断增加难度、扩大规模、提高层次。迄今,美国已实施了多次代号为“网络风暴”(CyberStorm)的大规模、高难度国家级网络安全战略管理演练,并计划每两年举行一次。其中,“网络风暴Ⅱ”参演单位包括国防部、中情局等联邦政府部门,纽约州、华盛顿特区等州政府,微软、思科、英特尔等跨国公司以及加拿大、英国等盟国,共100多个单位,其规模之大、难度之高、组织之复杂,可以说前所未有。

近年来,我国也举行过网络空间安全系列演练,但还存在着演练次数少、规模小、层次低、难度不大等问题。为切实提供网络空间安全战略管理能力,

---

① 习近平.在中国科学院第十七次院士大会、中国工程院第十二次院士大会上的讲话[M].北京:人民出版社,2014:10.

需要采取多方面措施：

（一）增加网络空间安全演练的次数。各级领导机关，应将网络空间安全对抗演练列为年度训练科目，使网络空间安全演习训练活动经常化。

（二）扩大网络空间安全演练的规模。应有计划地将各种网络空间安全斗争力量统一组织起来，利用不同的专业攻防力量实施大规模的对抗演练活动，通过演练探索应对大规模网络空间安全斗争的方式方法。

（三）提升网络空间安全演练的层次。应站在国家安全的角度和战略层次，拟制演习的背景条件、设想演习情况，组织网络空间安全斗争战略管理演练行动，通过演练准确评估国家重要网络遭受严重安全威胁时，可能产生的影响，探讨应对之策，提高从战略层面维护网络空间安全的能力。

（四）增大网络空间安全演练的难度。在演练科目的确定，演练内容条件的设置、情况处置要求等方面不断增加难度，锤炼提高参加演练者应对网络空间安全战略管理危局、险局、困局的实战应对能力。

第五章　网络空间人员安全管理

网络空间人员安全管理是指对网络设施和网络技术的研发人员、制造人员、维护人员和使用人员的行为所进行的安全管理。在网络空间中，技术起主导作用，但起决定作用的依然是人，制造设计网络世界、规范网络空间秩序、维护管理网络环境、使用网络等都是人来完成的。由此可见，对网络空间安全的管理，无论是对设施设备、技术、信息的安全管理，最终都是通过对人员的安全管理来实现的。网络空间人员安全管理，要按照不同的人员类型实行不同的管理方式，采取不同的管理手段，确定不同的管理重点。

第一节　网络空间人员安全管理的基本原则

无论信息技术如何发展，人始终是网络空间中最活跃、最能动、最积极的因素。在“无网不在”的今天，个人借助于互联网的广渗透和快速传播，可以将自己的影响力发挥到难以想象的程度，甚至可能对社会、对国家乃至世界秩序造成严重的威胁。[①] 未来，通过网络空间，人们能够渗入和控制现实世界的每一个角落。这就更需要切实加强对人员的安全管控，有效应对和化解不断升级的网络空间安全威胁。概括起来讲，加强网络空间人员安全管理需要遵循以下原则：

一、以人为本

马克思主义认为，“人”不是抽象的存在物，而是特定社会关系的产物，人总是从属于一定的社会条件。这种客观规定性决定了人的地位、价值、作用都是具体的，是具有鲜明时代特征、反映时代要求的。网络空间的一切管理活动都离不开人，安全管理也不例外。人既是网络空间安全管理的主要对

---

① 参见托马斯·弗里德曼.世界是平的[M].何帆等，译.长沙：湖南科学技术出版社，2006：405。

象，又是网络空间安全管理的主体，处于管理活动的主导地位。网络空间的安全管理，必须始终坚持把人作为管理的核心和主体，确立人在管理过程中的主体地位，通过实施科学、合理、有效的管理活动，最大限度地调动广大人民群众的主动性和积极性，为实现网络强国建设目标提供良好的人力资源环境、组织基础和智力支持。网络空间人员的安全管理，既是实现网络空间安全的根本举措，也是加强网络空间安全管理的出发点和归宿。

从根本上说，网络空间人员安全管理，就是要为了人的安全、依靠人来实现安全、提高人的安全素养。首先，要尊重人民群众的主体地位，充分发挥他们在网络强国建设中的主体作用和创造精神，把人民群众中蕴藏的巨大积极性和创造性充分挖掘出来、调动起来，凝聚到网络空间安全管理和建设之中。其次，要依靠人民群众实现网络空间安全，人民群众中既有专门从事网络空间安全技术性开发和保障维护的人才，还有从事网络空间安全政策研究和管理的人才，既有专门从事网络空间安全的专业性人才，还有在各行各业具备网络空间安全技能和素养的非专业性人才，这为网络空间安全管理提供了较为充足的人才支持。必须创新思路和理念，依托全社会力量，不拘一格发掘人才，切实依靠他们，发挥他们的聪明才智。再次，要始终秉承服务人民群众的理念，满足人们的安全需要，让人民群众共享网络空间安全。

二、精细化管理

精细化管理是一种管理理论，也是一种管理方法，追求精准、精确、精细、精湛，效益最优。由于网络空间已经全面覆盖人类实体空间，每个人都已经主动或被动地身处于网络空间之中，而各类人员的结构组成、能力素质、权责义务等方面各不相同。这就要求我们必须对各类人员进行精细化管理，信息技术应用不仅为管理活动提供了数据支撑，同时也对管理活动提出了更精确的要求。精细化管理既强调管理要精确、精准，精益求精，又强调抓管理细节，把每个细节做精、做深、做透、做全，包含了“精益化管理”的意识。

进行精细化管理，要突出强调管理的严谨细致、标准规范、快捷有效、整体最优，运用先进科技成果，采取量化、仿真、模拟等手段，加大管理的科技含量，提高管理的信息化、现代化水平。网络空间安全精细化管理，要从纷繁复杂中找出关键问题，从众多矛盾中抓住主要矛盾，用具体、明确的量化标准取代笼统、模糊的要求，摒弃粗放的管理模式，克服不确定的人为因素，使管理内容都能看得见、摸得着、说得准，以精细化的方式实现网络空间安全管理的目标。

三、思想先导

网络空间中，信息技术给人类带来了无数便利和巨大财富，有力地推动了人类社会的进步和繁荣，其影响已渗透到社会的各个领域和方方面面。与此同时，黑客对网络的攻击、病毒对安全的威胁、网络空间高科技犯罪、信息的窃取和伪造等问题又严重影响着人们的工作、生活等安全。近年来，世界主要国家纷纷出台措施加强全民网络空间安全意识教育和主题宣传活动，通过提高公众网络空间安全知识和基本技能，促进公众自觉采取网络安全保护措施，以应对网络空间安全威胁。比如，美国、英国、澳大利亚、日本等国将全民网络安全意识纳入国家战略，并通过制订全民网络安全意识教育计划，使全民网络安全教育成为国家政府部门的一项重要的、常规性的工作，增强了全民维护网络安全的自觉性。

实践证明，忽视思想教育将给网络空间安全稳定带来无穷无尽的隐患。不少单位忽略网络空间安全意识的培育，片面注重在技术防护上增加人力、物力、财力投入，大量购置网络空间安全设备设施，期待着以安全技术作为网络的主要保护屏障，结果为此付出了惨痛代价。可见，网络空间安全问题不是仅仅通过技术软件、设备手段就能解决的，不是单纯培养一些专业技术人员就可以做到疏而不漏的，普遍的网络空间安全意识才是实现网络空间安全的根本。当前，全社会在认识和应对网络空间安全这一问题上，有了长足进步，这与我国越来越重视培养全民网络安全意识是分不开的。从 2014 年 11 月起，我国每年都举办“中国国家网络安全宣传周”活动，以“共建网络安全，共享网络文明”为主题，围绕金融、电信、电子政务、电子商务等重点领域和行业网络安全问题，针对社会公众所关注的热点问题，举办网络安全体验展等系列主题宣传活动。该活动对于提升公众的网络安全意识、普及网络安全知识、塑造全民网络安全文化、提高公众的网络安全技能发挥了非常积极的意义。

四、注重培养

网络空间安全是人与人的角力对抗，尤其是掌握尖端技术专业人才的比拼。加强人才培养，精心打造人才高地，形成一支世界级的网络空间安全队伍，是网络空间人员安全管理的核心要义。我国作为和平崛起、快速发展中的大国，其特殊地位要求支撑国家网络空间发展的核心技术不能依赖其他国家，不能成为信息技术强国的“殖民地”。为夺取网络空间主动权，美国 2010 年成立了网络空间司令部，统一指挥美军的网络空间军事行动，并于 2018 年升级为一级联合作战司令部，与战区联合司令部平级。目前，美军网络空间司令部已拥有至少 6 300 名网络战专家，其 133 支网络战分队已成为全球编制最齐全、力量最庞大的网络战正规军。

相比较而言，我国网络空间安全领域的人才培养起步较晚，相关学科建设 2000 年前后才正式起步。因此，应加强我国安全学科、专业和培训机构建设，加快信息安全实用人才培养。要采取积极措施，完善网络空间安全专业和特色人才发现机制，吸引和用好高素质的信息安全管理和技术人才。

第二节 网络空间人员安全管理的主要内容

网络空间人员的范围很广，可以进行多种划分。按人员所在部门，可分为安全管理职能部门人员、信息安全服务机构人员、信息系统主管部门人员、信息系统运营部门人员和网络使用单位人员等；按人员担负的任务，可分为普通人员、管理人员、开发人员、主管人员、安全人员等；按人员在网络空间信息系统全生命周期中承担的岗位职责，可分为建设管理人员、技术保障人员和一般使用人员等三类。网络空间人员安全管理主要包括选拔、培训、交流、晋升、奖惩等内容。本节采用岗位职责的分类方法，主要对三类人员的能力素质要求和安全培训内容进行阐述。

一、建设管理人员

建设管理人员，是网络空间安全建设和管理的骨干力量，对于确保网络空间安全发挥着决定性作用。加强网络空间安全管理，对建设管理人员具有更高的标准和要求。

（一）能力素质要求

建设管理人员是网络空间安全管理的关键力量，除具备网络和信息相关领域的理论知识、专业素养外，还应精通安全管理知识，具有很强的责任意识和安全管理能力。包括网络安全信息收集、分析、通报和应急处置能力，以及国家和行业要求的特定防护能力和职责要求。如《中华人民共和国网络安全法》第 31 条明确规定，公共通信和信息服务、能源、交通、水利、金融、公共服务、电子政务等国家关键信息基础设施，一旦遭到破坏、丧失功能或者数据泄露，可能严重危害国家安全、国计民生、公共利益。这些关键信息基础设施的运营者，不但要严格执行网络安全等级保护制度，还要在其基础上实行重点保护。对这些负责人和关键岗位的人员要进行相应的安全背景审查、技能培训与考核。又如《中华人民共和国网络安全法》第41条："网络运营者在收集、使用个人信息时，必须遵循合法、正当、必要的原则，并经被收集者同意；不得泄露、篡改、毁损其收集的个人信息；未经被收集者同意，不得向他人提供个人信息。同时，还应当采取技术措施和其他必要措施，确保其收集的个人信息安全，防止信息泄露、毁损、丢失。当发生或者可能发生个人信息泄露、毁损、丢失的情况时，必须立即采取补救措施，并按规定及时告知用户并向主管部门报告"，等等。

（二）安全培训内容

对网络空间建设管理人员的培训，主要应突出以下3个方面：

1. 网络安全管理专业教育。对建设管理人员的网络安全管理教育，并非针对普通使用人员的普及性安全教育，而是需要提升层次，进行专业化的教育，并根据其行业、职业而有所侧重。如，对关键基础信息运营部门及其关键人员的培训，要强调其网络安全管理的极端重要性，要明确国家对其的专业性要求和义务，如网络安全等级防护制度、网络安全审查制度、数据安全制度等国家法律制度的具体要求和相应措施。

2. 网络安全专业技能培训。同样，针对网络空间建设管理人员的网络安全技能培训要求较高。主要包括网络安全信息收集、分析、通报和应急处置能力，网络运行安全保障能力，以及国家和行业要求的特定防护能力等。

3. 特定职责要求培训。建设管理人员通常负有特定职责义务，需要对其进行相应培训。如，根据《中华人民共和国网络安全法》第25条，网络运营者需要预先制订网络安全事件应急预案，并及时处置系统漏洞、计算机病毒、网络攻击、网络侵入等安全风险；在发生危害网络安全的事件时，要能够立即启动应急预案，采取相应的补救措施，并及时上报。对自己提供的产品、服务，如果发现存在安全缺陷、漏洞等风险，应立即采取补救措施等。

二、技术保障人员

决定网络空间博弈胜负的关键，不是看你拥有多少网络系统和网站，而是看你是否拥有核心的专业技术人才队伍。技术保障人员是网络空间正常运转的骨干力量。加强信息化条件下的专业技术人才队伍培养力度，已经成为确保网络空间安全的重要前提。

（一）能力素质要求

技术保障人员的能力素质，直接关系到网络空间安全质量。在专业技术人才培养实践中，要牢固树立思想过硬、作风优良、知识面宽、技术精湛的素质要求，切实把握网络空间中技术保障对专业技术人才队伍的新要求。

一方面,专业素质要精。在网络空间技术保障中,专业技术人员不仅要完成规划网络标准、设计环境架构、制作网络产品、研发信息系统等建设性工作,还要完成监控网络运行状态、信息系统运行状态、数据安全状态、基础设备设施等维修保养、值勤维护工作,并提供软件、硬件、数据等信息资源服务。网络空间各要素的运转有赖于专业技术人才的熟练操作和快速的故障处理能力。这就决定了专业技术人才必须具备扎实的理论功底、熟练的专业技能。

另一方面,沟通协调能力要强。由于网络空间技术密集、专业分工复杂,在技术保障中,需要各类专业无间隙地配合行动。因此,各类专业人员必须保持高度协调配合的工作状态。这就要求专业技术人才具有较高的沟通、协调和配合的能力,掌握多个专业的基础知识,尤其是相邻专业间联系,独立完成专业协调任务,形成技术保障整体合力。

(二)安全培训内容

网络空间中,复杂的安全形势和安全防护需要,对技术保障人员提出了越来越专业化的安全技术要求,必须通过专业化的安全技术培训来实现。安全技术培训的目标就是通过培训,使培训对象能应用网络安全的基本理论分析和解决网络空间安全问题,掌握基本的网络攻防技术和安全应用技术,并灵活应用这些技术解决网络空间安全实际问题,为确保网络空间安全稳定奠定必要的技术基础。网络空间技术保障人员的培训,应突出以下 5 个方面:

1. 掌握网络信息技术知识。了解信息技术和网络的基础理论与知识、网络信息技术的特点与作用、信息技术的发展历史与趋势等。

2. 掌握数据搜集和信息处理知识。包括数据搜集、信息处理的各种方法、步骤、规范,如何选择信息,如何按照不同使用和传播要求处理信息等。

3. 掌握网络基础设施知识。网络基础设施是保障网络信息传输、处理、防护和管控的各种软硬设施。主要包括信息传输平台、信息处理平台、基础服务系统和信息安全保障系统等。

4. 网络支撑系统知识。网络支撑系统的知识包括网络和信息化的基本概念、基本原理、基本方法、信息化建设理论、网络安全管理理论,以及信息化法规标准体系建设、网络安全管理体制编制建设、网络人才建设等方面的知识。五是网络安全法律法规知识。国家相关法律法规,对技术保障人员的职责、行为规范以及相应的法律责任,大都做了明确规定。必须掌握这些相关法律法规赋予的职责,严格依法行事。

三、一般使用人员

网络时代,每个人都或主动或被动地生活于网络空间之中。维护网络空间安全稳定，可谓人人有责。网络的一般使用人员，也就是广大网民，是网络空间中最广泛的主体，同样需要具备相应的安全意识和安全能力。

（一）意识能力要求

网络空间突破了地理位置的局限，增加了人们信息交互的能力。同时，由于网上交流的人们可能素未谋面，信用体系无法建立，因此，必须在网络空间中建立并维持一种可信的安全环境和机制。为了确保网络空间稳定安全，网络空间一般使用人员需要具备以下安全意识和防护技能：

1. 网络安全意识。树立网络安全重于山的意识，认识到网络空间安全不仅关乎个人、集体，关乎整个社会，更关乎国家安全。要自觉加强网络空间安全观念和意识，主动提高自身防护技能。

2. 主动遵守和维护网络空间秩序。网络空间安全为人民，网络空间安全也要依靠人民。网络空间同现实社会一样，也要遵守和维护网络空间的秩序。既利用网络技术方便、造福自己，利用网络交流思想、表达意愿，也要构建良好的网络空间秩序，让网络空间保持清朗。

3. 规范和约束网络行为。网络空间不是法外之地，使用网络一定要学法、知法、守法、用法，要知道哪些行为属于违法行为而不得从事。如，《中华人民共和国网络安全法》第 12 条："任何个人和组织使用网络应当遵守宪法法律，遵守公共秩序，尊重社会公德，不得危害网络安全，不得利用网络从事危害国家安全、荣誉和利益，煽动颠覆国家政权、推翻社会主义制度，煽动分裂国家、破坏国家统一，宣扬恐怖主义、极端主义，宣扬民族仇恨、民族歧视，传播暴力、淫秽色情信息，编造、传播虚假信息扰乱经济秩序和社会秩序，以及侵害他人名誉、隐私、知识产权和其他合法权益等活动。"第 27 条："任何个人和组织不得从事非法侵入他人网络、干扰他人网络正常功能、窃取网络数据等危害网络安全的活动；不得提供专门用于从事侵入网络、干扰网络正常功能及防护措施、窃取网络数据等危害网络安全活动的程序、工具；明知他人从事危害网络安全的活动的，不得为其提供技术支持、广告推广、支付结算等帮助。"当然，当个人自身合法权益受到侵害时，也要学会利用法律来维护自己的权益。如《中华人民共和国网络安全法》第 43 条明确规定："个人发现网络运营者违反法律、行政法规的规定或者双方的约定收集、使用其个人信息的，有权要求网络运营者删除其个人信息；发现网络运营者收集、存储的其个人信息有错误的，有权要求网络运营者予以更正。网络运营者应当采取措施予以删除或者更正。"当遭受网络犯罪时，要及时报告公安机关，配合公安机关打击网络违法犯罪行为，维护自身生命财产安全。第四，具备相应的网络防护技能。掌握一定的网络安全知识和网络安全保障技能。如防止个人信息泄露的一些技术措施,安装和使用防病毒、防诈骗软件等。

(二) 安全培训内容

网络空间一般使用人员的培训,应突出以下3个方面:

1. 现代信息意识。网络空间中,信息已经成为主要的社会资源,在社会生产和社会生活中所发挥的作用有时甚至超出了物质资源。这就要求人们必须对信息在网络空间中的重要作用有充分认识,提高对各种信息资源的敏感性,增强利用各种信息资源的主动性,大力维护信息资源的完整性、可用性、保密性。同时,在处理、传播、利用信息过程中,应自觉遵守社会规范,维护网络空间安全秩序。

2. 信息系统应用能力。包括使用信息系统,利用信息系统获取信息,利用系统进行信息传播,遵守相应的技术规范与安全规范。

3. 网络安全意识教育和网络安全防护技能培训。长期、短期网络安全意识教育,定期、不定期网络安全防护技能宣讲要结合进行。生动鲜活地向网络空间一般使用人员传播网络安全知识、防护技能,培育全民网络安全文化、提高全民网络安全素养。

第三节 网络空间人员安全管理的基本途径

做好网络空间人员安全管理是一项复杂的系统工程,需要从培塑新型安全观念、拓宽人才培养渠道、突出专业力量建设、抓好核心涉密人员管理、综合运用多种激励手段等方面实现。

一、培塑新型安全观念

网络空间中,传统意义上的国家疆域不复存在,传统的国家安全概念发生颠覆性变化。国家安全不再单纯指军事安全,而是涵盖政治、经济、军事、科技及社会安全的综合性安全,特别是电子信息技术和国际互联网的发展,给国家主权、领土、领海和领空的安全带来极大威胁,对维护国家社会安定提出严峻挑战。为全面提高网络空间人员素质,创造安全可靠的网络空间秩序,必须根据网络技术发展形势和任务需求,树立新型安全观念。

(一) 网络伦理道德和责任意识教育

网络空间安全隐患,最突出的还是人为因素,特别是人的不道德网络行为。目前,法律的强制和技术的屏障对于维护网络空间安全,保护用户不受侵害还带有相当的局限性和滞后性,至今也还未形成系统的网络法律规范,网上行为和网络空间安全主要取决于网络用户的道德素质和社会责任感。加之，网络行为的虚拟性、隐蔽性，使得人们的道德法律观念和自律能力逐渐弱化。因此，必须从伦理道德教育着手，提高网民的伦理道德素质和网络安全责任意识。

（二）法律、法规基本知识教育

网络以互联互通为目标，以信息自由传播著称，但网络空间的自由和现实世界的自由一样，是有限度的自由，是理性的自由，是以遵守法律为前提的。网络安全意识教育必须把信息安全领域已有的法律、法规和部门规章纳入其中，结合现有计算机犯罪和违法的典型案例进行宣传教育，使人们对信息安全领域的法律法规做到知法、懂法、守法、护法。要有针对性地在专业知识培训中，加入信息安全法律法规知识内容，使计算机从业人员一开始就装上信息法律问题的“安全阀”，养成良好的信息安全行为规范意识。

（三）网络空间安全基础知识教育

长期以来，网络空间安全问题一直没有引起足够重视，安全意识不强是一种普遍社会现象，给不法分子留下了空间，从而带来了诸多网络安全危机。早在2012年，中国互联网络信息中心发布的《2012年中国网民信息安全状况研究报告》就显示，84.8%的网民遇到过信息安全事件，总人数达到4.56亿；在遇到信息安全事件的网民中，77.7%的网民都遭受了不同形式的损失。事实上，网络空间的安全问题与网民缺乏网络安全知识和防范意识有着密切的关系，对网民进行网络安全意识教育，必须加强网络安全基础知识教育，使大家了解网络安全管理所涉及的内容到底有哪些，网络安全危害行为的表现和具体手段，以及相应的防范知识和手段，增强网络安全意识。

（四）保密观念教育

观念是行动的先导，持什么样的保密观必然有什么样的保密行为。网络安全问题，伴随着网络空间的形成而存在，不会随着科技和网络的发展而消失，未来将越来越突出，影响越来越大，必须确立多媒介、全维度、全员额的保密观。适应信息时代保密工作对象、领域、手段等发生重大变化的实际，引导广大公民由注重传统的保纸质秘密向保纸质和声、光、电、磁多媒介秘密拓展，由注重陆海空传统空间保密向陆、海、空、天、电、网全维空间保密拓展，由注重专业人员保密向通专结合、军民一体的全员保密拓展。

（五）心理健康教育

网络空间，信息良莠不齐，很多非法社团组织利用网上监管难度大的弱点，在网上散布一些虚假有害信息毒害网民；还有人沉迷于网络游戏和虚拟社会，逃避现实社会。这些都是网络空间安全管理所面临的隐患。必须加强网络空间心理健康教育，努力减少网络负能量对网络社会的危害和侵蚀。

二、拓宽人才培养渠道

网络空间安全人才是网络强国建设的核心资源，其数量、质量及其结构直接关系网络空间安全保障的能力。面对日益严峻的网络安全形势，各国政府进一步认识到网络安全保障的重要性，纷纷采取多种措施多渠道培养网络安全专门人才。比如，美国为确保网络空间的绝对优势，加大了培训“网络部队”的力度。在美国国防大学国家军事学院和武装部队工业学院、陆海空军高级军事学院、空军军事学院等多个军校都开设了网络作战课程，并将网络作战课程纳入各军兵种的基础教育，使所有军人都具有网络战的基本能力。同时，从2001年起，美军开始在军事院校举行网络防御演习，参与者为所有网络信息战专业人士培养单位，演习中的进攻方由美国国家安全局和各军种网络安全部门的资深专家组成。这种演习不仅能为学员提供学习和实践信息安全技能的机会、积累网络攻防实战经验，还可以在实践中检验美军网络安全存在的不足。相比较而言，我国网络信息安全领域的人才培养起步较晚，网络安全、网络防御专业技术人才也极为缺乏。为此，应加强我国网络安全学科、专业和培训机构建设，拓宽人才培养渠道，形成培养、选拔、吸引和使用网络安全人才的良性机制。

（一）完善人才培训机制

网络空间安全人才培训，应坚持以院校教育为主体，实行企业、高等学校、职业学校等教育培训机构相结合的路径。学校是培养网络空间安全人才的主要基地，对全面影响和提高网络空间安全人才素质具有决定作用。

1. 要整合学校培训、企业在岗培训等教育手段，通过向学校输送具有优良素质的网络安全人才进行深造学习，增强其在网络空间安全管理实践活动中的能力。通过岗位培训，进一步增强人员职业技能，熟练掌握网络设施的技术参数、工作原理、接口标准等。

2. 要通过采用“实战演练”等新型培训方式，在网上推演、网络安全攻防演练中锻炼组织、协同、快速反应和应急处置能力；不断更新新型网络空间安全管理人才知识结构，技术和管理相结合，催生成为适应信息、智能时代的网络安全管理人才。

3. 要围绕提高人才培养质量效益整合教育资源、围绕增强办学活力内部关系，进一步健全以任职教育为主体、学校教育与国民教育相结合人才培养体系，全面提高人才培养的质量效益。

（二）完善人才引进机制

拓宽渠道、采用各种手段引进杰出人才。2012 年 7 月 25—29 日，两大年度性黑客盛会——黑帽大会（Blackhat USA 2012）和黑客大会（Defcon XX）在美国的拉斯维加斯举行，美国国家安全局局长兼网络空间司令部司令基思·亚历山大上将参加，并作了“共同的价值观，共同的责任”的主题演讲。两个民间性会议都成为美国政府招募网络空间人才的重要渠道。收罗和招揽各种人才，丰富完善网络战力量，此举值得我们借鉴。一方面，要把特招引进的资源盘活，大力拓展军民协同创新发展的形式内容，通过借智聘用地方、工厂、科研机构等高精尖人才，切实把新型网络空间安全人才来源的渠道不断拓宽，另一方面，还应将民间优秀的网络人才整编为网络空间预备团队，平时注意重点选拔，建立专家数据库，详细标明各专家专业特长等各类信息，便于用时抽调。

三、突出专业力量建设

习近平强调：“建设网络强国，要把人才资源汇聚起来，建设一支政治强、业务精、作风好的强大队伍。”[①]随着网络空间安全威胁日益加剧，对网络空间安全管理专业人才的需求愈加迫切，各国纷纷加强网络安全力量建设。对我国来说，移动互联网、物联网、大数据等新技术、新应用快速发展，正是国家加强顶层设计，构建网络安全管理专业力量的关键时期。

（一）准确定位建设目标。把握其区别于传统安全管理力量的特点，如网络技术更新快，网络安全研究机构和生产企业始终处于技术前沿；网络领域攻防力量身份转换门槛低等特点，建立一支党政企和社会组织、民间力量、个人相结合的网络空间安全管理专业力量。

（二）明晰建设原则。网络安全管理力量，不仅要在网络领域筑起政治、经济、国防和文化防线，还要打好舆论战、产业战和攻防战等三大战役，应对境内外的多重安全威胁。因此，要坚持以防为主，攻防并重的原则，把网络空间安全攻防力量建设放在优先位置，并坚持统分结合的原则，专业力量由国家统建，非专业力量由市场机制援建。[②]

（三）适应国情构建体系架构。适应我国国情和网络空间安全管理体制，建好网络预警管控专业力量、网络风险管理和应急处置力量、网络安全防

---

① 习近平.习近平谈治国理政[M].北京：外文出版社，2014：199.

② 参见吴晔，逯海军.加快国家网络安全力量建设势在必行[J].中国信息安全，2014，5(8)：43-45。

御和反制力量，形成多位一体的网络空间安全专业力量体系。

四、抓好核心涉密人员管理

核心涉密人员知密范围广、涉密程度深，一旦出现问题，将会对整个网络空间安全造成不可估量的危害。要加强对涉密人员的分类管理。科学区分专职保密人员、核心涉密人员、各级领导干部以及网络管理人员、普通人员等不同涉密群体，按照责任到人、保密到岗的要求，加强分级归口管理，压实责任，着力抓好核心要害部位、重要信息系统、关键基础设施、重大活动中的涉密人员管理。人的行为是受思想支配的，除了要对核心涉密人员进行深入的教育以外，还要对其实行有效的管理。

有效预防核心涉密人员发生失泄密问题，一是把好“入口关”。对进入涉密部门和接触秘密的人员，用人单位和有关业务部门要坚持先审后用，在审查合格者中优选上岗，确保政治可靠。二是把好“审查关”。对在要害部门工作的人员，要坚持阶段性政审，对有潜在危险或不胜任本职工作的，要及时清除或调整出去。三是把好“考察关”。定期组织涉密人员进行防间保密有关知识考核，对工作实际表现进行考查，不合格者要及时予以调整。四是把好“出口关”。涉密人员出国、参加涉外活动和对外交往等要严格审查，保证绝对可靠；涉密人员调整和退出岗位时，要组织离岗保密审计，确保秘密不泄露。

五、综合运用多种激励手段

（一）物质激励和精神激励相结合

物质激励与精神激励是对人们物质需要和精神需要的满足，两者缺一不可，精神激励需要一定的物质载体，物质激励需要一定的思想内容，片面地强调物质激励或精神激励都是错误的。只有两者有机的结合，才能构成激励的完整内容。从物质上、精神上、使用上，对突出的网络空间安全人才进行激励，充分激发人员的积极性、主动性和创新性。

1. 成立网络空间安全人才基金，资助突出人才的创新性研究，对于在网络空间安全领域作出杰出贡献的人才实施奖励。

2. 成立网络空间安全学术交流中心，定期或不定期进行网络空间安全学术交流活动，既强化理论研究、技术开发、培养人才、凝聚人才，又激励人才创新。

3. 进行经常性网络空间安全演练，将其纳入政府、社会组织、企事业的常规演练之中，演练绩作为考核依据。

4. 关键岗位人才的任用，可广泛选拔，真正做到唯才是用。

（二）激励应遵循需求规律

亚伯拉罕·马斯洛的需要层次理论将人类需要分为5个层次，即生理需要、安全需要、社会需要、尊重需要、自我实现需要，认为："人是有需要的动物，已经得到满足的需要不能再起到激励的作用；并且人的需要具有层次性，前一层次需要得到满足后，下一层需要就成为主导需要。当然，没有一种需要能完全、彻底地得到满足，但只要大体上得到满足，就不再有激励作用了"。这个理论对网络空间安全管理同样适用。人与人之间由于成长环境、个性发展、生活习惯、民族以及经历等存在较大的差异，需求的层次也不尽相同，网络空间将这种差异放大、明确。因此，激励的实施应对个人的情况及需要进行详细的调查，进行认真的分析研究，针对不同对象，制订不同的激励方案，将个人需求同团队利益挂钩，实现双赢。

第六章　网络运行环境安全管理

网络运行环境安全管理是指对网络设备、带宽资源、域名资源、用户资源、能量系统等运行环境构成要素的管理。运行环境中任何要素的故障都直接影响信息网络正常运行，甚至中断正常业务的开展，核心部位的故障可能导致网络功能大面积瘫痪。因此，必须综合运用各种安全技术和制度，加强网络运行环境的全方位安全管理，力求杜绝可能发生的各种安全事故，确保网络运行环境稳定，进而为信息网络安全运行提供基础保障。

第一节　网络运行环境安全管理的基本原则

网络运行环境安全管理是经常性和基础性工作，工作成效直接决定着网络空间安全以及未来网络空间主动权的获取，必须在安全管理一般规律指导下，着眼网络运行环境的构成、分布和运行特点，遵循相应的基本原则。

一、需求牵引

需求牵引是指网络运行环境安全管理必须围绕实际需求组织实施。组织网络运行环境安全管理的根本目的，在于确保构成网络空间的计算机、网络交换设备、传输设备、传输信道、计算机外部设备以及存储介质等各种要素，能够协调运行、正常发挥各自的效能，确保整个信息网络运行稳定、功能正常发挥，满足不同用户需求。因此，在组织管理的过程中，首先必须搞清本级管理范围内网络运行环境的分布构成，以及主要服务对象和需求，然后对总体需求进行具体细化，形成上下衔接的需求清单，依据具体需求，明确各部门、各领域组织本级网络运行环境安全管理的具体任务。各级管理单位依据各自的安全管理任务，组织各种管理活动。

贯彻“需求牵引”原则，应注重依据需求的具体内容组织管理。通常，需求具有一个相对的范围，处于最小需求和最大需求之间，管理行动应该根据不同时节、不同需求内容，对目标系统的安全风险等级进行评估。对于部分非核心领域的网络软件、设备等要素，在制定安全防护策略时应“适可而止”，满足基本安全防护需求即可。因为，安全防护需要耗费一定的人力、时间、资金和资源，而非核心领域受保护系统的资源价值有限，如果为追求片面的安全而耗费了不合理的成本，实际上，等同于降低了系统的有效价值。相反核心领域的网络运行环境，就应该按照最大需求的要求，严格组织各项管理工作。

二、系统综合

系统综合是指应用系统理论的思想，将网络运行环境的各种要素作为一个有机的整体，进行综合管理，达到管理效益最大化。系统综合管理是建立在系统理论基础上，从管理机理上看，是以系统整体最优为目标，对各要素进行分析研究，然后根据各个子系统相互关系组织各项管理活动。着眼系统综合管理，在制定网络运行环境安全防护策略时，应依照系统工程的原则和方法整体设计管理活动。对运行环境中各种要素在整个网络空间安全体系中的地位、作用、影响度，以系统综合的眼光和整体设计的视角作出恰当的分析，对拟采取管理措施的可行性和有效性作出恰当的评价，形成完善管理策略、过程、技术和机制，构建一个完善的网络运行环境管理体系。

在实际的网络运行环境安全管理工作中，要综合考虑人、设备和软件等各种因素。人是网络空间设备设施的拥有者、管理者和使用者，是安全防护的核心，是“第一要素”。但是，人也是最脆弱的。设备直接决定着信息网络性能水平和运行状态，同样需要组织各种安全管理。由于网络运行环境安全管理的特殊性，工作中应由传统重物管理向重人管理转变，因为，网络运行环境是高技术密集的领域，大量管理工作需要高新技术人才组织实施，人的素质在管理中起着非常重要的作用。网络运行环境管理，必须由过去的单纯管物转向注重管人，特别要注重提高管理人员的综合素质。此外，还要加强网络管理人员的安全意识教育，加快管理人员的网络、网络设备及现代管理等相关知识的更新，在管理实践中不断提高管理人员的业务技能和实践经验。解决好管理人员知识结构与网络运行环境管理不适应的问题。

系统综合管理，还需要由硬件管理向“软、硬”兼管转变。网络运行环境特别是设备设施具有“软性化”特征，一个软件往往就是一种设备，一种技术也可以是一种装备，有些设施必须靠软件支撑才能发挥功能作用，有些软件已成为装备的核心，不仅一部机器，而且一个网络、一个系统都受控于软件，软件已成为装备的重要组成部分，离开了软件，这些新装备将处于瘫痪状态。

因此，网络运行环境管理必须注意到这种变化，把对软件管理的重要性提高到应有的高度，把管理工作的着眼点转变到软件管理上来，在软件管理上下功夫。要完善软件管理维护规章制度，培养硬件设备与软件系统管理的"双重"人才，建立软件维修体制等。

三、重点优先

重点优先是指在管理过程中，要加强网络运行环境的重点部位安全管理。虽然在管理中需要将各种要素看成一个整体，进行系统综合管理，但从管理效益出发，不能平均分配管理资源，应突出网络运行环境的重要节点管理，避免敌对分子从薄弱环节或核心节点实施恶意入侵，以节点为跳板对网络实施整体瘫痪。

从安全防护的角度看，网络运行环境管理的重点通常包括两个方面：一是重要节点，二是薄弱点。重要节点是网络运行环境的高价值部位。运行环境包括若干个系统，各要素相互联系并互相作用，其中包含若干个重要节点，即那些对整个信息网络运行起决定作用的要害部位和核心要素，如重要信息库、信息交换中心、载有战场信息网络设备的机动平台等。类似节点运行状况以及功能发挥直接决定着整个信息网络能否稳定运行。按照梅特卡夫法则，一个网络有 n 个节点，那么它们之间共有 n(n−1)条连线，如果我们假设所有的连线对网络价值都有贡献作用，从逻辑上讲，如果 n 值较大，网络价值主要由 n^2决定。从而说明，随着网络节点数的增加，网络价值也将增加。因此，瘫痪任意一个重要节点就能破坏网络的部分功能，使其"信息链"中断，就有可能使相关运行设施的功能丧失，进而导致整个信息网络瘫痪，具有牵一发而动全身的功效。

薄弱点是由于技术或人为因素造成的功能低下"短板"部位。网络运行环境是一个复杂的体系，在物理上、操作上和管理上的种种漏洞构成了系统的安全脆弱性，尤其是多用户网络系统的自身复杂性、资源共享性使单纯的技术防护防不胜防。例如，我国计算机系统大都应用美国操纵系统，其中可能存在致命的"后门"。攻击者往往运用"最易渗透原则"，寻找网络运行环境中最薄弱的环节发起攻击，一旦突破网络某一薄弱点，就能以合法用户身份在网络中"天马行空"，记者道格拉斯·沃尔勒在美国《时代》周刊杂志中曾说过这样一句话："坚固的五角大楼计算机网络系统最难攻破的是第一台计算机，只要一进入，其他与第一台计算机相连接的 90%的计算机都会把入侵者认为是一个合法用户。"综上所述，对整个网络运行环境存在的安全漏洞和威胁进行充分全面的分析、评估和监测，检测其被渗透攻击的可能性，并采取相应的对策措施,达到提高整个系统的安全性的目的是非常有必要的。

四、技术增益

技术增益是指在网络运行环境安全管理的过程中,综合运用各种先进管理技术,增加实际管理效益。随着信息网络技术的发展,安全管理也日益呈现信息化特征:在管理中,立足网络时代的管理结构和运行方式,采用现代的科技手段,使管理工作由粗放向精确、由模糊向清晰不断发展与改变。事实上,矩阵式管理、精确可视化管理、模糊现实管理等现代管理模式,都是依赖现代科技形成的。网络运行环境集中了大量高技术产品,而且其构成的网络信息传播环境无形无边,利用传统的管理技术手段无法进行有效的安全管理,例如,发现境外的恶意网络入侵行动,必须依靠网络监测技术进行流量分析、定位攻击源等。此外,依靠先进的技术手段,可保证设备故障自测、自报、自调节和系统自动修理等。美国信息安全的决策者认为,为了确保国家秘密信息和敏感信息的安全,光靠行政策略是不够的,还应该依靠先进的技术手段来实现,强调技术是实现信息安全的有力武器,没有技术的保证,信息安全只能是纸上谈兵,只有通过行政策略、法律手段和技术应用三者的有机结合,才能实现信息安全,保护信息系统安全使之符合保密性、可用性和完整性要求。

利用技术对网络运行环境进行高效管理,首先必须提高管理人员的科技素养。管理人员的科技素养,直接决定着能否转变管理思路,影响着科技手段效能的发挥。面对不断更新的各种管理技术手段,如果管理人员缺乏足够的科技知识,必然不能熟练掌握和使用管理技术,更不能组织实施高效维护管理。因此,需要加强管理人员信息化管理知识、技术手段学习,提高其信息管理、网络管理、精确管理、矩阵管理等现代管理水平,使其具备较高的科技素质和现代管理知识。同时,必须加强网络运行环境安全管理技术手段的研发和运用,特别是要把管理手段的信息化、智能化作为推动网络运行环境管理发展的"第一要素",把网络技术、数理方法和微电子等先进技术成果引入管理体系。在管理中,应加强网络设备监控、自动告警、智能入侵检测、自主响应恢复等高新技术的运用。

五、简便高效

简便高效是指网络运行环境安全管理的策略、程序和机制等,应尽可能简便好用,便于操作和实施。网络运行环境是十分庞杂的大体系,组织安全防护时,在保持网络运行环境稳定运行,满足防护要求的前提下应尽可能简单。因为,安全措施过于复杂,对执行安全操作的人员要求很高,就可能因使用者能力不够造成误用,从而影响到信息网络的安全。例如,密钥的使用,如果要求使用者有复杂的记忆,就会带来新的问题,使用者可能由于密码难以记忆将其记在本子上备查,就可能在方便自己使用时造成失泄密隐患。此外,从整个信息网络来看,用户越多网络管理人员就越多;网络拓扑越复杂使用的网络设备和软件种类就越多;网络服务捆绑的协议越多出现安全漏洞的可能性就越大;网络用户、网络设备和网络协议越多,发生安全事件后查找原因和责任者的难度就越大。

因此,网络运行环境管理者要系统分析网络用户的需求、设备设施分布及结构、管理技术水平、现实威胁来源等因素,针对不同安全等级要求,设计相应的安全策略、管理方法和程序,尽可能保障安全策略简单、易操作。同时,优化安全管理程序,并采取各种简单灵活的安全防护措施、防护设备,便于快速高效地组织各项管理,实现网络运行环境的安全目标。

第二节 网络运行环境安全管理的主要内容

网络运行环境安全管理是庞杂的系统工程,涉及领域非常多,管理的内容十分复杂,通常主要包括网络软件、设备、带宽资源、域名资源、用户资源、能量系统等各种管理活动。

一、网络空间软件系统的管理

网络空间软件系统管理是指采取各种技术方法和管理手段,对网络空间的各种服务器和计算机使用软件进行的管理。信息网络上的软件种类多、来源复杂,从总体上,可分为网络用户软件和后台运行软件。网络用户软件是网民和网络管理员等使用的各种软件,包括操作系统软件和应用软件,如微软的操作系统,以及使用万维网的 IE 软件(INTERNET EXPLORER),使用电子邮件的 MS OUTLOOK EXPRESS,传输文件的 FTP 软件,以及各种网络安全软件等。后台运行软件是指支持网络功能的各种软件,如内容服务软件 APPACHET,邮件传输软件 MS EXCLOGE SERVER,文件传输软件 FTP SERVER,还有使路由器等网络器件得以运转的各种专用软件等。

网络软件的设计与开发为信息网络的正常运行提供了可靠保证,其功能是否正常发挥直接决定着网络空间的安全,因此,将网络软件看做是网络空间的“灵魂”一点也不为过。由于软件的正常代码和恶意代码表现的形式均为数字“0”“1”的组合，因此，在软件中可以更多、更灵活地隐藏各种恶意代码，而且，要将这些恶意代码发现和区别出来不是一件容易的事，专业的杀毒公司，也不可能把恶意代码全查出来。因此，相对于硬件而言，软件隐患问题一般比较隐蔽，在网络日常管理中容易被忽视，但软件隐患往往带来的危害更大，特别是被提前做手脚的可能性更大。例如，全球著名的赛门铁克企业级防火墙，为应用和配置的便利，防火墙系统的控制台可以对任意数量的 Symantec Enterprise Firewall、VelociRaptor 防火墙设备以及 Symantec Enterprise VPN 进行本地和远程管理，支持广泛的日志记录和报告功能，既可生成详尽的统计与会话趋势报告，也可进行定制分析。这样，一旦战争爆发，美国政府就可以用国家利益的名义，让赛门铁克公司利用其控制的防火墙提供的正常配置管理功能，达到切断我国网络连接、窃取网络统计及会话等敏感信息的目的。

目前，在我国一些武器装备、特别是引进的装备中，有许多软件都是外国研发的，存在极大安全隐患。例如，我国国家和军队开发的大型系统中涉及信息存储管理时，绝大部分都采用美国加州甲骨文公司的 Oracle 关系数据库，其任何后门或漏洞，无论是软件生产商故意所为还是无意作为，一旦被利用就会产生严重后果，造成重大损失。此外，软件的安全问题也具有突发性，需要掌握其核心技术，否则一旦出现问题，将十分被动。有这么一个事例：早于 2007 年 2 月，12 架 F－22 美军战斗机由夏威夷飞往日本的嘉手纳空军基地，途经中途岛附近时，机上的全部导航系统同时出了故障，无一例外，最终导致飞机被迫返航，所幸无坠机事故产生。在飞机制造商洛克希德—马丁公司的应急检查中发现，导致此次事故的根本原因竟在于飞机的软件系统上：在飞机软件的 170 万行源代码中，没有专门针对东经 180 度日期变更线的设计，因此，在飞机通过变更线时，机上的导航系统就因为时间差问题而全部失灵。幸好源代码在美国人自己的手中，飞机公司的软件工程师们连续加班 2 天，很快就解决了问题。如若不然，影响与危害不可估量。

近年来，我国自主开发的应用软件不断涌现，但从整体上看，我国的网络软件主要是国外进口。如微软公司的操作系统，占据了我国个人计算机用户的大部分市场份额，在许多重要部门，美国的操作系统也占有大半江山。一旦其软件系统出现安全问题，我们自己往往无法控制局势发展。2005 年，一种叫做“冲击波”(Blaster)的病毒令我国的计算机系统受到了空前的损失。国内三大防毒公司想尽办法，仍然束手无策。直到微软公司向我国用户的操作系统发来两个“补丁”堵住漏洞后，问题才得到解决。任何操作系统都有漏洞。但这种漏洞有两种。一种是技术性漏洞，还有一种是“源代码预留漏洞”,这后一种人为的漏洞,尤其让人担忧。

事实上,国外一些主要的IT公司都积极向军事领域拓展业务,并为军方提供各种信息技术产品,其为政府和军方服务的可能性就越大,引进其技术产品就更要进行必要的安全管理。2006年,微软公司的军品总产值竟然占到了整个公司全部产值的50%以上,在2003年的伊拉克战争中,由于美军武器的突出表现,人们预测,这场战争将给美国的军火商带来滚滚财源。但是,事实上美国传统的军火商们战后没有得到一笔飞机、大炮的买卖,微软公司却由于为美军研制的“数字助理软件系统”在战争中表现出色,战后短短几个月时间就赢得了数千万美元的订单。

网络软件不安全的因素,主要表现在3个方面:一是不安全软件非法进入导致网络的不安全;二是人为因素或自然环境对软件功能破坏;三是软件技术性能水平不足带来的安全问题。通常,网络空间软件系统的管理要立足以上3个方面统筹协调组织,寻找应对策略,其中最为重要的工作还是抓好不安全软件非法进入的安全管理。

二、网络空间设备的管理

网络空间设备的管理是指对网络空间各种服务器、通信线路、网络器件的管理服务器管理。服务器通俗地讲就是大容量、高速度的计算机。它们的主要作用就是管理和存储在信息网络上运行的各种信息。服务器的安全管理,也就是对网络上核心信息的管理,确保信息网络向指定的服务对象提供特定的信息服务。互联网上最重要的服务器有两类:一类是管理全球所有计算机用户域名的域名系统服务器(domain name system,DNS)。另一类是其他服务器,如E-MAIL服务器、WWW服务器、FTP服务器、NFS服务器等。互联网上每一台计算机都有一个地址和一个名字(域名)。管理域名的服务器叫做域名服务器。它们采用逐级授权、分级管理的模式。顶级域名服务器是在整个系统结构中处在最高层的域名服务器,又称根服务器。这样的服务器全球共有13台,除了日本、英国、瑞典各有一台外,其余都在美国。在美国的10台中,军方有权限使用2台,美国国家航空和航天局使用1台。从战略意义上看,这些根服务器是一种要害资源,直接影响到国家的大国竞争能力和后续发展。互联网上其他服务器也是重要的资源。法国官员一度很喜欢使用一种叫做“黑莓”的手机,因为这种手机不仅可以接收互联网上的电子邮件,还可以随时提取电脑上的信息。但是,这些官员在2007年不得不放弃使用这种心爱的手机,因为法国反间谍部门警告说,“黑莓”信息流所经过的服务器并不在法国,而是在英国和美国。尽管是“盟国”,但是在网络时代,

"朋友"之间互相窃取情报,包括军事、经济情报甚至个人隐私,已经是众所周知的事情。可见,谁控制服务器,谁就可能掌管着网络上的资源。

网络线路管理。网络线路是将信息网络上服务器和用户计算机连接起来的光缆、电缆、卫星无线线路等。这里以互联网线路为例,其巨大的市场已经被"瓜分",包括互联网线路公司(如 PSINET、UUNET、NETCOM 等)、电话公司(如电信公司巨头 AT&T、MCI、SPRINT 等)、有线电视上网公司、卫星通信上网公司(如休斯公司)等。当然,互联网线路中最主要的还是光缆。到 2007 年为止,互联网使用的光缆大约有 600 万千米,其组成了一个巨大的光缆网,几乎覆盖了世界上所有的地域,仔细观察就可以发现,这些光缆的主干线是以美国为中心组成的。20 世纪末,5 条连接亚洲与美洲的光缆都取道日本与美国,由此看来,发达国家在网络建设中的牵头作用不言而喻。现在,澳大利亚、中国、韩国都铺设了直达美国的光缆。在罗马帝国鼎盛时期,"条条大路通罗马"。现在,全世界互联网用户需要的大部分信息都来自互联网的诞生地美国,从而形成了"条条光缆通美国"的局面。全球共有 11 个互联网信息交换枢纽,其中美国拥有 9 个。虽然中国大陆向西经过中东也有到达欧洲的线路,但是从总体上说,互联网上的信息流大部分还是要经过美国的服务器。许多网民在发送电子邮件时也许不会想到,他们发往欧洲的邮件,许多都是经过美国传送的。由此可见,信息网络主干线能否保持良好的状态,直接影响到网络信息的传输,必须采取各种措施对信息网络的线路进行定期维护,杜绝可能的人为或自然的破坏。

网络器件管理。网络器件是指将网络互相连接起来要使用的一些中间设备(或中间系统),ISO 的术语称为中继(relay)系统。根据中继系统所在的层次,可以划分为以下 5 种:(1) 物理层(第一层,层 L1)中继系统,即转发器(repeater)。(2) 信息链路层(第二层,层 L2),即网桥或桥接器(bridge)。(3) 网络层(第三层,层 L3),即路由器(router)和交换机(switcher)。(4) 网桥和路由器的混合物桥路器(brouter),该层将同时兼有网桥和路由器的功能。(5) 在网络层以上的中继系统,即网关(gateway)。除此之外,网络器件还包括网络安全硬件设备,如防火墙等。网络器件是一个巨大的市场。美国的 CISCO 公司在涉足这个领域的经营中,初期的资产几乎是每年翻一番:1992 年为 3.4 亿美元,1995 年为 20 亿美元。正如华尔街的投资专家所说,100 多年前,许多公司投资建设铁路线路,但收回投资却很慢,而投资铁路设备的公司一经售出,就能很快收回投资,现在网络器件也是这样。网络器件的管理与其他硬件管理一样,需要杜绝不安全的网络器件进入信息网络,还要采取各种措施,确保信息网络上的各种器件正常稳定运行。

三、带宽资源的管理

带宽资源的管理是指对信息网络带宽资源的统一安排和划分，确保带宽资源能够得到充分的利用。带宽是指单位时间内某指定网络线路上的最大流量。流量是指单位时间内通过网络线路的“比特”数。带宽的实质是网络上通过信息的能力，如同高速公路上通过汽车的数量。通过这个带宽数字，我们可以从一个侧面了解网络的发展速度。例如，中国互联网的出口带宽在1997年只有25.4兆，在2007年6月达到312 346兆，中国互联网的发展速度一目了然。带宽直接反映了网络传输的速度，丧失了带宽资源，就意味着信息网络功能的丧失。例如，2002年2月，YAHOO网站受到了每秒10亿兆的巨大流量的攻击。本来像YAHOO这样的门户网站就设计成可以让大量的用户同时上网，因此有丰富的带宽资源。但是，攻击者调动了3 500多台计算机向YAHOO发起超密集的信息轰炸，这种“轰炸”的实质就是占用带宽资源，使网站瘫痪。这是信息化战场上对敌网络空间攻击的重要手段之一。

通常，传输网、交换网和接入网都是影响信息网络带宽的重要因素。从网络的功能角度看，传输网支持了信息元素的各种传输，信息单元以及信息若要从源地址到达目的地址需要依托传输网；交换网支持了信息的接收、分拣和转发，信息的各种交换都要通过交换网完成；接入网是网络的后段，支持了网络与用户的连接，用户连接到网络也要依托接入网，这三个网都可能对信息网络的带宽产生很大的影响。因此，解决带宽资源不足，要从包括传输网、交换网和接入网整体上寻求方法措施，其中最重要的是发展宽带的传输介质。光纤可以说是信息传输的“超高速公路”，以光学玻璃细丝为媒介，以激光脉冲射束为信息载体的光导纤维是现代化通信网络的基础平台。铺设光纤信息高速公路是为了使各个家庭都能用光纤上网。对于美国这样的国家，每一户居民都能如愿上网是最重要的，而干线问题却不是最大的问题。如果要把全美国上亿住户入户铜芯同轴电缆都改成光缆，估计需要2 000亿美元，要花费20年甚至更多时间，这是信息高速公路最大的瓶颈之一。

缓解带宽问题，还需要创新网络技术。例如，P2P流媒体技术大幅度地降低带宽和服务器的数量，使网络电视成为可能。所谓P2P就是点对点(Peer to Peer)。在网络上，一台电脑就是一个点，在P2P模式中，人人都是源头，人人都是受众，人们可以直接连接到其他用户的计算机，而不是像过去那样，要到服务器去浏览和下载，从而大量节省带宽和服务器资源。例如，

100M的带宽，传统的视频网站只能同时支持250人上线，而采用P2P技术的网络电视可以让70万人同时观看电视节目。国际风险投资商几年前就看准了利用P2P技术的视频直播网站对传统电视的冲击。过去，都是国内企业模仿美国的成熟模式，但这一次2P视频直播是中国人创造的商业模式，是中国人领导了这个潮流。2006年，大批P2P网站应运而生，P2P流媒体公司达到200多家，但是这一场新媒体革命的冲击和影响力还远没有完全表现出来。

四、域名资源的管理

域名资源的管理是指对信息网络的网址或网站名称的管理，确保网络空间的所有域名是有序、唯一、合法的。域名，是指信息网络的网址或网站的名称。在互联网的初期，只有高校和科研机构使用互联网，没有人意识到"域名"会是一种资源。但是当各大大小小的公司纷纷进入互联网之后，情况就发生了变化。域名成为一个企业或机构在互联网上的永久标志，相当于网络商标，是企业品牌的重要保护器和延伸器。如果企业获得了域名，就将拥有依托互联网向全世界发布企业及有关产品各种信息的能力。全世界的用户都可以通过在电脑上输入此域名，来了解企业的情况信息。企业也可通过此方式推销一些产品，发布重要通告信息，为企业做好宣传，提高大众对企业的认知度。可以说，域名对于企业而言至关重要，可以支持企业进入市场，很多商家都在抢夺域名这个宝贵的工具资源。就例如，我国的"春兰""华宝""长虹""泸州老窖"等都没有抢夺到域名。事实上，一些国家的投机商抢夺了我国400多家大公司的网络域名，使得我国这些大公司的著名品牌将不能通过网络向世界发布信息。

在国际法中明确规定了，注册域名的原则是先到先得，任何单位一旦先抢到某域名，就永久性地拥有该域名；同时，国际法还规定，注册的域名在全世界是唯一的，任何的域名都只能被一个公司所拥有。相对互联网来说，军事信息网络的域名管理相对简单一点，不存在提前抢先注册的问题，但必须做好各种域名的审批、统一登记等相关事务。

五、用户资源管理

用户资源管理是指对网络用户入网申请和网上行为的监督和规范。网络用户既是重要的网络资源，也是其他网络资源的使用者，而且其行为可以渗透于网络空间的每一个角落。正如社会公民一样，社会公民的恶意破坏行为，甚至不经意的不良行为，都会影响社会的安全，网络用户的不良行为也必然影响网络运行环境的正常运行,必须采取各种措施对其进行有效管理。

网络用户成分十分复杂,开始并没有引起网络管理者的注意,随着网络管理的发展,人们才开始重视对网络用户行为的规范和管理。国际电信联盟发布了最新统计信息称,2015 年全球已有 31.74 亿网民,与 2014 年底相比,增加了 8%左右。中国每半年就统计一次网民人数。2016 年 8 月 3 日,中国互联网络信息中心发布《中国互联网络发展状况统计报告》表明,2016 年 6 月,我国已有 7.1 亿网民。国家有 51.7%的单位或家庭拥有互联网,这个数值与全球的综合水平相比,超过 3.1%左右,连续 9 年都是世界头榜。接下来,依次是印度、美国、日本、巴西。这里有两个问题值得注意:一是美国以外的网民数量已经超过 80%;二是全世界访问量最多的各大网站都在美国。Facebook 网站的访问量第一,其次是 google、YouTube、Yahoo、Wikipedia、Live 等。在网络上,用户多少是一种资源,而用户的注意力也是一种资源。总之,将来世界上的许多大事是由网络用户决定的。

六、能量系统的管理

能量系统的管理是指采取各种措施确保信息网络供能设备设施的安全。能量系统是指为信息网络提供运行所需能量的设备,主要是电力系统。网络空间中各种电子设备正常运行,必须为其提供稳定、可靠的电能。一旦网络设施的电力系统受到安全威胁,后果将是灾难性的。电能是现代社会的基础能源,难以想象如果没有了电能将会产生怎样的后果。2003 年 8 月英国发生了重大停电事故,据《独立报》报道,在英国,发生过一次高压电线路“非正常”故障,国家电网的高压输电线出现事故,27.5 万伏特的电无法输送,导致无法为温布尔登、赫斯特等地供应电力。而后,也影响了伦敦和其附近地区的正常供电。伦敦的交通系统近 60%的地铁车次停运。因铁路信号系统断电,列车“史无前例”地停开了 500~1 000 个车次,停电对超过 25 万英国人的工作和生活造成了影响,其中必然包括信息网络的中断。因此,必须采取各种技术和管理措施,防止自然灾害、恶意破坏和无意破坏等因素,对网络设施供电系统的破坏,为网络设施正常运行提供可靠的保证。

第三节 网络运行环境安全管理的基本途径

信息时代,网络无处不在,网络运行环境高度分散部署,军网和民网运行环境也无法实现严格意义上的隔离,而且网络运行环境中高新技术装备高度集中，需要运用现代科学管理方法，从制度、机构、人才、资源等各个方面统筹组织安全管理工作。

一、完善网络运行环境安全管理法规制度

从日常网络安全事故看，法规制定和落实上的漏洞是导致网络运行环境安全问题的重要因素。因此，为实现依法管理网络空间，必须尽快出台和完善网络运行环境安全管理相关法规制度，指导和规范安全管理行动。早在1987年，美国政府制定了《计算机安全法》，要求美国所有政府机构存有敏感信息的信息系统必须制订完善的信息安全计划，要求政府各机构从政策、制度、经费、人员等方面高度重视信息安全工作。目前，我国已制定颁发了部分网络运行环境安全管理相关制度，在网络运行环境安全管理中发挥了重要作用。但还不能完全适应网络运行环境安全管理的特点，难以满足新形势下网络运行环境安全工作的客观需要，网络运行环境安全管理职责划分还不够清楚，难以统筹协调，严重影响网络运行环境安全建设和管理措施落实到位。需要针对新形势下网络运行环境安全不断增长的需求，加强网络运行环境安全法律理论研究，为制定相应法规提供可靠的理论依据，并对现有的信息安全法规进行梳理、完善和补充，尽快研究、出台《网络空间运行环境安全管理规定》，建立配套的网络运行环境安全等级制度、风险评估制度、许可证制度、人员管理制度、访问权限制度等，形成集权威性、系统性、科学性、可操作性于一体的网络运行环境安全法规制度。针对这些制度，应该结合各单位的实际情况，再进一步细化并推出具体的落实措施，并真正进入实践，做到网络操作人员在实际工作中有法可依、有章可循。

二、健全网络运行环境安全管理机构

网络运行环境安全是一项复杂的系统工程，在规划、建设、维护和使用等各个环节，以及诸多领域和很多部门都有涉及。贯穿于各种运行环境，要素直接或间接联系，存在“一损俱损”的关系，客观需要在统一、权威的职能部门进行统一领导，防止与克服门户观念和“各扫门前雪”的现象，整合各种资源形成合力，对网络运行环境进行全面、高效管理。1988年，美国成立计算机紧急事件反应小组(CERT)，其不仅在一个新的安全弱点产生时发布建议，还24小时全天候为那些遭受破坏的用户提供重要技术建议，其职能就像电脑化的消防队。2002年起，美军网络安全防护统一由美国国防部新成立的网络信息安全司令部来指导、规划与监督。欧洲也成立了国家计算机紧急事件反应小组(CERT)，主要承担提升信息安全的反应和恢复能力的任务。也

由国家计算机紧急事件反应小组(CERT)承担。目前,我国也成立了各级计算机网络应急协调技术中心。

各个安全管理机构都是重要的组织和单位,主要承担对网络运行环境的监管任务,包括环境安全规划、相关建设、各种协调、各种检查、上级指导、综合管理以及网络运行环境安全防护等任务。开展工作时,秉持归口管理、分级负责的理念,对网络运行环境安全管理实施统一领导、统一规划。以及网络运行环境安全防护职能,统一领导、统一规划网络运行环境安全管理。主要承担以下工作:进行网络信息安全分析,评估网络空间的安全风险性,确定网络信息安全体系应达到的目标;根据网络信息安全需求,划定各层网络(城域网、接入网、局域网)、信息源的安全等级,制定网络空间的安全策略;根据城域网的网络拓扑结构和信息资源分布位置,确定网络安全层次及安全等级;根据安全需求,安全策略和安全层次及等级,制订安全规划,其中包括管理和技术的实施投入和方式;具体实施制订的安全规划,包括网络和信息安全设备、产品的配置使用和研发;对网络运行环境管理实施过程进行审计。

三、培养精通网络运行环境安全管理的人才

网络运行环境安全管理是一个政治性、技术性很强的领域,没有一大批政治强、业务精、懂指挥、会管理的人才是无法完成使命的。网络运行环境安全管理人才,既是防止和抢修"安全事故"的依靠力量,是信息系统防护技术的实践者,又是网络运行环境安全工作的直接筹划、组织者,必须通晓信息技术、信息系统攻防的特点和战法,又要具备较强的组织协调能力。安全人员必须接受专业培训,以确保熟练掌握必要的安全技术以及安全防护措施。实际上,大多数的安全缺口,都可以通过强制其安全人员执行规定的安全规则来预防。从目前情况看,院校的学科建设跟不上网络空间发展的需要,开设网络管理安全专业的院校不多,信息网络相关岗位人员接受系统培训机会少,人才补充和培训渠道较少;没有编配专门从事网络运行环境安全工作的机构和人员。

培养网络运行环境安全管理人才,要重点抓好以下工作:

(一)完善人才引进机制。网络运行环境安全人才缺口较大,要在招集、考察和培养网络运行环境安全精英时,充分考虑并利用好学校特别是高校以及科研机构的优势,要前瞻制定并认真落实好人才发展战略,尽可能扩展各种人才招入通道,并积极提供优越的科研条件,创造留人留心的氛围环境,支持人才能够切实发挥应有作用。

(二)完善教人育人机制。结合所需的工作实际,开展多方面多领域的人才培养,特别是着重做好信息化建设方面包括信息系统的规划管理、安全

维护以及网络空间攻防对抗等的专业人才培养。搞好政府各部门、企事业单位、社会组织、网络运营方等网络运行环境安全防护知识的普及教育，将各类人才进行层次划分，并以分层分批的培养机制，综合实施，力避出现专业方面的人才短缺问题。

（三）强化训练考核。依托网络安全方面的防护和对抗手段，全面开展各种训练，包括网络入侵、网络加密、抵制干扰、防御辐射以及防护病毒等方面的训练，并进行定期考核，检查训练效果。在这过程中，秉持依照大纲牵引训练、开展训练有体系化的内容、依据规范标准进行考核的原则，有序推进，不断提高网络运行环境安全防护水平。打造一支知识面广、业务精通、技术过硬、能有效遂行网络运行环境安全管理的人才队伍。

四、严控软硬件的入口、出口关

世界近几场高技术局部战争告诫我们，依靠进口设备建设的网络安全体系，终究是不安全的。目前，我国信息网络的主要设备（服务器和路由器等）和核心软件（操作系统、信息库管理系统甚至网络管理软件）大都依赖进口，这给我们网络安全和使用带来极大隐患。由于我国信息网络技术水平与世界先进水平存在较大差距，在未来一个时期还难以完全实现国产化，为有效避免硬件、软件所带来的不安全，相对有效的措施是严格控制进入信息网络的硬件、软件的安全门槛。根据不同网络设施的安全等级要求，严格区分其采购渠道和厂家，核心网络设施应逐步摆脱必须进口的束缚，而尽可能运用我国国产的自主产品；非核心的网络设施，应由通过军方安全认证的厂商提供，产品入网前还要进行相应的测试，通过安全测试后，才准许进入信息网络；安全等级要求相对较低的设施，先由用户提出具体的需求、产品厂家和型号，通过审批后，由专门机构从市场统一采购，并进行相应的安全测试。整体上，必须采取有效措施，推进核心技术产品产业化进程，抓紧自主安全操作系统、信息库、网络协议、可信计算、核心芯片等关键技术的研制和推广，尽可能利用自主研制的构件，逐步摆脱受制于人的状况。

另一方面，要对网络空间设施的使用期限、运行状态等进行综合评估，对部分超过使用期限的产品以及不适应当前技术需求的产品，要及时进行更新、报废，避免整个网络空间设施的“短板”出现，造成不必要的安全隐患。

五、研发先进的网络安全防护技术设备

先进的网络安全防护技术设备是有效预测和及时排除不安全事件的可靠保证。例如，利用网络协议分析软件可监视网络状态、信息流动情况以及

网络上传输的信息，甚至可以用来分析 OSI 七层模型每一层的信息包，以及不同的字符编码方式之间的转换，从而发现网络中的异常现象。目前，我国信息网络安全管理中主要运用国外的安全产品。例如，我国银行、金融、电力、电信等重要网络使用的防火墙和入侵检测产品主要从国外引进，大部分国内产品的关键技术都受制于国外。这对我国信息网络安全带来了极大的隐患，如美国 CISCO 公司的防火墙存在着多个安全漏洞，导致恶意用户可以实施拒绝服务攻击和穿过防火墙访问内部资源。经我国国家信息安全测评认证中心测定，美国某公司的网络产品对我国家安全威胁很大，其存在一定的后门，可在用户未察觉时，定期将 200 K 字节的数据信息传回美国，后经我国有关部门的破解发现，传回到美国的信息中有很多重要的隐私信息。

整体看，目前我国生产的网络安全产品也不少，但核心技术大多仍来自国外。例如，入侵检测系统(IDS)ISS 公司的 RealSecure(基于主机和基于网络)、Axent 公司的 Intruder Alert(基于主机)和 NetProwler(基于网络)、CyberSafe 公司的 Centrax(基于主机和基于网络)、Network Flight Recoder 公司的 NFR IDS(基于网络)等都利用国外先进网络安全技术。这在战时就可能被敌方渗透入侵，导致网络对抗主动权的丧失。英国的一位科学家在描绘信息战时曾说过："每块芯片都是一个武器，就像插入敌人心脏的匕首。"实际情况确实就是这样。被做了手脚的计算机硬件，可以形象地称为"隐藏雷"。它的基本原理是在计算机的硬件中预设特殊的电路单元，在正常情况下，该电路单元对机器不会产生任何不良的影响，只有当其在某种特定的外部信号触发时，才会产生诸如电路短路、烧毁机器、黑屏、死机等现象，从而达到攻击的目的。硬件"隐藏雷"可分为 3 个部分：信号触发检测电路、破坏电路和它们的连接部分引信电路。为了便于引爆硬件"隐藏雷"和提高它的作用效果，一般将其做在计算机的主板、网卡、路由器及其他信息传输要道的印刷电路板夹层内，这样既有利于隐藏，也不易被用户检查出来。事实上，在目前的技术水平与能力下，基本上不可能将芯片中可能安置的所有后门都查找到并有效清除，因此，芯片中的后门仍然是让人有很大担忧的。以在全球著名的赛门铁克企业级防火墙为例，为应用和配置的便利，其防火墙系统的控制台可以对任意数量的 Symantec Enterprise Firewall、VelociRaptor 防火墙设备以及 Symantec Enterprise VPN 进行本地和远程管理，支持广泛的日志记录和报告功能，既可生成详尽的统计与会话趋势报告，也可进行定制分析。如果战争爆发，美国政府以国家利益的名义，让赛门铁克公司利用防火墙提供的正常配置管理功能，就完全可以达到切断我国的网络连接、窃取我们的网络统计及会话等敏感信息的目的。

因此,使用具有自主知识产权的高可信度安全保密产品,是网络设施避免受制于人的一个发展方向。在同样技术水平和质量的条件下,应优先使用具有中国自己自主知识产权的高可信度的网络产品和安全保密产品。例如,美军计算机信息系统都装有一种其自主研发的用户审计跟踪记录装置,它可防止未经授权的用户修改、绕过或取消保护措施进入信息系统,并对获得授权的用户的使用情况进行跟踪记录,保证用户的行动得到控制和足够详细的审查;审计跟踪的细节足以确定损坏或破坏的原因是违反安全规定还是功能失灵,以便及时发现隐患。尽管欧洲军用网络所使用的系统软件90%~95%是美国生产的系统软件,但是欧洲制造商也开发并推出了大量的产品,作为上述系统软件的网络安全解决方案,特别是欧洲制造商还在网络加密和防火墙设计等方面具有较大的优势。上面所提到的。欧洲最主要的电子供应商都不断扩大其在军用市场上这类产品的范围,特别是Bull公司通过发展BullSoft部门以及开发如NetWall软件(用于网络安全)、SecurWare软件(用于信息加密)、OpenMaster软件(用于网络管理)的产品,使它成为目前世界上第三大系统集成商,这就为其网络空间设施安全提供了可靠的物质条件。

当前,构建中国自己的先进网络安全防护设备体系,可考虑利用“一体化可信网络与普适服务体系基础研究”为基础,以“新一代高可信网络”“可信任互联网”和“互动新媒体网络与新业务工程”主干项目为支撑,立足先进成熟技术,着眼新技术体制网络转型,加快下一代高可信互联网建设。应加大入侵分析与网络监控系统、无线入侵防御系统、高强度密码技术、高速网络传输加密机研发力度,构建自主的网络安全设备体系,从根本上解决信息网络安全技术设备受制于人的难题。

另外,在管理过程中,可把不同安全产品进行系统集成,将各种安全技术、安全产品、安全策略、安全措施等各种目标集成在一起。SOC就是这样一个产品,包含安全事件收集、事件分析、状态监视、资产管理、配置管理、策略管理以及长期形成的知识中心,并通过流程优化、系统联动、事件管理等方式协调各方面资源,高效处理安全问题,保护整体安全。

六、优化配置网络核心资源

带宽和域名资源是网络安全稳定运行的基础。带宽资源的不足或域名划分的混乱,必将直接导致网络功能的降低甚至无法运行。要想创造一个良好的网络运行环境,必须加强军用信息网络带宽资源和域名的管理,由权威的安全管理机构统一筹划带宽、域名资源的分配,各单位应根据实际需要,组织带宽或域名资源的申请，安全管理机构依据带宽或域名管理规定，逐级严格审批，坚决拒绝不合理的带宽或域名资源的申请，确保整个信息网络带宽、域名的科学合理分配，充分利用好有限的带宽资源，同时避免非法用户的出现。

七、突出核心网络的隔离管理

隔离是防止非法渗透入侵的最有效措施。核心网络在整个信息网络中的地位十分突出，通常也是敌方或敌对势力重点渗透入侵的目标，在条件允许的情况下要对其进行隔离。通常，根据网络服务功能和对象，可采取完全隔离和部分隔离。完全隔离主要是将被隔离网络从物理上实现与其他网络的隔离，形成一个独立运行的局域网络。部分隔离网络与其他网络存在一定连接，但必须采取严格的防护措施，通过构建一个周密的保护层，设置在内部、外部网之间的连接面上，可以对各种从内到外以及从外到内的连接进行监督、检测和过滤，拒绝未被授权用户的连接。

主要隔离手段有两种：一是设置必要的网络安全规则，过滤一些预先已通过分组筛选出的 IP 地址从而实现对内部网络的有效保护；二是设置一个防火墙，代理服务器，可具有高层应用网关的作用，用来对请求外部网的应用连接实施安全检测，同时可连接到被保护网络的应用服务器。

网络防火墙，每个接入网的出入口设置网络防火墙，使接入网成为骨干网与局域网之间的安全隔离网络，阻挡网络破坏者和信息窃取者通过接入网进入局域网，形成网络安全的第一道检查站。应用防火墙，又称应用网关，主要对应用层协议 http、ftp、telnet 操作进行监控，也是设置在每个接入网的出入口，对网络破坏者和信息窃取者闯过网络防火墙进入网络应用层（网络最高层）实施网络操作手段的进行攻击的阻挡，形成网络安全的第二道检查站。

八、建立权威高效的应急响应机制

恶意的网络入侵和破坏始终是防不胜防，一旦恶意的网络运行环境安全事件发生，最后的安全防护措施就是应急响应，快速排除不安全因素。为此，必须研判网络运行环境及其重要部位的可能安全威胁，分析其面临的安全风险（包括自然和人为导致的安全风险），识别可能的脆弱性，分析各种安全风险发生的可能性，定性或者定量地描述这些安全风险可能造成的损失。采取红蓝对抗、攻击测试等手段，检测关键基础设施安全防护能力，结合我国实际网络运行环境安全建设现状，建立一套完善的网络运行环境应急响应机制，实现对恶意入侵和破坏行动的早期预警和主动防范。

同时，制定严格的网络值勤，全时、全域监控核心网络和重要用户，分析网络信息流，一旦发现信息流异常、入侵和病毒特征，及时启动网络应急响应机制，对各种运行环境安全事件及时作出相应的应急响应，确保网络运行环境特别是核心设备设施快速恢复到被入侵和破坏之前的工作状态，规避风险和威胁，最大限度降低对整个网络的不利影响，减小可能带来的损失。事后，要分析攻击事件的漏洞所在，寻找网络运行环境安全措施的不足，并采取更为先进的技术手段进行完善和改进。

第七章　网络空间信息安全管理

网络空间信息安全管理是指综合运用法规制度、方法措施和技术手段，确保信息的机密性、完整性、可用性、可认证性、不可抵赖性和可控性。信息网络是一个高度开放的系统，组织网络空间信息安全管理，应改变被动封堵漏洞的模式，树立主动防范、积极应对的意识，从根本上提高网络信息的监测、防护、应急响应、恢复和抗击能力。

第一节　网络空间信息安全管理的基本要求

网络空间信息安全管理，要以确保信息的高效运用为着眼点筹划各种管理活动，制定各项管理措施，做到全周期、动态开放、质量控制、区分等级、权责对等。

一、全周期

全周期是指在网络信息整个生命周期内的持续、严密的安全管理。网络空间信息从入网、处理、传递（分发）到利用，构成一个连贯、严密的生命周期，其中任何环节疏漏都会造成整个网络信息安全性的降低。例如，某单位网络路由器、交换机、信息库服务器、应用服务器和若干用于信息采编处理的客户端计算机，都统一放置在专用机房中，保护措施齐全。但网络服务器没有采取任何信息库访问控制和安全审计措施，光盘刻录功能也没有禁止。一旦合法用户或恶意用户连接到信息库服务器，就可能轻易将信息导出并进行非法赋值拷贝，正所谓“千里之堤溃于蚁穴”。

因此，组织网络空间信息安全管理，要明确网络信息不同生命阶段的安全目标和任务，使得各阶段、各部门的工作相互衔接、相互协调，实现对网络信息不同生命阶段的协同管理，确保其在整个生命周期内的一致性和规范性。通常，信息入网阶段必须进行严密审核，否则，虚假、错误甚至敌方恶意欺骗的信息就可能进入网络，进而导致信息利用上的失误；信息处理阶段，不仅要对入网信息进行整编、汇总，挖掘有价值的信息，还要综合利用各种技术手段，排除虚假和欺骗信息；信息传递和利用阶段，必须防止信息泄露和干扰事件的发生，确保实现整个生命周期内的安全高效准确的目标。

二、动态开放

动态开放是指适应网络及网络信息动态、开放的特点，动态、及时地调整管理策略和方式。网络、系统软件或应用软件等要素都是动态发展的，网络上流转的信息更是时刻处于不断变化之中，而且网络上的安全漏洞也是不断出现，原先设计的安全措施常常会显露出不能适应新情况的破绽。因此，必须根据网络和网络信息的变化，动态开放地组织信息安全管理。在管理过程中，要将各种管理要素视作一个大系统，从系统的动态性与开放性原理出发，研究各种要素之间的联系和动态规律，预测系统可能存在的不安全因素，根据需要灵活动态调整管理模式，及时运用新的管理方法，实现对网络空间信息的最优管理。为达成这一安全管理目标，在安全管理理念上，必须实现从追求静态安全指标向追求动态变化的安全指标变化；在安全防护措施设计上，要有预见性和支持升级更新的能力，即这些安全防护措施能比较容易地适应系统的变化，或以较小的升级更新代价适应系统环境的变化；在管理手段运用上，要尽可能运用动态监测、访问控制等网络安全技术，快速、实时紧跟网络信息的变化，组织动态管理。在组织开放管理的同时，要严格控制核心密级信息入网审批、共享范围。

三、质量控制

质量控制是指信息管理的每个环节都要有严格的质量控制标准和管控措施，对每一环节涉及的影响信息质量的所有因素都要实施有效的管理。网络信息的价值在于质量。准确、完整、实时的信息能为决策提供极大的支持，而错误、虚假或过时的信息，则会对决策造成危害。无论信息资源搜集多么齐全、支撑环境多么优越、管理手段多么先进，如果信息质量低劣、鱼龙混杂，那么不但难以发挥应有的作用，还会误导指挥决策，定下错误的决心，造成不可挽回的损失。因此，网络信息管理必须以确保信息质量为核心，实施全面的质量管理，要确立清晰的质量控制指标体系。

网络信息质量既取决于本身，也与软硬件支撑环境、人员素质等密不可分。因此，在确立质量指标时，不仅对网络信息本身，对相关要素也要确立衡量指标，同时，对每一项一级指标还要进行必要的层层分解，直至能用最为简洁的数量关系进行表示，从而构建以信息质量指标为重点，以相关要素为辅助的完整清晰的指标体系。如对网络信息本身而言，衡量其质量的指标至少有五项：一是准确性，即信息与客观情况的符合程度；二是时效性，即信息对时间的敏感程度，或者说是信息的新鲜程度；三是可用性，即用户对信息的有效使用程度；四是完整性，即信息占决策者所需全部信息的比例；五是安全性，即信息本身得到有效保护的程度。管理过程中，提高管理人员对信息质量的重要性认识，强化全员质量意识，重视质量管理，克服"重建设、轻管理""重数量、轻质量"等错误倾向。同时要责任到人，明确每个岗位在信息质量管理中的职责、每一名信息工作人员的责任。

四、区分等级

区分等级是指根据网络空间信息价值的不同，对不同等级的信息进行分类管理。对不同等级的网络信息发生的安全事件分等级响应与处置，目标是通过对数据及其用户进行等级划分，并对网络信息活动全程进行严格的等级保护。按照等级保护要求进行规划、设计、建设、运行维护等工作，提高网络信息的安全防护能力，确保其安全性和可靠性。

通常，网络空间信息可区分不同等级，每个等级的网络信息不仅价值大小不同，而且服务的对象也存在差别，必然对安全管理有不同的要求，必须按照安全等级采用不同的安全策略，使用性能参数不同的网络安全设备和产品。不同等级的安全管理，主要体现在管理要素的增加和管理强度的增强两方面。价值越大或者密级越高的网络信息，必须分配更多的管理资源进行安全管理，对其安全管理的强度要求也相对要高。安全管理强度可根据具体情况进行划分，主要通过网络信息知情和共享范围、使用审批权限来体现。公开网络信息可以随意查询、下载，涉密信息必须控制知情和共享范围，载有密级较高信息的网络甚至需要与其他网络进行物理隔绝，避免信息的不经意泄露。使用审批权限也是有效管理网络信息的重要手段，在安全管理过程中，要制定严格的涉密网络信息使用审批制度，明确不同密级网络信息的使用审批机构，规范网络信息使用的申请程序，严格规范网络信息的使用。

五、权责对等

权责对等是指网络信息安全管理的机构和人员必须在其职责范围内行使相应的权力。网络空间信息种类繁多，渗透于各种领域，可以说是无处不在，要想对其进行高效地安全管理，必须构建一个上下衔接、横向协作的安全管理体系，在组织网络信息管理中，按照不同管理机构的建制关系分层次、分部门实施管理。通过科学划分管理类别和管理层次，实行纵向分级、横向分部门的管理模式，在上级主管部门的统一领导下，按照统一的管理方针、原则、制度和设计规划，各级和各部门都有明确的管理权限。这样，各级和各部门在日常管理工作中就能各司其职，既能充分发挥各自的管理功能，也能确保各项安全管理工作协调、有序地开展，实现对各个领域的不同网络信息的全面有效管理，切实提高网络空间信息的安全管理效益。

第二节　网络空间信息安全管理的主要内容

网络空间信息安全管理可以从不同角度进行区分。这里从网络空间信息活动过程的角度，对网络空间信息安全管理工作进行分析，具体包括信息采集、信息处理、信息入网、信息传递、信息更新、信息利用、信息存储等方面的安全管理。

一、网络空间信息采集的安全管理

网络空间信息采集的安全管理，是指利用各种安全技术手段，确保网络空间采集的信息安全、可靠的管理活动。信息采集，主要是指根据用户需求收集相应的信息，并将纷繁复杂的信息转化成规范、可用的、符合上网要求的格式化信息。确保网络空间信息采集的安全，通常应按照统一的信息采集规范和更新时限以及任务需要，明确采集任务职责、程序和要求，督促采集人员落实各项安全规定，确保信息来源可靠、信息内容可信。

信息采集面临着多样化威胁。首先，信息网络是一个开放的空间，其中一部分是依据网络服务功能的需要特意加载的，还有一部分信息是网络用户随意加载的。还存在部分不法分子故意分发的虚假和干扰信息，信息真假难辨。其次，每时每刻都有大量信息涌现，从海量信息中采集有用信息比较困难，如果采集了大量无用信息，就会淹没有用的信息，最终导致信息利用率降低。在网络空间信息采集安全管理过程中，要根据信息网络面临的安全威胁，制定相应的安全管理方法和措施，并督促各项安全管理规定的落实。

二、网络空间信息处理的安全管理

网络空间信息处理的安全管理，是指确保网络空间信息整理、排序检索、分析和综合过程顺利进行，以及保持信息安全、可靠而实施的管理活动。网络空间信息整理，通常包括信息汇总、编码和排序。汇总，是把通过各种渠道获取的信息汇集起来，并逐一记录在案，或由信息存储介质储存，以备查询并防止遗漏。记录的过程中，通常需要进行信息分类编码，把汇集起来的信息分为若干类，并为每个信息进行人工编码或计算机编码。如，可按数字大小编码，按字母顺序编码，按时间编码，按内容编码，按类别编码等。信息排序检索，是指按照逻辑关系为信息排列出前后顺序，依照顺序储存信息，并提供科学便捷的信息检索服务。

信息鉴别是指对各种采集信息进行去伪存真，形成有针对性、真实的、有价值信息的过程。网络空间信息真假并存，需要对其进行筛选、过滤、选择、比对、研判和识别，从中剔除虚假的信息，保留真实的信息，特别要重点识别敌方故意制造和散布的虚假信息，避免陷入敌方设计的“陷阱”。

信息分析是指对各种网络空间信息进行由此及彼和由表及里的研读和判断，找出其本质属性。信息分析是一种创造性劳动，根本目的是找出信息要素之间相互关系，反映信息的本质面貌，揭示信息的变化规律。信息的综合，是指对网络空间信息进行理性思考、综合集成、科学提炼和精心编辑，把分散的信息汇集成有序的、整体的信息，把相关的信息汇总成集中的信息，把单一功能的专业信息汇集成多种功能信息，并运用科学的推理形成综合信息。

信息处理过程中的不安全因素，主要包括遗漏有价值的信息、工作疏忽导致泄密、没有剔除虚假或低价值信息。网络空间信息处理的安全管理，主要是督促信息处理人员严格遵循信息整理、排序检索、分析和综合的程序规范，做到不同渠道归口处理，处理过程中尽可能使用先进信息处理技术和智能化处理方式，便于剔除虚假、抓住本质，实现信息的相互印证、共享与快速分类。

三、网络空间信息入网的安全管理

网络空间信息入网的安全管理，是指利用各种安全技术手段，确保信息按需入网、安全可靠而实施的管理活动。信息入网，是指根据用户需求和网络服务功能，将特定信息加载到网络的过程。网络空间信息入网的安全管理，主要是要求信息来源可靠、符合网络的服务功能。

抓好网络空间信息入网安全管理，必须根据特定的入网审批程序，按要求将信息加载到网络上。规范信息加载的方法和程序，要求采取多样化加载方式，做到能以手工、自动等多种方式加载信息，能从各种渠道快速灵活加载网络信息，能便利地输入各种形式（载体）的文、图、声、像、信号等信息。入网过程中，要将类型繁杂、含义模糊的信息资源进行分类保存、统一描述，同时不改变信息的内容，实现信息广域实时共享和快速检索。通过构建筛选流程，将一些重要或紧迫的数据能迅速传递给使用者。建立规范的信息入网处理检查流程，由于需要入网的信息来源复杂，安全状态不明确，在履行特定入网审批程序时，对需要导入的核心数据信息、可执行系统软件等必须采取离线杀毒、沙箱模拟、行为分析、代码比对等技术手段进行验证，确保入网信息的可靠性。

四、网络空间信息传递的安全管理

网络空间信息传递的安全管理，是指确保信息从信息中心传送到不同用户过程中安全可靠而实施的管理活动。信息高效传递，是保障信息互通、互操作和信息共享的前提。网络信息传递的基本原则是“快速、准确和安全”。快速，就是信息传输要做到实时或近实时传输；准确，是指传输过程中信息的误码率低；安全，是指信息在传递过程中保密程度高、抗干扰能力强。

信息在传递过程中，信息网络中各种传输链路纵横交错，信息用户需求各不相同，而且还会遭遇各种各样的安全威胁。有时，敌对双方还会使用多种干扰手段破坏对方的信息传递，使得网络空间信息的传输环境极为恶劣。为了保证传输的时效性、真实性，必须使无线电通信、有线通信、移动通信等多种方式有机结合。在无线电通信中，要普遍使用容量大、速度快、保密性能强的数字化通信技术，形成能够全面覆盖的无缝隙传输网，并提供宽频带、大容量、高速率、安全保密的信息传递能力，支持用户所需的话音、信息、传真、图形图像、电子邮件、可视电话等多种业务服务。同时，要通过多种方式和手段将数据信息进行分发。如对各单位都需要的数据，采用群发方式，对数据进行共享；而对于只有部分单位需要的数据，则由各单位对所需要的数据进行订阅；对部分需要分级控制的情报信息，通常是按级别进行分发，或采用分级按需转发的方式等。

组织网络空间信息传递管理，重点是根据用户身份特征、用户信息需求、信道分布、信道带宽、信道容量、信道利用率等情况，对网络信息传递的每个环节进行科学安排和全程监控，确保信息受控传递和传输分发安全，在恰当时间把正确的网络信息传递到有需求的用户。

五、网络空间信息更新的安全管理

网络空间信息更新安全管理，是指为确保在网络上整个数据更新活动安全可靠而实施的管理活动。信息网络上充满了各类信息，其中包括大量已经过时的信息，这些信息不仅没有实用价值，甚至会误导正常社会生活和秩序，同时会占用有限的网络资源,必须及时进行清理。

网络空间信息更新安全管理,既要保证信息的时效性,还要为任务需求提供及时准确的信息。通常,信息更新要针对不同的信息内容和行动明确时间间隔,通过控制更新频度的方式进行管理。根据任务需求和态势变化情况,通常的更新频度为实时更新、日更新、周更新、月更新、半年更新和年更新。

六、网络空间信息利用的安全管理

网络空间信息利用安全管理,是指为确保网络空间信息利用的安全、规范和高效而实施的管理活动。信息化条件下,信息利用渗透于"观察、判断、决策、行动"(OODA)流程的每一个环节,信息优势可直接转化为决策优势和行动优势。信息利用过程中,由于用户的主观疏忽、客观环境的影响,以及敌方的欺骗干扰甚至对己方信息网络攻击,都能极大降低信息利用效率。为此,必须从信息网络安全体系整体设计出发,将网络空间信息安全与网络、软件、硬件和各类分系统的安全有机结合起来,坚持技术防范与机制约束相结合,由内到外、由上到下、多层级、全方位、多手段的综合安全防护。

网络空间信息利用安全管理,重点是要根据信息利用的相关管理规定,明确不同网络信息的使用权限、应用范围、服务对象,检查、督导网络空间信息利用过程中相关要求执行情况。通常,需要抓好两项工作:一是确定网络空间信息使用权限,根据信息密级划分、用户性质和主要内容,确定用户对信息资源最终使用权限;二是确定网络空间信息利用的审批流程,根据信息内容、使用需求和密级划分,确定信息资源审批权限和基本程序。

七、网络空间信息存储的安全管理

网络空间信息存储的安全管理,是指确保网络空间中的数据信息存储安全可靠而实施的管理活动。网络空间中,数据资源是各方极力竞争的重点,甚至可以说哪一方掌握了数据资源的主动权和主导权,就占据了优势。以银行系统的信息存储为例,目前银行业网络数据信息存储的通用做法是"同城异地三中心",即在两个大城市分别建立互为备份的地区数据中心,在其中的一个主要城市则建立同城可快速切换的双数据中心,辅以数据监控和容灾恢复设备,能够实现网络空间信息的多版本存储和高可靠恢复,是网络空间信息存储安全管理的成功范例。

网络空间信息存储安全管理,重点是对影响网络空间信息存储的安全问题进行深入分析,根据信息的关键程度、恢复要求、中断后对业务影响等因素确定具体的存储管理方法。需要注意的是，要综合考虑投入和产出的关系，存储安全管理投资相对较大，需要综合衡量存储的必要性。通常，做好存储安全管理需要抓好3项工作：一是确定需要安全存储的数据信息类型，并不是所有的网络数据信息都需要进行集中和安全存储；二是确立存储需要采取的方式方法，目前较为通用的是数据中心和云计算相结合的方式；三是要建立定期演练的机制，重点是对数据的容灾备份和应急恢复效果进行验证。

第三节 网络空间信息安全管理的基本途径

网络空间信息具有无影无踪、广域共享的特点，其安全管理是安全管理活动的新领域，需要适应其特点规律，运用现代科学管理方法组织各种管理工作。

一、加强涉密人员的安全教育

人是网络空间安全管理的决定性因素。涉密人员的网络空间安全意识、信息安全知识水平和防护技能、工作态度，直接决定网络空间信息安全水平。无数安全事故反复证明，工作中的疏忽大意是造成安全事件的重要原因之一。网络空间无形无边，不安全因素更为隐蔽，事故征兆隐藏得更深，而且信息网络点多线长，敌渗透入侵的薄弱点非常多，更容易导致一些意想不到的安全事故发生。例如，间谍人员利用先进的网络侦察技术手段，可远在大洋彼岸神不知鬼不觉地获取目标网络的信息。然而，工作中人们还惯于沿袭传统物理空间的安全管理做法，疏于针对性网络空间安全防范，容易被敌轻松地实施网络渗透，获取没有加密的核心信息。因此，必须转变思想认识，根据网络空间安全威胁的特点组织网络空间信息安全管理。不断加强思想教育，增强涉密人员的安全用网的意识和习惯，不仅从思想上能够自觉维护网络空间安全，还要熟悉网络空间信息安全防护的方法措施。

网络空间信息安全教育，必须全员覆盖，常抓不懈。通过严格的安全教育，达到以下目标：

（一）使涉密人员了解网络空间信息安全的主要威胁和防护要求。通过专门的信息安全常识培训、学习，让参训人员了解网络空间渗透入侵的原理，造成网络空间信息泄密的主要因素，对网络空间信息进行窃取、篡改的技术手段，网络空间信息安全防护的基本要求，提高网络空间安全防范的意识，养成安全用网的自觉性。

（二）掌握基本的网络空间信息安全防护技能。研究世界主流的网络空间信息安全防护技术，熟悉通常的网络空间信息窃取、篡改的应对措施，掌握网络空间信息安全防护组织与实施的一般常识，典型网络空间信息泄密的经验教训及防范措施。

（三）熟悉不同岗位的安全职责。只有严格落实网络空间信息安全责任制，才能保障网络应用安全长效机制的运行。应根据不同岗位的性质和作用，明确各自的岗位职责，坚持“谁管理、谁负责”“谁使用、谁负责”的原则，责任落实到人，并与奖惩挂钩，教育涉密人员树立岗位安全责任意识，切实做到自觉维护网络空间信息安全。

二、严格控制信息网络的访问

控制信息网络的非法访问，可以从源头上避免信息安全事件发生。访问控制主要在操作系统、应用系统和核心数据库上通过安全控制程序实现，防止未经授权的查询、修改和拷贝，保护网络和信息的安全。通常，可以从以下方面实现——

（一）访问控制

是指对网络的数据采用相应的技术手段进行控制，从而确保数据不会出现越权访问，所有的数据都事先确定好可以对其进行访问的主体，具体的访问控制手段包括注册口令、文件权限、用户分组、授权终端等；此外，还可以采用一些日志审计、入侵检测等手段进行辅助性控制。访问控制决定了谁能够访问信息网络中的何种信息，以及如何使用这些信息。基本手段包括口令、登录控制、授权、日志和审计等。访问控制的涉及面广，按照访问控制策略可以划分为自主访问控制和强制访问控制。自主访问控制，是一种允许主体对访问控制施加特定限制的控制类型，并对访问信息的用户设置访问控制权限，当用户发起访问请求时，只有通过验证才能访问信息。强制访问控制，是一种不允许主体干涉的访问控制机制，它是基于安全标识和信息分级等敏感性，通过比较资源的敏感性与主体的级别来确定是否允许用户访问。

（二）身份认证

是指对网络访问人员身份的判断和确认，确保只有合法身份的用户才能访问网络。用户身份认证主要方法有用户身份卡、用户口令和用户生物特征等三种。用户身份卡采用 IC 卡、USB Key 等硬件介质，使用密码技术进行强验证，保证重要部门信息安全。这种验证主要通过对用户的身份信息进行鉴别，从而实现强验证。可开发非对称密钥密码算法的数字签名体制，目前较为常用的是 CPK 和 PKI 两种身份认证机制。用户权限控制及特权的划分和管理，将信息划分保密等级，用户划分授权等级，系统划分安全等级，通过用户、系统、信息的关联来确定访问特权，防止非授权用户的非法访问。用户口令是一种常见身份认证手段，主要利用设置口令的方式为信息网络、操作系统、应用系统、数据使用提供保护，只有知道口令的用户，才能使用网络上的各种授权信息。身份认证的目标，是通过限制非法访问，以确保网络空间信息访问是安全可靠的。通过了网络检查站的网络进入者，如果要访问有密级的信息资源时，还要对其进行身份验证，须向内部网络的认证中心出示身份信息。经认证中心验证后导航至信息资源点，每次的访问都有日志记录。用户身份特征识别是近年来发展的认证技术，主要是利用用户固有的生物特征进行身份识别，包括视网膜、指纹、掌纹、声音等生物特征。由于此类特征具有唯一性，仿冒难度极大，因此可有效预防身份伪造、特征模仿等事件。但由于目前鉴于技术研究和资金投入相对较高等因素影响，尚未得到广泛的应用。身份认证解决了"用户是谁"的问题，是实现既定安全策略的系统安全的重要手段。

（三）入侵检测

是指对主机或网络上的事件进行实时监视，分析可能出现的入侵行为并进行告警提示。入侵检测，能帮助系统快速发现网络异常，为应对网络攻击提出建议，提升网络安全防护能力。按照采集信息源的不同，入侵检测系统可以分为主机型入侵检测系统和网络型入侵检测系统。主机型入侵检测系统安装在所保护的主机或服务器上，采集主机安全信息（包括日志、系统进程、注册表访问等信息）进行判断。网络型入侵检测系统利用镜像或分光技术等直接从网络中采集原始的数据包进行分析，以保护整个网段的安全。相对而言，主机型入侵检测系统的误报率较低，但由于其安装于主机之内，会相应地降低主机的运行效率；网络型入侵检测系统采集网络流量进行分析，在网络流量负载较大时，可能会对网络造成一定的影响，同时对自身处理能力提出了一定的要求。

（四）主机防护

是指对计算机终端、服务器等存储设备进行防护，确保主机处于安全可控状态。目前，通用的主机防护手段包括防病毒系统、补丁分发系统、漏洞扫描系统等，以及通常的 BIOS 安全防护、操作系统裁剪等方法，并辅助配合访问控制、身份认证等手段实现对用户权限、系统访问、数据使用等的安全防护。同时，为快速发现针对主机的网络安全事件，同步建立了主机防护类检测分析手段，对主机 CPU 利用率、内存使用率、硬盘存储利用率、系统进程信息、系统服务信息、系统端口信息、系统流量信息、系统用户信息等进行实时监控,确保在发生异常时能够快速发现和响应。

除了采取以上技术监测手段外,还需要建立良好的上网审批和监督机制。各类涉密信息上网前要经过严格审批,使用过程中按权限存取,明确主要信息网络的监管责任单位,采取不定时抽查、随机抽查、远程监控等方式,对信息网络和关键资源使用情况进行安全检查,监督上网人员落实网络空间信息安全管理方面的有关规定,做到不利用计算机从事与工作无关或者超出工作范围的事情,杜绝在外网计算机中存储涉密文件、资料,定期进行安全评估,消除安全隐患。

三、网络空间信息加密

多数情况下,信息加密是保证信息安全最为可靠的方法。信息加密主要对数据采用加密技术,来实现在不可靠的网络中达到数据信息安全的保证。网络传输中,信息加密是一种效率高而又灵活的安全手段。密码是实现信息安全通信的主要手段,主要用于隐藏语言、文字、图像等要保护的信息。信息加密涵盖了两个方面,分别为保密存储和保密传输,其中保密存储是对存储在设备中的数据进行加密处理,从而避免数据被外部窃取,保密传输主要利用了一些加密算法来对信道中传输的信息进行加密。通常,采用了保密传输手段,即使加密信息在传输过程中被敌窃取或截获,截获者也无法了解其中的内容,从而保证网络空间信息的安全。

当前,信息加密方法主要有链路加密和端点加密两种。链路加密旨在保护网络节点之间的链路信息安全;端点加密是在信息传输的两端施加安全保密手段,旨在对源端用户到目的端用户的信息提供保护。信息加密主要利用一些加密算法将原始数据转换为加密后的新数据,这些加密算法可以分为对称型加密算法、不对称型加密算法和不可逆型加密算法三种类型,其中对称加密算法使用相同的密钥对数据进行加密和揭秘处理,使用方便,效率也较高,但是由于对称型加密和解密算法都是公开的,一旦密钥泄漏,信息安全就会受到威胁。典型的对称型加密算法有数字机密标准算法,简称为 DES 算法。

不对称型加密算法的加密和解密使用了不同的密钥,这两个密钥分别为公钥和私钥,公钥是在网络上公开发布,所有人都可以获得公钥,并用公钥对数据加密后再传输给接收方,接收方拥有只有自己知道的私钥,利用该私钥采用相同的算法即可实现对数据的解密,因此即使网络恶意用户掌握了公钥也无法获得原始的数据信息。这种方法解决了对称型加密算法存在的缺点,但是其计算量较大,应用场景也较为有限。典型的不对称型加密算法包括

RSA算法。不可逆型加密算法不需要密钥来对数据进行加密，但是需要输入相同的信息并对加密后的结果进行匹配，才能得到相同的加密数据，这种加密算法往往不应用在实际的数据加密当中，但是可以用其来确定原始数据是否被篡改。典型的不可逆型加密算法有MD5算法和SHS算法。

信息加密可以在网络层/传输层来实现，也可以在应用层来实现。在网络层/传输层实现的话，可以向用户提供通用的数据加密和传输服务，用户在不需要了解具体加密方式的情况下即可实现数据的安全传输。在应用层实现的信息加密，则直接对用户传输的数据内容进行加密，而不需要依赖网络层/传输层提供加密传输服务。发挥密码在网络信息安全防护中的核心支撑作用，密码技术在信息安全中具有重要的基础作用，必须按照"同步规划、同步建设、同步验收"的要求，推进信息化密码保障建设，研发新的信息加密技术设备，对网络空间实施全程、全时、全域密码覆盖。例如，美国安全专家研发的"可穿戴式"加密设备，该设备可以让电脑使用者离开电脑时自动对重要数据进行加密，使用者在穿戴该装置工作时，始终与电脑保持无线连接，离开一定距离之后，该装置与电脑连接中断，加密过程自动开始。

四、网络空间信息安全审计

安全审计是确保网络空间信息安全的一个重要手段，主要是对网络空间信息运用过程中所发生的安全事件的记录和收集，或者启用、终止备选安全审计记录数据，以及对信息安全事件进行跟踪调查和安全审计报告等，从而保证系统的安全性和可靠性。应重点防止网络空间信息被任意调用、修改、破坏，督促指导审计安全实施，提高安全管理成效。常用的网络空间信息安全审计涵盖操作系统、数据库、设备、行为等各个领域。

五、网络空间信息抗毁保护

网络空间信息抗毁保护是指综合利用信息防护机制和手段，确保在信息网络遭到破坏等意外情况下，有效避免网络空间信息的毁坏，或者能够及时恢复到遭毁前的状态，使其造成的不良影响降到最小。抗毁保护的核心技术，是网络空间信息的备份与灾难恢复技术。网络空间信息备份是信息管理的重要工作。通常，网络空间信息要进行必要的备份，例如，将信息加载在网络时，同时将核心信息备份在高性能的移动硬盘上保存。这样，即使信息空间网络受到恶意攻击，甚至部分功能瘫痪，也可以恢复使用。对于核心信息采取多种载体存储，确保一种载体破坏或丢失时，还能够保证核心网络空间信息正常使用。网络空间信息容灾，是指在灾难发生时能全面、及时地恢复整个系统信息，信息容灾的基础同样是信息备份。同时，要依据有关标准、机制组织实施网络空间信息容灾管理。2007 年 11 月，我国正式颁布了国家标准《信息安全技术信息系统灾难恢复规范》，将容灾系统分为 6 个等级，分别是基本支持、备用场地支持、电子传输和部分设备支持、电子传输及完整设备支持、实时信息传输及完整设备支持、信息零丢失和远程集群支持。组织网络空间信息容灾时，要严格按照不同等级要求组织各项信息管理。对于军事系统运用来说，除了要具备容灾备份恢复能力外，需要从军事指挥角度出发，对战时可能遇到的极端情况进行综合分析，建立极端情况下的最低限度保障手段，实现指挥信息的不间断传递。

六、严格控制电磁辐射

正常运行的电子设备都会向外界辐射一定的电磁波，当时加载的各种信息就会随之辐射出去，如果对辐射信号进行收集和还原，就能获取其中的信息。根据国外相关资料报道，任何未采取相应保护措施的计算机屏幕信息都会被几百米乃至几千米之外的信号接收设备还原出来。信息网络集合了大量各种电子设备，如果不采取有效的防护措施，必然会带来电磁辐射，造成网络空间信息的泄露。因此，必须采取电磁脉冲能量的反射、吸收、隔离和泄放等手段，使电磁脉冲对敏感装备的耦合能量衰减到信息网络装备能够承受的程度。常用的防护技术主要有加固、屏蔽、滤波、接地等，例如，对重要电子设备进行金属屏蔽，搞好电源线路和信号线路滤波，设备有效接地，使用带屏蔽层的电缆等。对节点机房、设备和传输线路，通过安装屏蔽网、加装干扰器，采用扩频、跳频等技术隐蔽信号频谱，防止线路或设备的电磁泄漏。

七、强化核心信息的非常规管理

核心网络空间信息涉及国家的核心机密，直接关系国家未来建设规划，一旦泄露后果非常严重。因此，对于核心网络空间信息必须采取非常规方法措施，特事特办，进行全方位的安全管理，确保万无一失。

通常，组织核心网络空间信息的安全管理，需要重点抓好以下 3 项工作：

（一）把好核心网络空间信息管理人员进入关。堡垒最容易从内部攻破。信息管理人员利用特殊身份，可以接触到大量核心机密信息，如果其动机不纯甚至本身就是间谍，或者内部信息管理人员与间谍内外合作，那核心网络空间信息不仅没有任何安全可言，而且可以随时随地为敌方提供服务，对国家建设造成无法挽回的损失。为此，必须对核心网络空间信息管理人员进行逐级严格的政治审查，挑选思想觉悟高、有强烈使命意识和正义感、有理想的人员，特别要防止敌对势力打入我核心网络，危及我核心信息的安全，确保队伍纯洁巩固。严格责任追究，对各种失泄密苗头要抓住不放，深挖细究，一旦发现信息管理人员违反规定，要严肃查处，轻者要进行批评教育，重者要绳之以法。

（二）抓好核心网络空间信息的隔离管理。通常，根据加载核心信息的安全等级，对相应的信息要进行对应的运行隔离，将需要保护的信息网络与不安全的网络在物理实体上完全分开，禁止任何连接。为达成安全管理的要求，在技术手段上要综合运用终端隔离和网络隔离。终端隔离，通常采取两种方法实现，一种是指在同一台主机上使用双系统、双硬盘，按需要启动不同的系统并连接不同的网络；另一种是基于服务器虚拟化技术，在后台不同网系服务器分别建立对应的虚拟桌面，主机本地不存储任何数据，采取多网卡形式实现系统隔离。网络隔离，也称为安全隔离网闸（GAP），是指利用带有多种控制功能的专用硬件在电路上切断网络之间的链路层连接，同时能够在网络中进行安全的数据交换。

（三）对核心网络中的信息进行严格控制，根据信息安全管理规定，明确核心网络空间信息的知情范围、共享人员，明确核心信息的拷贝审批权限和检查手续，坚决杜绝非法拷贝，对接入核心网络的移动存储载体进行跟踪查询。

第八章　网络空间技术安全管理

网络空间技术安全，是指网络空间技术在研发、引进和推广应用等各环节中，没有因人为恶意破坏或相关信息泄露而导致技术本身存在严重缺陷或被植入后门，从而在一定程度上规避了安全漏洞、杜绝了安全隐患，使网络和信息技术本身具有较强的可靠性、可信赖性和可恢复性。网络空间技术安全管理，是指为确保网络空间领域技术的安全，而进行的决策、计划、组织、领导、协调和控制活动。网络空间技术是构建网络空间安全的基石，它的安全直接关系到网络空间的安全，技术本身存在安全问题，就好比用于堆砌大厦的基本原材料出了问题，那对网络空间安全的影响将是全方位且颠覆性的。在世界网络空间技术强国对我国网络空间技术发展进行封锁、限制、打压甚至蓄意破坏的今天，我们应该进一步重视网络空间技术安全管理。

第一节　网络空间技术安全管理的基本原则

网络空间技术安全管理并非无章可循，它也有其特定的规律及特点，相应的管理原则就是为安全管理提供有益的指导以便把握其规律及特点，使安全管理工作更加行之有效。在对网络空间技术进行安全管理时，应着重把握以下原则：

一、可靠有效

可靠有效原则，是指在对网络空间技术安全管理时，要从本着确保技术能真正得以保护而采取相应的措施。这一原则要求我们应对现有一些保护系统进行逐步替代。在信息化建设之初，我们对网络空间技术安全问题考虑不多，一些外来的包含各种软硬件在内的保护技术或保护系统存在一定的安全隐患，同时一些来历不明的软件本身也可能存在较大的安全漏洞。从安全管理角度出发，要从源头上确保网络空间技术的安全，这些都应该被可信、可靠的同类产品所替代，以确保管理本身的有效性。这一原则还要求我们必须选用成熟技术。网络空间技术日新月异，其发展速度十分迅速，加上新技术越来越复杂，导致一些新技术出现后，在短时间内还不能迅速发现其漏洞与缺陷，其稳定性、可靠性在一定时期内还不能得到有效验证，这就要求我们必须选择成熟技术进行管理，防止因过分追求新技术而导致未知的风险。相对而言，成熟技术经过实践的检验，其安全系数较高，出现故障的概率较低，存在的漏洞已知可控，能为网络空间技术安全提供更有力的保障。从目前网络空间安全技术的发展来看，世界范围内现有成熟技术较多，如防电磁辐射技术、物理隔绝技术、防木马技术以及漏洞扫描技术等，这些都为我国确保网络空间技术安全提供了有益选择。

二、综合施策

综合施策原则，是指在确保网络空间技术安全的过程中应将制度措施和技术手段两者有机结合起来，以技术为依托合理运用安全防护策略和管理机制，确保技术安全。在管理的过程中，合理设计安全制度是确保技术安全的根本，如果安全管理制度没有有效的建立，那么无论技术多么先进，都可能因潜在的攻击而导致其安全性的降低甚至丧失。如我们在采取防病毒技术对构成其他网络空间技术的信息系统进行防护时，如不能形成良好的病毒库升级制度，则有可能因为管理原因而导致安全防护的失效。同时，我们应充分利用现有的各类安全防护技术为其他各类网络空间技术提供安全保障，如防火墙技术、入侵检测技术、虚拟专用网技术、补丁技术以及数据恢复技术等。只有将制度和技术有效的结合起来进行综合防护，两者相得益彰才能确保网络空间技术的安全性。

三、分类分级

分级分类保护原则，是指在管理过程中应综合衡量技术所在领域、应用范围、重要程度和所处理信息的敏感程度等多种因素，对技术进行分等级保护。在对网络空间技术进行保护时，应从管理效益出发，对不同技术实行不同等级的安全保护，以提高保护资源的效益。如身份鉴别技术，该技术用于确保用户身份真实性，其安全机制有多种设计，可以是“口令”识别、“数字证书”识别以及“生物特征”识别等，不同的识别机制对确保用户真实身份的可靠性会有不同，其提供的安全等级也就不一样，因而对不同识别机制的身份鉴别技术的保护等级也就不一样，等级低的需要的安全保护等级就低，等级高的对其提供的安全保护等级就高，这样既防止因过度保护低等级技术而导致资源的浪费，也避免了高等级技术保护不足引发安全问题，有效做到了安全和节约两者兼顾。

四、均衡防护

均衡防护原则，是指在管理过程中既要突出重点，又要注重补齐短板，不能因为某一种网络空间安全技术不是关键技术而不设置保护措施，而应从整体安全防护目标出发，综合衡量各技术在信息系统中的地位和作用，可能面临的风险和威胁，采取与之相对应的安全保护。在网络空间领域，恶意的破坏及攻击都是有针对性的，发起者往往会优先选择一个易于得手的技术漏洞，在对其进行有效破防后，以此为跳板对其他关键技术或信息系统发起进一步的攻击，从而实现“一点突破、全面打击”的效果。因此，特定条件一个技术的小漏洞对整个系统的安全防护造成的影响来说很可能是全盘的。网络空间技术安全的“连锁效应”值得关注，我们在对核心技术进行严格管控与防护的同时，对一些系统中其他的一般技术来说，同样也应根据实际情况采取特定防护措施，做到均衡防护。

第二节　网络空间技术安全管理的主要内容

要确保网络空间技术安全，应主要抓住网络空间技术在研发、引进以及推广应用几个关键环节中的安全管理。因此，网络空间技术安全管理主要涉及3个方面内容，包括网络空间技术研发、网络空间技术引进、网络空间技术产业的安全管理。

一、网络空间技术研发的安全管理

网络空间技术研发，是指利用一定方法、手段和设备，为认识网络空间各事物的内在本质和运动规律而进行的研究、试验、试制等一系列活动。网络空间技术研发的安全管理，是指在网络空间技术研发中，为避免在设计时出现安全缺陷，或被恶意预留安全隐患而采取的措施或手段。对网络空间技术研发进行安全管理，是提高网络空间技术竞争力的重要保证，也是实现网络空间技术安全可靠的有效途径。

（一）网络空间技术研发存在的安全问题

在网络空间技术研发过程中，会存在一定的安全风险，这包括研发设计不合理，导致存在安全缺陷。这些含有缺陷的设计主要来自两个方面，一方面是因为技术原因不可避免，如在一些软件的编程过程中，由于编程语言的限制，当程序代码过多时，就会不可避免地出现这样或那样的潜在的漏洞和缺陷。另一方面是由于研发人员受自身能力限制，设计出来的技术产品天然就有不合理的地方，在特定条件下就会引发安全事件的发生。在网络空间技术研发过程中的风险，还存在内部技术研发人员出于各种目的的恶意行为（如间谍行为），内部人员在技术研发时有意预留后门或漏洞，为日后实施安全攻击做好提前预置。另外，在一些网络空间应用性技术的研发过程中，由于采用了他国带有“病毒”或“后门”的核心电子器件、高端通用芯片及基础软件产品，而存在安全漏洞和隐患。

（二）我国网络空间技术研发现状

通过多年的建设，我国网络空间技术研发取得了长足的进步，由政府主导的“863 计划”、“973 计划”、国家自然科学基金等重大科学研究计划，都将网络空间技术研发列为重要内容，加强了相关安全技术以及关键技术的研究，并取得了一批重要成果。麒麟系统的研发成功，“天河”巨型计算机的不断革新换代，都为我国网络空间技术安全发展提供了有力支持。

1. 网络空间技术安全基础理论研究不断深入。我国网络空间基础理论研究不断推进，尤其是对密码技术的研究有了较大进步，目前基于椭圆曲线算法的加密技术以及公钥密码的快速实现是研究热点。另外，我国基于非数学的密码理论与技术包括生物特征识别和量子密码的研究也在不断拓展。

2. 网络空间技术研发与安全管理结合更加紧密。网络空间的安全威胁不仅仅来自软硬件设备、技术的安全漏洞和缺陷，还有可能来自使用或操作网络的人员。有研究机构表示，对人员管理的松懈，可能对网络空间产生更大的安全威胁和影响。由于内部的用户相对外部人员来说，具有更好的条件了解网络的结构、防护措施的部署情况以及业务的运行模式，同时可以轻易访问内部网络，所以如果内部网络用户一旦实施攻击或者误操作，则有可能造成巨大的损失。因此，我国一些网络空间技术的研发更加注重技术本身和管理手段的融合，出现了一些具备管理功能的网络空间技术产品，比如具备内部访问控制、行为模式跟踪和审计功能的入侵检测系统。

3. 网络空间技术研发从单一转向综合集成。网络空间安全是由多个安全产品共同发挥作用而成，单个网络安全技术可以确保某一方面、单一领域的安全，但不能完全保证整体安全。随着技术不断进步，我国网络空间技术研发已从注重开发单一功能的网络技术与产品，向多种技术相互融合，或者是几个技术产品功能相结合方向发展，以此实现安全防护手段的协作、联动。如目前 UTM（安全网关）集成了防火墙、入侵防御、防病毒、VPN（虚拟专用网络)、内容过滤、反垃圾邮件等多种功能。

4. 网络空间技术防御模式从被动转向主动。传统网络空间安全机制倾向于被动应对安全威胁,一般是在网络中寻找与之相匹配的行为,从而起到发现或阻挡攻击的作用,这种传统的防御模式往往是安全事件发生后才处理,会造成安全控制滞后。我国为应对被动防御带来的安全风险,已经逐步研发主动防御技术,动态、主动性的信息安全技术不断得到重视和发展,主要技术有:可信计算、软件安全(签名验证)、应急响应、主动式恶意代码防护、网络监控与安全管理、自动恢复等主动防御技术。

(三)我国网络空间技术研发过程中存在的安全问题

经过多年信息化建设,我国网络空间技术研发取得了进步,为构建安全可信的技术体系打下了一定基础,但也还存在一些突出矛盾和问题。

1. 核心技术受制于人,自主可控程度不够。我国网络空间领域基础性核心技术和自主知识产权仍然不够,一些关键性的核心技术掌握在他国手中。网络技术体系领域,数据库、安全标准、公开的通信协议规范,我国还没有占据主流地位等。这要求我们必须加快核心技术自主发展,确保我国网络空间安全技术可控可靠。

2. 整体水平相对滞后,安全基础相对薄弱。我国网络空间安全技术研究还处于发展中阶段,核心技术的缺乏导致我国其他一些技术的研究受到一定限制,基础安全技术的研究整体还比较落后。同时,西方国家依靠其知识产权和技术上的优势,对我国形成技术壁垒,极大地制约了我国在相关安全技术研究上的发展。

3. 基础研发投入不够,后续发展动力有待加强。总体来看,我国在网络空间基础和核心技术研发的投入在不断增加,但相对网络强国而言还有待加强。美西方国家在网络空间安全技术领域研发投入巨大。我国部分企业利益驱动色彩浓重,关注重点是如何产生更大经济效益,而对安全问题考虑较少,对回报周期较长的基础研发不是很感兴趣。要改变这种状况,需要国家加强顶层设计与推动,加大对基础研发的投入力度。

(四)网络空间技术发展给网络空间安全带来新影响

随着网络空间技术的不断更新,网络空间不断向前发展,这给网络空间安全带来新的影响。

1. 新兴技术对传统技术的安全防护能力带来新的机遇。网络空间新技术的产生可能会带来新的安全问题,但新兴技术研发成功开辟了网络空间安全领域的新研究方向,进一步拓展了安全技术的应用空间。随着网络空间安全技术的不断创新,其技术可迅速向互联网其他新技术、新应用等领域拓展,如虚拟化的云安全技术受到重视、云安全服务业细分化、防火墙高速多功能化、入侵检测向趋势预测行为分析发展、网关安全和终端安全向融合方向发展,以及下一代安全网关成为新热点等现象充分说明,安全技术的应用早已不再局限于传统安全领域范畴。同时,在应对传统安全威胁上,新技术也体现出更好的应对能力。传统的网络空间安全检测是基于单个时间点进行的基于威胁特征的实时匹配检测,而目前最受关注、威胁最大的高级持续威胁攻击(APT),却是一个实时过程,无法被实时检测,传统的安全防御措施对其无效,这就需要使用新的技术——云计算、大数据,以应对新的安全威胁。

2. 智能化和自动化将成为网络空间技术研发关注的方向。维护网络空间安全是长期的过程,也是贯穿整个网络空间发展的过程,在多种网络空间安全技术中,都要通过设置参数、数据统计分析、跟踪信号指令、测试信息的采集分析等各种手段去对整个网络的安全进行分析,都要检查清楚网络存在的问题,通过调整网络的软件和硬件的配置,保证整个网络系统的环境安全,并使其运行能够达到最佳的状态,让有限资源得到无限的利用。随着网络空间技术的全面发展,安全技术的工具与手段逐步朝着智能化与专家系统思想与技术化方向发展。高人工智能的网络空间安全技术将是未来发展的一个方向,研究人员希望利用这些智能的决策支撑系统,弥补日益庞大的网络与人力的不足之间的矛盾,建立起更智能的互联网管理体系,针对网络空间所存在的威胁,迅速、最优化地作出应对决策。

3. 网络溯源技术将成为网络空间技术研发关注的重点。网络溯源技术是指通过特定的技术手段,对网络行为本身及发起者进行追踪溯源。网络溯源既是重点,也是难点。特别是网络犯罪、网络窃密、黑客攻击行为愈演愈烈的今天,网络溯源技术的重要性日益凸显,成为各国研发的重点。

二、网络空间技术引进的安全管理

网络空间技术引进的安全管理,是指在对网络空间技术加以引进时,为有效引进安全可靠技术,防止技术本身存在安全隐患而采取的措施或手段。对网络空间技术加以引进是发展中国家加快信息化建设的重要途径,西方强国由于其经济和科技的优势,在网络空间技术研发及技术产品生产上具有领先地位。

(一)网络空间技术引进存在的安全问题

在引进网络空间技术时主要面临两个方面的安全问题:

1. 技术发达国家对核心技术转移的限制。从网络空间技术与网络空间安全的关系来看,一些核心技术对网络空间安全起到了至关重要的作用,各国之间为了加强和巩固自身的安全，对一些高端核心技术都严加控制，防止其外流到其他国家，网络空间领域真正的核心技术是无法通过引进来实现的。比如说作为网络空间的核心技术——密码技术，在确保安全的绝大部分技术中如访问控制、防火墙、加密保护以及入侵检测等都与密码技术相关，它对确保网络空间安全起到了不可替代的作用，可以说密码技术的高低，决定了一国网络空间安全水平的高低。对于密码类技术，各国纷纷投入大量资金进行自主独立的研发，在确保自身密码技术的绝对安全的同时，无一例外都采取各种管理手段和技术手段进行严格保护，防止一些重要的密码技术外流其他国家。

2. 引进技术存在恶意漏洞。一方面引进技术本身存在缺陷。对于国外一些网络空间技术，由于开发资质或水平的问题，在引进后天然就存在一定的缺陷。另一方面引进技术产品被有意植入"后门"。西方一些发达国家为实现"控网"的目的，有意在对外出口的技术产品中安插"后门"。朝鲜在互联网的建设中不得已采用了美国的思科骨干路由器，由于美国政府同该公司有安全合作，在其对外出口的产品中都预留了后门，为此朝鲜互联网的出入口被远程控制，大量数据被监听。伊拉克因购买的保密通信设备大部分是从西方国家进口，其在伊拉克战争中的保密通信几乎全部被美军所掌握，从而完全丧失战争的主动权。

（二）我国网络空间技术引进存在的安全问题

1. 引进的网络空间技术中存在漏洞。过去由于网络安全审查制度没有建立，在技术引进时引入了一些带有漏洞和后门的网络空间安全技术。如为了监控和阻止蠕虫病毒传播和僵尸网络等的攻击，从美国引进了主动威胁级别分析技术，该技术系统架设在我国骨干线路上，在发挥其安全作用的同时，对我国的网络态势进行实时查看，将相关数据源源不断地传回美国公司总部。这些都表明，在缺乏有效监督管理的情况下，引进他国技术的方式存在极大的安全风险。

2. 对已引进技术管控能力较弱。在一些技术不得不引进时，实现对技术的可控是对网络空间技术安全的有力保证。要实现对进口技术的可控，就得对引进的技术产品进行深入研究，掌握当中的运行机理、原理，在充分消化、吸收的基础上进行创新，最终实现技术的生产、销售、使用和维护的过程可控。从目前来看，我国在对已引进技术实现可控的能力还比较弱，大部分技术只是在使用环节上实现一定的可控，如严格限制引进技术产品的使用范围，或对一些含有外国技术的产品采取电子屏蔽等。在对引进技术的再创新上我们还存在严重的能力不足，没有很好的对引进来的技术产品加以研究分析，从根本上掌握其技术原理，以在生产、销售、使用和维护上实现全方位的可控。

三、网络空间技术产业的安全管理

网络空间技术安全产业，是指为保障网络空间安全而提供技术产品以及技术服务的相关行业的总称，它既为网络空间安全提供杀毒软件、防火墙和IPS/IDS等网络安全软硬件，也提供能实现信息安全的安全基础电子产品、安全基础软件和安全终端等，还提供灾难备份和电子认证服务等，网络空间技术安全产业的发展对技术的推广使用具有很大的推动作用。网络空间技术安全产业的安全管理，是指为促进网络空间技术产业健康安全发展，而进行的计划、组织、领导、协调和控制等活动。

（一）网络空间技术产业发展形势

1. 国内网络空间技术产业发展政策影响技术的推广。政府在网络空间技术产业发展中扮演着引导者、协调者、监督者及资助者的角色，政府出台的发展政策对网络空间技术产业的安全发展起重要影响作用。政府对网络空间技术产业越重视，出台的政策越有利于本国网络空间技术的推广应用，就越能推动网络空间技术产业的安全发展，网络空间安全就越能得到有效保障。随着全球信息化快速发展，各国电子政务建设力度加大，面临的安全威胁也越来越严重，信息系统自身的信息安全问题日益凸显，许多国家已经开始逐步投入大量的人力、物力和财力发展网络空间技术产业，这将极大地推动各国自身网络空间技术产业的安全迅速发展。

2. 网络空间技术产业结构的合理性影响其安全发展的持续性。从目前来看，安全技术产业主要集中在传统信息安全领域，如防火墙、密码、防病毒等，但未来新技术发展将集中在云计算安全、工业控制系统安全领域等。新兴安全产品包括应用安全、灾备、内容安全等，这些都将在一定时期内成为网络空间技术产业的发展重点。政府在发展网络空间技术产业时，应注意加强引导作用，促进网络空间技术产业形成合理的产业结构，使得本国技术产业能健康持续发展。

（二）我国网络空间技术产业发展现状

近年来，我国网络空间技术产业取得了突飞猛进的发展，取得了一定成绩，这给我国信息化建设提供了重要支撑。

1. 产业发展环境逐步变好。近来，我国在各行业政策中加大了对网络空间安全的支持力度，技术产品市场得到拓展，网络空间技术安全产业环境得到优化。2013年1月，国务院正式发布《“十二五”国家自主创新能力建设规划》，明确表示要完善国家重大工程和公共基础设施监测监控平台，建立和完善能源、交通、基础信息网络等重要设施的监测监控及信息安全保障技术体系。2017 年 3 月，外交部和国家互联网信息办公室共同发布了《网络空间国际合作战略》，从九大方面提出了中国推动并参与网络空间国际合作的行动计划，为我网络空间相关产业的发展塑造了好的国际环境。

2. 产业规模不断增长。随着我国信息技术的快速发展，网络空间安全技术产业规模也随之不断快速增长。无论是政府、企业还是个人，大家都越来越关注网络空间领域的安全，一些互联网公司不断在网络安全方面加大研发力度，大量投入资金与人员，不断推动市场需求持续发展，2016 年，我国网络空间安全产业规模达到 344.1 亿元，比 2015 年增长 21.72%；2017 年，我国网络空间安全产业规模达到 457.1 亿元，同比增长 32.8%。

3. 市场需求快速增长。政府及大型国有企业对网络空间安全依赖度较高，也是网络空间安全技术产品的主要消费者，金融、电信等几大领域几乎占据了我国整体市场的一半。随着网络安全事件的频发，网络安全逐渐成为大家的重要关注点，政府及大型国有企业不断加大网络安全方面的投入，在可以预见的一段时期内会保持较高的增长率。

4. 企业实力不断壮大。网络空间安全相关企业的数量和规模不断扩大，网络空间安全产品种类不断丰富，安全操作系统，安全芯片，安全数据库，密码产品等基础技术产品逐步成熟，防火墙、病毒防护、统一威胁管理(UTM)、终端接入控制、网络隔离、安全审计、安全管理、备份恢复等网络安全产品服务取得明显进展，产品功能逐步向集成化、系统化方向发展。

5. 自主技术水平大幅提高。随着美国对我国高科技企业的不断打压，国内一些企业意识到技术自主的重要性，以华为为代表的高科技公司不断在芯片、操作系统、信息安全产品等领域加大投入，逐步替代更换被人“卡脖子”的技术，网络空间安全企业的实力不断得以增强，国产化比例有了较大提升。

（三）我国网络空间技术安全产业存在的问题

我国网络空间技术产业始于 20 世纪 80 年代末期，与世界发达国家和地区相比起步较晚，但经过 30 多年的努力，通过利用“后发优势”，充分学习世界各国的科技先进成果及经验，网络空间技术产业一直保持高速发展势头，在结构升级、市场拓展、出口贸易、企业转制等多方面取得了一定成果，成为我国国民经济中的重要支柱产业。但在取得成绩的同时，我们也应清醒地看到，我国的网络空间技术产业还存在一定问题：

1. 产业底子薄、规模小。在当代社会经济国际化趋势的影响下，我国的网络空间技术产业的发展面临着全球性挑战，发达国家利用先发优势已经形成了集群效应，培植了一大批跨国公司，如美国的微软、苹果、谷歌以及思科等。相对而言，我国网络空间技术产业起步比较晚，基础和底子相对比较薄，还没有形成一定的规模效益，更没有产业集群，在生产资源利用和技术开发方面还存在成本过高、协作不畅等问题，导致我们生产和利用信息产品的综合能力比较落后，在面对发达国家跨国公司的冲击时，抵御网络空间安全风险的能力较弱。

2. 产业存在结构性矛盾。产业结构性矛盾一直影响着我国网络空间技术产业的健康发展，一些企业和地区争相开发热门技术产品，盲目投资和重复建设现象仍然存在，产业结构中“重硬软轻”的问题没有得到明显改善，电子信息设备硬件制造多，软件业、信息服务业少仍是比较突出的问题。同时，我国网络空间技术产业层次还不太高，产品结构与产业结构欠合理，供给与需求矛盾突出，达不到技术与市场的变动要求。

3. 产业国际竞争力较弱。不少大型网络空间技术企业属国有企业，由于这类企业中缺乏有力的激励和约束机制，在技术开发、产品制造以及管理经验上同发达国家成熟的大公司相比，还存在一定的差距。而民营企业受政策制约，其规模和发展还受一定限制，成长为有竞争力的大型企业还较少，只有华为、中兴等少数企业有能力走出国门。整体而言，我国网络空间技术产业内部各个分支行业之间联系尚不紧密，高附加值技术产品还不太多，需要进一步提高国际竞争力。

第三节　网络空间技术安全管理的主要措施

随着科技的不断发展，网络空间安全技术必将在保障国家整体安全上发挥重要作用。为进一步加强网络空间技术安全管理，促进我国网络空间技术的安全发展，可采取以下措施——

一、加强网络空间技术研发

网络空间高度依赖技术，拥有安全可靠、自主可控的网络空间技术是有效确保网络空间安全的重要基础，但网络空间领域的核心技术只能通过自力更生才能获得，而不能寄希望于他国。我国要想提升网络空间技术的研发能力，应采取以下一些措施：

（一）尽快制定网络空间技术研发战略

尽快出台适合我国网络空间技术发展的研发战略，总体要求应该是做到通过发展网络空间技术研究，实现关键技术和核心技术的自主可控，构建出保障我国网络空间安全技术体系。在制定我国网络空间技术研发发展战略时，应在整体推进的同时确保一些急需的基础技术和关键性技术得到优先发展，通过这些技术带动促进我国网络空间技术的整体发展，实现用较少的资源投入产出较大的收益。

（二）加强网络空间基础理论研究

基础研究是科学技术进步的源泉，有关统计表明，已成为国家科学技术研究的一个重要方向，美国经济增长的50%归功于基础研究。要想确保我国网络空间技术研发有长足的发展，加强基础性研究必不可少。网络空间安全基础理论涉及密码学、编码学、计算机、通信等领域和专业，目前应主要对以下一些基础理论展开研究：信息安全系统工程、信息安全体系结构、密码算法和安全协议、安全测评与风险评估。通过加强信息安全系统工程的研究，可以确定系统和过程的信息安全风险，并以信息技术为基础，以信息安全管理为手段，以信息安全法律法规为保障，使得安全风险降至可接受的最小限度内，并渐近于零风险。通过对构建信息系统安全体系结构的研究，可以有效提高信息系统安全防护能力，确保系统的安全性。通过对密码算法和安全协议的研究，将对我国公钥密码基础设施建设提供强有力的理论保障。安全测评与风险评估，通过对安全测评与风险评估的研究，可以有效改善以功能测试为主的安全测评和以静态定性为主的风险评估，建立更为有效的测评机制和风险评估机制。

（三）大力研发关键技术

我们应集中力量，大力发展网络空间先进技术，以打破强国技术包围圈。首先，组织网络空间核心技术攻关，摆脱受制于人的被动局面。发达国家在网络空间技术上的主要优势来源于其核心技术的垄断。从“棱镜门”事件我们可以看出，我国在网络空间技术研发上长期依赖国外发展路径，让我国网络空间安全技术发展逐渐丧失了独立性，我国要想全面提高网络空间安全防护能力，必须从突破核心关键技术入手，研发出具有独立自主知识产权的信息安全技术和产品，以实现核心技术的自主可控和安全可靠。如研发安全处理器、自主操作系统、密码专用芯片和网络协议等技术，狠抓技术及系统的综合集成，以确保信息系统安全。其次，紧贴网络空间前沿技术，发展可改变游戏规则的技术。在一些高新技术领域应加大资金投入，以创新思维谋求技术的新突破。如大力开发可实现绝对保密的量子加密通信技术、可对基于系统未知漏洞进行有效防御的“拟态”安全防御技术等。这些新的网络空间前沿技术，必将开辟出网络空间安全前所未有的新局面，使具有抗干扰、抗毁损、抗入侵、抗破译、抗病毒、抗欺骗和能隐蔽、能战存、能复生、能保密的“六抗四能”超级网络安全防护系统的研发成为可能，也给网络安全处于劣势的我们带来改变游戏规则的希望。

（四）深化军民协同

在网络空间领域，军用技术与民用技术具有极强的通用性，尤其是网络空间防护技术，这些通用的网络空间技术，不仅军队需要，政府、社会、企业同样也需要。应打破研发体制的束缚，走军民协同的路子。从领导体制、研发规划、经费投入以及教育培训等多方面进行融合，让有关资源实现充分共享，在技术交流上实现军队和社会良性互动，形成网络安全防护技术共享和研发成果相互转化的良好格局；完善相关技术标准体系，努力做到军民标准互通，在军用网络安全应用系统研制上，尽可能采用国家统一标准。

二、严把网络空间技术引进安全关

我国作为发展中国家，对信息化建设的要求十分迫切，在推进网络空间发展的同时，不可避免要从西方强国引进先进的技术。我们在建设信息化的过程中，基本的立足点是要坚持对关键技术的自主可控，不能完全自主可控的，在引进过程中必须尽量保证安全可靠，力求对网络空间技术与产品的安全风险、隐患、漏洞、潜在问题做到“心中有底、控制有招”。

（一）严把进口技术产品的准入关

信息化建设和发展不能以牺牲安全为代价，盲目追求快速发展，在进口时对技术不加区分选择，给网络空间带来安全隐患。由于引进技术存在安全风险，世界大国都严格限制对网络空间技术的进口关。美国以维护国家安全为名，对有关国家网络空间技术产品进入美国市场设置重重障碍，如美国对我中兴、华为的严厉打击。美国通过国会立法，建立了信息技术准入制度，严控进口技术产品，防止“带病入境”。俄罗斯也明确在不得不采用进口技术产品时，制造商必须提供源代码，并明确使用方法，国家相关部门必须对其安全性进行检查检测，在符合各种准入条件的情况下才允许进口。作为网络大国，我们也应高度重视网络空间技术引进中的安全问题，采取相应的限制措施严把技术产品的准入关。在对技术引进时，应加强对技术提供方的资质考察。这应综合考虑多方面的因素，如出口地政治因素、出口公司的背景及实力、技术研发人员的来源构成以及技术产品使用培训和维护等。对于将要引进的网络技术产品，需要进行“白名单”强制认证，只有符合安全标准的产品才能进口。对于一些带有明显政治色彩，产品维护必须依靠卖方等其他可能带来安全隐患的技术产品，通过建立“不可靠企业实体清单”禁止准入。

（二）加强对进口技术的网络安全审查

网络安全审查制度，就是对关系国家安全和社会稳定信息系统中使用的网络技术产品与服务进行测试评估、监测分析、持续监督。网络强国美国，很早就开始了对网络空间技术的安全审查，通过各种网络安全审查制度，实现了对国家安全系统、国防系统、联邦政府系统的全面覆盖。以往我国只是对网络进行表层化管理，主要包括功能符合检测和底层的安全审查。但随着进口技术的不断增多，产品和服务逐步向深层次发展，这对我们的监管提出更高要求。只有对已进口的技术进行彻底、全面的网络安全审查，才能对安全风险、隐患、漏洞、潜在问题做到心中有底，才能确保进口技术的安全性和可控性，我们应不断完善和加强网络安全审查制度，对引进的技术采取必要的安全审查，对存在安全问题的进口技术要实现逐步替代，最终确保关键基础设施、关键领域、关键部门网络空间技术安全。

（三）提高对进口技术的可控能力

当引进的技术存在安全隐患时，如能采取有效的控制措施，同样可以确保安全。目前，我国在提高对进口技术的可控力上还比较弱，有很大的提升空间。首先，要注重技术的再创新。对一些已引进的技术，可以采取消化、模仿以及改进的方式进行再创新，通过这种办法在实现“洋为中用”的同时确保自身安全，这也是目前大部分国家在确保网络安全防护等关键技术方面所采取的方式。如俄、印等国在坚持自主创新的同时，积极引进美、英、德等发达国家的网络技术，加大再创新，不断在关键技术上取得突破，为实现网络空间技术的自主可控提供了有力保证。其次，要控制进口技术的使用范围。对于一些技术产品，在确保其安全性、可控性的情况下，可以在国内进行使用，但一定要控制范围。对于一些关键基础设施建设，重要领域如军事、金融、电力等的核心部门要严禁使用进口技术产品。如美国、英国以及澳大利亚等国家明确禁止在关键基础设施网络中使用进口技术，尤其是来自我国的相关技术产品如华为、中兴等。再次，要使用时采取一定的防护措施。对于一些安全性要求不高的领域，在使用进口技术时应采取一定的防护措施，如与其他网络进行物理隔离、对电磁信号进行屏蔽以及通过其他可靠技术对其进行监控等。

三、大力扶持网络空间技术安全产业

网络空间技术产业是国民经济的基本产业、支柱产业、先导产业、战略性产业，对人民生活、社会进步、经济发展和国家安全发挥着越来越重要的作用。对该产业实施有效的管理，关系到我国网络空间技术安全建设质量的高低，也关系到其能否为我国信息化建设提供安全基础，意义重大。为克服我国网络空间技术产业的不足，在管理的过程中，我们可从以下一些方面入手：

（一）加强立法构建网络空间技术产业法律体系

要有力促进网络空间技术产业的发展，离不开国家的扶植政策及相应的法律保障，这是网络强国发展的经验之谈，也是我发展网络空间技术产业必由之路。因此，应制定重点扶植网络空间技术产业的政策，并根据我国信息产业发展的实际情况，完善相关法律法规。我们在立法时既要积极又要慎重，既要考虑必要性又要考虑可行性。应遵循网络空间技术产业发展规律，充分借鉴和吸取国外立法经验，根据我国的基本国情和网络空间技术产业发展的现状，制定符合我国网络空间技术健康安全发展的法律法规。

（二）加大资金投入促进网络空间技术产业规模壮大

网络空间技术产业属于高技术产业，研发费用高，行业风险大，而我国网络空间技术企业融资能力不是太强，在资金匮乏的情况下，企业规模无法壮大，无法提升企业的竞争力，只能生产中低档的技术产品。因此，在资金上应给网络空间技术研究、网络空间技术企业、信息服务行业以强有力的支持，解决企业资金来源的问题。可以通过设立投资基金的方式，加大政府资金投入力度，并将社会上的资金吸收进来作为补充；通过建立风险投资的形式，通过高风险高回报的形式面向各类投资人筹措资金；通过大力开展招商引资活动，将国外的一些高科技公司吸引进来，让国外资本为国内网络空间技术企业发展提供资金；通过对网络空间技术企业采取减税或免税的方式，为企业减少或降低生产成本，激发企业进一步发展的积极性。

（三）提升创新能力加快网络空间技术产业结构调整

创新是网络空间技术产业发展的生命源泉。在进行产业结构调整时，我们应该以企业为主体，逐步建立以企业为核心、产学研相结合的技术创新体系，注重提高企业的创新能力。要充分发挥国家研发单位的作用，推动高等院校、研发机构同企业开展广泛合作，促进研发成果的高效转化，为推动网络空间技术产业的结构调整提供原动力。目前，我国网络空间技术产业在结构调整时，应充分考虑市场需求和技术产品的安全性因素，市场需求包括当前需求和未来需求，现实需求和潜在需求。根据我国实际情况，可将转型重点方向放在基础芯片制造以及核心软件开发等产业上来，提高其竞争力，有效抵御跨国公司在网络空间领域的技术入侵。

第九章　网络空间安全风险管理

网络空间作为一个开放的空间，风险无时不在，无处不有。网络空间安全风险管理，是指相关单位或部门对可能导致网络空间安全问题发生的各种危险进行的风险识别和评估，以及采取有效的风险控制策略，将危及网络空间安全的风险降低到可以接受水平的活动。在网络空间安全风险管理中，风险识别是前提，是进行后续风险评价与风险控制的基础；风险评估是桥梁，是衔接风险识别与风险控制的中间环节；风险控制是目的，是在风险识别与风险评估后对风险采取的实质性措施。网络空间安全风险管理旨在提高网络空间领域对安全问题的预见性、主动性、针对性和有效性，增强网络空间安全防范力，是我国实现信息强国目标的现实需要。近年来，随着我国信息化建设的不断推进，网络空间安全风险管理也渐渐进入公众的视野和现有的议事日程，整体呈现出"起步较晚，发展较快，需求迫切，形势喜人"的局面。

第一节　网络空间安全风险管理原则

要确保网络空间安全，必须依据一定原则进行风险管理，这是有效识别、评估和控制风险的重要保证。网络空间安全风险管理主要应遵循以下原则：

一、客观准确

在进行安全风险管理时，必须坚持客观准确的原则，只有这样才能有效地进行风险管理。

（一）必须认识到网络空间安全风险的客观存在性。在一定条件下，任何信息都可能存在泄露的风险，任何规章制度及管理措施都可能存在未知的漏洞，网络空间安全威胁及脆弱性的客观存在，决定了网络空间安全风险也是客观存在的。从互联网的诞生来看，最初的设计者更注重信息的交流而非安全问题，致使网络空间里的风险随处可见，只有承认网络空间中风险的客观存在才有可能进行风险识别，才能进行有效的风险评估和制定相应的风险控制对策。

（二）要客观公正地识别网络空间中存在的各种安全风险。风险的识别是一个探索未知的过程，必须以科学的态度、严谨的作风努力排除客观条件的影响和主观因素的制约，对风险进行有效的分析，不能因为识别结果可能对单位声誉造成不良影响，就弄虚作假任意夸大或缩小，识别过程中客观性原则的丧失将使得风险管理后续过程成为无“的”放矢。

（三）要从客观实际出发进行真实的风险评估。任何评估都必须建立在客观性基础上，如果不实事求是而是弄虚作假、脱离实际，就不可能得到真实的评估结果，只有做到实事求是、客观全面、科学准确，才能保证风险控制的有效性，才能为规避风险创造条件，在网络空间安全风险评估具体实施过程中，应特别注重评价人员的公正性及客观性，各评价数据的准确性及真实性，风险控制措施的现实可行性，只有这样才能确保网络空间安全风险评估的针对性、有效性和可操作性。

二、全面完整

安全问题是个整体概念，需要进行整体防护，任何一个疏忽都可能导致整体安全的失效，网络空间安全风险管理也是一样，根据“木桶原理”，网络空间安全问题往往会出在最薄弱的地方，在进行网络攻击时，最难的就是攻克第一台计算机，当成功锁定并攻破防御最薄弱的计算机后，整个防御方的阵地将全线崩塌。因此，必须对所有可能存在的风险进行全面的管理。

（一）要对安全风险进行全面的识别。识别风险是开展安全防护的第一步，必须全面、系统、准确地识别各种风险事件，才能为后续的风险评估创造条件。在网络空间安全风险识别阶段有问题被忽略，将会致使整个风险控制为无效，如果有重大的风险因素没有被识别，则可能导致整个后续风险控制的失败。

（二）要对网络空间安全风险进行全面的评估，网络空间安全风险评估涉及范围广牵扯要素多，是对安全风险进行的一个整体的、全面的评估，它不是对某个要素的单项评估，也不是对某几个要素的评估，全面性原则主要体现在风险概率值与危害程度评估的复合性、评估要素间的相关性和评估过程的完整性上，只有对网络空间管理对象进行全要素、全过程的有效管理，才能确保管理的有效性。

三、系统综合

系统综合原则包含三方面含义：

（一）指要用系统观念来看待网络空间安全风险管理，管理的过程不要局限于某个部门、某个环节、某个具体风险，而要将风险主体作为一个完整的系统来加以分析。通过开展系统性的调查、系统性的分析、系统性的归类，以揭示安全风险的性质、类型及可能造成的后果。

（二）指要用系统的分析方法来对网络空间安全风险各因素进行有效分析，通过把复杂的网络空间安全风险问题，分解成一系列的要素，进而找出这些要素中可能存在的风险。

（三）要采取多种控制措施多管齐下、综合防范。风险是威胁、脆弱点和资产三者共同作用的结果，一个威胁可能对多个脆弱点产生作用，并可能对多个资产造成损失，在进行风险控制时可以选择对威胁消除，也可以选择对脆弱点进行巩固，或对资产进行防护，由于一些单一的控制并不能完全有效抵御或控制风险，需要同时对威胁、脆弱点、资产当中的两个或多个采取相应措施进行系统考虑、综合防范，避免因单点疏忽导致风险控制的全面溃败。

四、动态适时

任何事物都有一个萌芽、产生、发展的过程，网络空间安全风险的形成同样符合这个规律，风险的出现同样有一个过程，同时它随外界条件的不断变化还产生一定变化，导致这些变化的因素可能来自环境的变化、技术的发展、安全威胁的变化、各要素之间相互作用的改变等，因此必须用发展的眼光来看待问题，坚持用动态实时的原则对风险进行管理。自我国发现第一例病毒——“小球”病毒以来，互联网中的病毒种类和数量呈几何数级不断增长，数以万计的各类电脑病毒和它们不断进化的变种对网络空间构成新的威胁，要防御它们的破坏就得不断更新杀毒软件和其他技术手段。从这可以看出，应从风险产生的各种可能性出发，从动态的角度对风险进行识别分析，预测其演变成危害的可能性。同时还要求及时完善、调整和修正评估要素的结构组成，以确保网络空间安全风险评估的科学性和有效性。在对风险进行控制时，我们应明白任何控制措施都不可能永远保证其有效性，随着系统面临的风险不断发生变化，先前有效的措施可能无效，甚至可能对安全造成损害，这就要求我们必须根据网络空间安全风险的发展规律，持续不断地检查并调整措施，确保对风险的持续有效控制。

五、效益优先

网络空间安全风险管理的根本目的是为了有效防范安全风险，尽量以较小的代价规避较大的损失。在进行评估的同时需要一定的人力、物力和财力做保障，这是为规避风险需要付出的必要的代价，但如果代价超过了威胁对安全造成的损失，那这个代价就缺乏效益。同样，对网络空间安全风险进行控制，其总成本应低于遭受风险后的损失，如果成本高于损失，那就丧失了风险控制的效益性。因此，效益优先原则作为风险管理的基本原则之一，为我们进行风险控制提供了一个思路与指导，是我们在采取控制措施时应该遵循的原则。我们在进行安全风险评估时，必须兼顾评估活动的效费比，尽量以最小的代价得出最客观真实的评价结果，从而使网络空间安全风险评估活动的综合效益最大化。同时我们应充分考虑每一项措施所要付出的代价，尤其在关系重要部门或领域的安全时，不仅考虑其形象和声誉损失，还应从经济角度出发考虑控制成本和效益。

六、群管群防

群管群防就是要尽可能发动一切力量、调动一切资源，对网络空间安全风险进行有效的管理与防治。美国作为网络强国，其对网络空间安全风险的管理也是多个部门共同协作完成的，包括国土安全部、国防部、商务部以及审计署等。群管群防是网络空间安全风险管理的重要原则。首先，群管群防要求坚持政府主导。网络空间安全风险管理的良性运转是政府、各个单位和社会公众的共同责任和义务，必须强化行政管理职能，明确政府主导，落实责任部门，根据信息网络安全社会事务管理责权划分，逐步理顺中央和地方在规划、运行、监控、执法等领域的分工和职责，认真落实信息安全责任制，充分发挥有关部门和方面的积极性，实现统一指挥、协调配合、管理灵便、运行高效的网络空间安全风险管理机制。其次，坚持群防群管要求坚持各领域各部门齐头并进。网络空间安全风险管理应按照系统工程理论，在需求分析的基础上，统一规划。在实施策略上，要区分重点和优先顺序，上下结合组织实施。搞好国家网络空间安全体系的顶层设计，研究论证并确定国家网络空间安全风险管理的系统结构和基本框架；坚持国家信息安全体系与电子政务、电子商务等同步规划、同步论证、同步建设，按中央、省(市)以及各系统各领域分层实现授权认证、密码保障、风险评估、审计监控；坚持国家主导全民参与，发挥各方面的积极性。

第二节　网络空间安全风险识别

网络空间安全风险识别，是指网络空间安全风险管理主体运用专业知识和科学方法，系统、全面和连续地发现网络空间安全问题中存在的风险因素。

对网络空间安全风险要素进行有效识别，是进行网络空间安全风险管理的起点，这一步没有走好，潜在的风险因素就不能被察觉与发现，有可能使得后续的风险控制产生较大偏差，进而丧失风险管理的有效性。网络空间安全风险识别的过程就是运用已有知识和科学方法，尽量减少不确定性，明晰网络空间安全的各种风险因素并加以分类的过程。

一、网络空间安全风险识别的内容

网络空间安全风险识别主要是对网络空间构成要素进行的辨识与分析，包括对资产识别、对威胁的识别和对脆弱点的识别等三方面内容。

（一）网络空间资产识别

网络空间的资产按不同标准有不同的分类，一般可分为有形资产和无形资产，有形资产包括硬件资产、软件资产等，无形资产包括数据资产和组织形象信誉等。所谓网络空间资产识别，通常使用资产管理工具、主动探测工具和手工记录表格等工具，对网络空间安全涉及的关键资产进行分类识别和价值衡量。一般而言，网络空间的资产主要包括数据资产、硬件设备资产、软件资产、人员资产、组织的形象和声誉。

数据资产。数据资产主要以无形的信息为表现形式，一般指为履行本单位职能，所依托的各类电子资料，可以是数据，也可以是文档等。这些数据资产以音视频、数字、文字、符号、图片及其他形态分布于信息的传输、处理及存储过程。

硬件设备资产。硬件设备是网络空间信息资产的物理依托，一般可分为以下几类。一是与网络构建相关的设备，如路由器、网关、交换机等；二是与计算有关的设备，如计算机终端、服务器、工作站等；三是与资料存储有关的设备，如硬盘、光盘等；四是与信息传输有关的设备，如光纤、铜缆线等；五是与各类保障有关的设备：如电源、文件柜、办公场所等；六是与安全保障有关的设备，如入侵检测系统、身份验证系统等。

软件资产。软件资产是网络空间的灵魂。主要包括系统软件、应用软件、数据库系统等。系统软件包括操作系统、工具软件和各种库等；应用软件既有从商家购买的又有本单位组织人员开发的；源程序主要指各种共享源代码、可执行程序、自行或合作开发的各种程序等。

人员资产。人员资产是指与网络空间安全有关的人类资源，可以是掌握了重要信息的人员，也可以是业务骨干或管理员，对于已经脱离原单位的人员，如果其掌握了有关重要信息，那也应列入其中。

组织的形象和声誉。组织的形象和声誉属于无形资产范畴，一个组织的信誉与形象的好坏，会影响用户对其安全产品的信任度，同时，安全产品的质量高低，也会直接影响组织的形象与声誉，两者在一定程度上是相互促进相互影响的。

在对网络空间资产进行分类识别后，还应对各类资产进行价值分析，可采用定性分析和定量分析。定性分析可以运用一种基于影响的资产价值评价方法进行，根据资产受损后对组织产生的影响通常将其重要性划分为“很高、高、中等、低和很低”5 个等级（见表 9-1），或“高、中、低”3 个等级。定量分析通常是对资产进行赋值，这是一个主观性极强的过程，需要考虑资产受到的隐形或无形损失，如果试图用精确数字进行金钱衡量，往往会耗费大量的时间及资源，且结果的准确性难以得到有效保证，性价比较低，因此，定量分析通常应和定性分析结合进行。

表 9-1　网络空间资产价值等级划分表

等级	标志	定　　义
5	很高	资产对组织非常重要，遭受侵害后对组织造成非常严重的损失和影响
4	高	资产对组织重要，遭受侵害后对组织造成比较严重的损失和影响
3	中	资产对组织较为重要，遭受侵害后对组织造成中等严重的损失和影响
2	低	资产对组织不太重要，遭受侵害后会对组织造成严重的损失和影响
1	很低	资产对组织不重要，遭受侵害后对组织造成严重的损失很小，甚至可以忽略

（二）网络空间威胁识别

威胁是指可能对资产或组织造成损害事件的潜在原因。应对组织需要保护的每一项资产尤其是关键资产进行威胁识别。资产所处的环境条件不同，其面临威胁可能就不同。网络空间威胁识别重点关注两个方面，一是威胁的分类；二是威胁的可能性分析。

网络空间威胁的分类多种多样，通常可以按威胁表现形式和威胁主体进行分类。网络空间威胁表现形式通常是将网络空间威胁划分成具体类目（见表 9-2）。

表 9-2 一种基于表现形式的威胁主体分类方法

种 类	描 述	威胁子类
硬软件故障	由于设备硬件故障、通信链路中断、系统本身或软件缺陷造成对业务实施、系统稳定运行的影响	设备硬件故障、传输设备故障、存储媒体故障、系统软件故障、应用软件故障、数据库软件故障、开发环境故障
物理环境影响	由于断电、静电、灰尘、潮湿、温度、鼠疫虫害、电磁干扰、洪灾、火灾、地震等环境问题或自然灾害对系统造成的影响	
无作为或操作失误	由于应该执行而没有执行相应的操作,对系统造成的影响	维护错误、操作失误
管理不到位	安全管理措施不到位,造成安全管理不规范,从而破坏信息系统正常运行	
恶意代码	故意在计算机系统上执行恶意任务的程序代码	网络病毒、间谍软件、窃听软件、蠕虫、陷阱等
越权或滥用	通过采取一些措施,超越自己的权限访问了本来无权访问的资源,或滥用自己的职权,作出破坏信息系统的行为	非授权访问网络资源,非授权访问系统资源、滥用权限非正常修改系统配置或数据、滥用权限泄露密码
网络攻击	利用工具和技术,如侦察、密码破译、嗅探、伪造和欺骗、拒绝服务等手段,对新系统进行攻击和入侵	网络探测和信息采集、漏洞探测、嗅探(账户、口令、权限等)、用户身份伪造和欺骗、用户或业务数据的窃取和破坏、系统运行的控制和破坏
物理攻击	通过物理接触造成对软件、硬件、数据的破坏	物理接触、物理破坏、盗窃
泄 密	信息泄露给不应该了解的人员	内部信息泄露、外部信息泄露
篡 改	非法修改信息,破坏信息的完整性使系统的安全性降低或信息不可用	篡改网络配置信息、系统配置信息、全配置信息、用户身份信息或业务数据信息
抵 赖	不承认受到的信息和所作的操作和交易	原发抵赖、接收抵赖、第三方抵赖

网络空间威胁可能性分析是指对网络空间资产所受威胁进行确认。威胁网络空间安全的因素非常多,但这些威胁因素能否对系统造成破坏,还必须通

过分析威胁发生的可能性来判断。威胁发生的可能性受下列因素的影响：资产的吸引力；资产转化成金钱的容易程度；威胁的技术含量；威胁发生的概率；脆弱点被利用的难易程度。在对网络空间威胁进行赋值时，按威胁出现次数的多少从低到高可分为“很低、低、中、高、很高”等5个等级，并依此对应“1、2、3、4、5”等5个数值（见表9-3）。威胁出现的频率越高，等级分值越高，网络空间安全风险管理主体应根据以往经验和有关的统计数据来确定威胁数值。以往的统计数据主要包括对网络威胁出现的频率的统计。专家知识经验通常是在征求专家意见后对各种意见经加权平均，取一个各方普遍接受的合理值。

表9-3　威胁发生的可能性等级列表

量化值	可能性等级	描　　述
1	很低	威胁出现的频率极低，几乎没有发生过，可能在非常罕见和例外的情况下才发生
2	低	威胁出现的频率较小，一般不太可能发生，也没有被证实发生过
3	中	威胁出现的频率中等，在某种情况下可能会发生，或被证实曾经发生过
4	高	威胁出现的频率较高，多数情况下很可能发生，或者可以证实多次发生过
5	很高	威胁出现的频率极高，多数情况下几乎不可避免，或者可以证实经常发生过

（三）网络空间脆弱点识别

网络空间脆弱点来自不同方面，有的来自硬件设计问题，有的来自软件代码漏洞，也有的来自协议固有缺陷，还有的来源于系统安全管理中的不足。它是网络空间安全管理自身存在的弱点和不足，和网络空间威胁是内因与外因的关系。网络空间脆弱点是网络空间安全的内因，因为网络空间安全管理的组织或技术自身存在问题，所以才会出现网络空间安全问题；网络空间威胁是信息安全的外因，只有通过对网络空间脆弱点的作用才能引发网络空间安全问题。

识别并分析网络空间脆弱点的目的是要找出网络空间安全自身存在的问题。依据不同的条件可将网络空间脆弱点进行不同的分类，从其产生的来源可将脆弱点分为三类：一是设计脆弱点，在设计之初就存在的漏洞或缺点；二是实现脆弱点，设计时没有漏洞或弱点，但由于受硬件制造水平或软件开发能力的限制而产生的漏洞或弱点；三是配置脆弱点，设计和生产时都没有问题，但因为错误的配置或兼容问题而产生的漏洞或弱点。也可从管理与技术的角度将脆弱点分为两类：管理脆弱点和技术脆弱点(见表9-4)。

表9-4 脆弱性识别内容

类型	识别对象	识别内容
管理脆弱点	技术管理	物理和环境安全、通信与操作管理、访问控制、系统开发与维护、业务连续性、物理访问控制不充分等方面进行识别
	组织管理	从安全策略、组织安全、资产分类与控制、人员安全、符合性、缺乏监视机制等方面进行识别
技术脆弱点	物理环境	从机房选址、机房防火、机房供电、机房防尘、机房防静电、机房接地与防雷击、机房区域防护、电磁防护、通信线路防护、机房设备管理、存储媒体维护不够等方面识别
	网络结构	从网络设计结构、边界保护、外部访问控制策略、内部访问控制策略、网络设备安全配置等方面进行识别
	系统软件	从补丁安装、物理防护、用户访问逻辑控制、访问权限分配错误、软件自身缺陷、口令策略、资源共享、事件审计、验证信息缺乏保护、新系统初始化、注册表加固、网络安全、系统管理等方面进行识别
	应用系统	从审计机制、审计存储、访问控制策略、数据完整性、秘密通信缺乏保护、网络路由缺乏弹性、鉴别机制、密码保护等方面进行识别

网络空间脆弱点的评价方式和网络空间威胁的评价方式类似，都是采取分级评价，可以从不同的角度进行评价。如从脆弱点被利用后对网络空间资产造成危害的大小来进行评价，从低到高可分为很低、低、中、高、很高，参见表9-5，也可从脆弱点被利用的难易程度，对脆弱点进行衡量，也可分为很低、低、中、高、很高等5个等级，参见表9-6。

表9-5 脆弱点严重性等级划分表1

量化值	可能性等级	描述
1	很低	如果被威胁所利用，对资产造成的损害可以忽略
2	低	如果被威胁所利用，对资产造成的损害较小

续表

量化值	可能性等级	描　　述
3	中	如果被威胁所利用，对资产造成的损害一般
4	高	如果被威胁所利用，对资产造成的损害严重
5	很高	如果被威胁所利用，对资产造成的损害十分严重

表 9－6　脆弱点严重性等级划分表 2

量化值	可能性等级	描　　述
1	很低	相对一些比较严重的威胁，已经确定的脆弱点几乎没有被利用的可能
2	低	要成功利用此弱点，需要充分的资源和很强的能力
3	中	要成功利用此弱点，需要中等的资源和技能
4	高	要成功利用此弱点，只需要非常有限的资源和非常少的专业技能
5	很高	要成功利用该弱点，对资源和能力要求极低，任何时候系统都可能被成功的攻击

二、网络空间安全风险识别的方法

工欲善其事，必先利其器。在对网络空间安全风险进行识别时，合适管用的识别方法往往能起到事半功倍的作用。风险识别的方法有很多种，不同的方法有不同的优缺点，针对的风险种类也不尽相同。目前，适合于网络空间安全风险识别的方法主要有安全检查表法、事故树分析法和暮景分析法、现场调查法。其中，现场调查法往往作为辅助方法与其他风险识别方法同时运用。

（一）安全检查表法

安全检查表法，是一种对照已有安全检查表，通过现场调查，检查发现存在风险因素的风险识别方法。安全检查表法是进行安全检查、发现潜在危险、督促各项安全法规、制度、标准实施的一个有效的方法。制订安全检查表是这种识别方法的最核心内容，它需要大量以往的记录及总结，并通过实践不断加以改进及完善，它没有固定的模式，需要根据具体的风险主体加以编制，要尽可能全面地将已知风险因素加入检查表中，因为检查表的完备和详细程度决定了风险识别的全面性和彻底性。安全检查表法有以下优点：安全检查表能够事先编制，可以做到系统化、科学化，不容易漏掉可能的风险因素；可以将实践经验上升到理论，从感性认识到理性认识，并用理论去指导实践，充分有效地识别网络空间安全风险；安全检查表按照原因实践的重要顺序排列，有问有答，通俗易懂，能使人清楚地认识各类风险可能带来的危害程度，起到安全教育的作用。安全检查表也有其固有的缺点：如只能做定性、不能定量识别；不能对未出现的对象进行识别；制作安全检查表比较困难等。尽管如此，安全检查表法使用起来简单，且能识别大部分风险，是一种行之有效的风险识别简易方法。

（二）事故树分析法

事故树分析法，是一种基于任何风险事故的发生都是一系列事件按照顺序相继出现的结果的理论基础，从事故出发，运用逻辑推理的方法，寻找引起事故原因的风险识别方法①。事故树分析法产生于 20 世纪 60 年代的美国贝尔实验室，1978 年我国开始对此方法展开研究，目前已经得到广泛的运用。事故树分析法有其独特的优点，它将定性分析与定量分析相结合，能将产生事故的直接原因和前者原因通过逻辑分析的方法加以呈现，能够较好地对各种系统威胁进行有效识别与评价。

事故树分析法在网络空间安全风险识别领域也占据着重要位置，在识别过程中以产生的事故为事故树的顶点，以各类风险事件为树的分枝，以风险事件之间的关系为纽带，以各种逻辑符号表示当中的不同关系，用事故树呈现产生风险的内在因素，从而对网络空间安全风险进行有效的识别。

（三）暮景分析法

暮景分析法，“是一种能识别危险的关键因素及其影响程度的方法，主要分析当某种因素发生变化时，可能导致的情况，其分析结果主要是两类，一类是对未来状态的描述，另一类是对未来发展过程的描述”②。对未来发展过程的描述即流程图分析法，是通过对事物发展的各阶段进行描述，以从中反映出不同时期所面临的风险情景，便于发现并识别不同阶段事物所存在的安全风险。将流程图分析法用于网络空间安全风险识别，首先需要对网络空间的活动流程进行全面梳理，将该活动划分为不同的发展阶段，在此基础上再对各个阶段可能发生的事故进行分析，并全面查找分析出产生事故的原因，

① 刘钧.风险管理概论[M].北京：清华大学出版社，2008：68.

② 黄超会，王启田.作战风险管理[M].北京：国防大学出版社，2010：93－94.

并描述出发生事故后可以产生的后果。通过对同一类活动的详细解构分析，可以找到对应阶段具有的共性风险，从而对该类风险进行有效识别。

第三节　网络空间安全风险评估

当网络空间各系统中的一种或多种资源缺失时，将会给网络空间安全带来哪些损失或多大的损失，这是每一个管理者所关心的问题，网络空间安全风险评估，就是要对资产、威胁、脆弱点进行分析，并得出风险的大小。网络空间安全风险评估是网络空间安全管理的重要手段，它可以深入发现网络空间信息系统存在的安全隐患，为管理者规避风险、提高管理效益提供依据。

一、网络空间安全风险评估的内容

有效评估风险的大小，必须对资产、威胁、脆弱点进行分析与评价，通过技术得出最终的风险值。这就要求在进行网络空间安全评估时应考虑以下一些问题：

我们有哪些资产需要进行保护？或者说我们要保护的对象是什么，这些资产具有多大价值？

我们潜在的威胁有哪些？产生这些威胁的原因有哪些？威胁发生的概率是多少？

我们的资产存在哪些脆弱点？这些脆弱点中哪些可以被威胁所利用，被利用的概率有多大？

当威胁事件确实发生后，我们将面临什么样的损失？损失有多大？

这些问题都是我们评估要解决的问题，也是我们评估的主要内容，由此我们可以得知，网络空间安全风险评估的主要内容应是：

（一）对网络空间资产开展识别，搞清楚自身到底有哪些资产，它们的价值是什么；（二）对网络空间威胁开展识别，搞清楚可能存在的每一种威胁，并分析评价出各种威胁出现的概率；（三）对网络空间脆弱点开展识别，搞清楚自身的脆弱点在哪，并对脆弱点的严重性进行评价；（四）根据网络空间威胁和脆弱点评价结果，分析研判发生网络空间安全事件的概率大小；（五）在假设网络安全事件已经产生的基础上，分析判断组织可能产生的资产损失；（六）根据网络空间安全事件发生的可能性以及安全事件将会带来的损失，分析各类事件对组织产生的最终影响，并量化得出风险值，依据风险大小划分优先控制级别。

二、网络空间安全风险评估的过程

网络空间安全风险评估必须按照一定的程序进行，整体而言，网络空间安全风险评估的主要步骤可分为：风险评估准备，对资产的识别，对威胁的识别，对脆弱点的识别，安全措施确认，确定风险等级，其过程可通过图 9－1 进行说明。

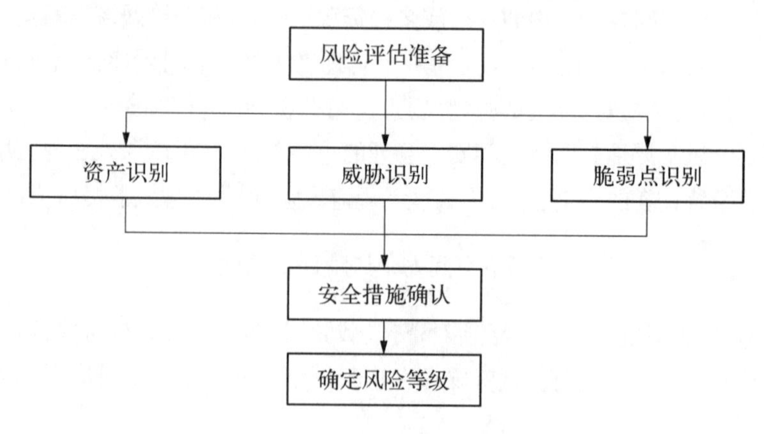

图 9－1　网络空间安全风险

（一）评估准备

实施网络空间安全风险评估前，需要做好充分的准备工作，一般而言，网络空间安全风险评估的准备工作应包括：确立评估目标、明确评估范围、进行系统描述、收集相关信息、组建评估小组。

确立评估目标。网络空间安全需求是组织为保证其业务正常、有效运转而必须达到的安全要求，通过分析组织必须符合的相关法律法规、政策方针、安全保障所需的等级，以确定风险评估的目标。开展网络空间安全风险评估，是为有效开展安全管理做准备，最终目的是帮助组织消除安全威胁、防止安全事件发生、规避资产损失，实现资产保护。

明确评估范围。在实施网络空间安全风险评估前，需要确定风险评估的范围，这可以为后续的评估工作划定物理边界和逻辑边界，便于减少一些不必要的工作，使得评估更具有针对性。在评估范围的选择上，可以组织内部的硬件资产，也可以是软件资产，还可以是各类数据信息或相关人员，或者是特定的资产或独立的系统，评估人员在一开始就要将其确定好。

进行系统描述。在明确评估范围后需对所要进行评估的系统进行描述，通过系统描述一方面可以更细致地划定评估范围；另一方面可以加深对受评估系统的认识，为后续的评估提供便利。在进行系统描述时，应重点关注系统的设备组成、网络结构、数据机密程度、系统任务功能等，同时也应对外部环境、有关人员等进行描述。

搜集相关信息。在明确网络空间安全风险评估范围后，很重要的工作是对相关情况进行熟悉，这就要求评估者要通过各种方法去搜集网络空间安全评估所需要的各类信息，包括评估对象的资产情况、面临的威胁情况、可能存在的脆弱点等。信息搜集的方法多种多样，包括：询问相关专家；对系统内部文件资料进行查阅；进行人员访谈或座谈；开展问卷调查；调阅历史数据；展开集体讨论，进行现场勘查等，可以根据实际情况灵活选取。其目的是为了尽可能地掌握相关情况，为下一步展开评估打下基础。

组建评估小组。网络空间安全风险评估的形式主要有 3 种：一是检查评估，这属于上级主管部门对下属单位展开的安全风险评估；二是自我评估，这是被评估单位对自身网络空间安全风险进行的一种自查性评估；三是第三方评估，这是通过委托本系统外的具有资质的专家展开的一种评估。具体要采用哪一种形式进行评估，应根据实际情况而定，如需要进行全面细致、权威可靠的评估，可选择检查评估；如想效率优先，并防止失泄密，可采取自我评估；如为了确保评估的公正独立，可采取第三方评估。选择的评估方式不同，其评估小组的构成就不同，检查评估小组成员以上级主管人员为主，自我评估以本单位成员为主，第三方评估以独立的评估专家为主。无论评估小组以哪一种人员为主，在构成上应尽量做到合理搭配，确保评估活动的有效开展。一般而言，一个合理的评估小组应包含以下一些成员：安全评估专家，该类人员掌握了安全评估的方法和技巧，便于为评估提供技术保障和智力支持；网络空间技术专家，该类人员对系统的设计、运行较为了解；网络空间安全管理人员，该类人员对网络空间安全问题认识较深，熟悉安全管理相关理论；单位负责人，该类人员对本单位情况熟悉，便于调动资源和沟通协调；系统用户，该类人员对系统日常风险比较熟悉，便于发现系统面临的安全威胁。

（二）风险因素识别

网络空间风险因素的识别是网络空间安全风险管理的前提，重点是抓好网络空间资产、网络空间威胁、网络空间脆弱点的识别，由于该内容在第二节中已有详细的介绍，这就不再重述。

（三）安全措施确认

网络空间安全措施是指为堵塞安全漏洞、降低系统风险的活动，可分为技术性措施和非技术性措施，技术性措施是利用技术手段加以防范，如访问控制机制、日志审计等，非技术性措施主要是利用管理和网络运行手段，如安全保密检查、安全培训等。在采取安全措施后,系统的安全性会随之发生一定的变化,需要对安全风险开展评估,这当中我们还必须对已经采取的网络空间安全措施进行识别与确认,应将风险与措施进行比较,如果措施行之有效可以应对风险,那该项措施就应继续维持下去,避免在下一步的风险控制中重复实施。对于本身存在问题的措施,或不能有效抵御安全风险的措施,应加以调整,或予以取消,或变更为其他有效的安全控制措施。

(四) 确定风险等级

在确定网络空间风险等级时,我们可以通过建立算法模型的方式对如何求得风险值进行说明。由于风险是资产所受到的威胁、存在的脆弱性及威胁利用脆弱性所造成的潜在影响(资产损失)三方面共同作用的结果,因此可把风险看成一个函数,得出以下模型:

$$风险值=R(A, T, V)$$

其中,R 表示风险计算函数;A 表示资产;T 表示威胁;V 表示脆弱点。常用的主要有两种:加法模型和乘法模型。

加法模型可表示为:

$$R=T+V+A=T+Vo-C+A$$

其中,Vo 为不考虑安全控制时系统的脆弱性,C 为安全控制。

乘法模型可表示为:

$$R=T\times A\times Vo/Cv$$

其中,Vo 为系统原有脆弱点的严重程度,Cv 为系统采取的安全措施的控制效力。

具体可根据网络空间安全风险评估方法中所介绍的相关方法,计算出风险值,并确定风险等级。

三、网络空间安全风险评估的方法

风险评估方法的选择关系到评估效果的好坏,针对不同类型的评估应选择不同的评估方法,以求得出最有效的评估结果。网络空间安全风险评估的方法有很多种,不同的评估方法有其自身的优点和不足,有的全面精确,有的简单易用,在实际应用中应当根据对资料的掌握程度、评估对象的具体情况加以选择。总的来看网络空间安全风险评估大致可分为三类:定量的风险评估方法、定性的风险评估方法、定性与定量相结合的风险评估方法。

（一）定量的风险评估方法

定量的评估方法是指运用数量指标来对风险进行评估。其数据来源可以是历史数据、过去的经验、相关文献资料、抽样调查等。网络空间安全风险评估的定量分析方法主要有蒙特卡罗法、决策树法、敏感性风险法、压力测试失效模式与影响分析、ALE－based 方法等。这里主要介绍前三种方法。

1. 蒙特卡罗法。蒙特卡罗法又称随机模拟法、统计表实验法，它以概率和统计为依托，利用计算机来研究风险发生概率或风险损失的数值计算。该方法通过建模的方式，将问题与现有模型相联系，用计算机模拟计算以得出近似解。该方法有如下一些优点：模拟算法简单，过程灵活；可模拟分析多元风险因素变化对结果的影响；模拟成本低，并可方便地补充更新数据。该方法的其缺点是：一是数据选择因缺乏代表性而导致不能真实反映实际；二是模型可能不能准确地反映风险因素之间的关系。

2. 决策树法。决策树法是将风险因素绘制成树状图，并根据当中的逻辑关系，用计算的方式得出风险概率和期望值，进而对风险进行评估，并得出方案的优劣。该方法利用了概率论的原理，是一种用树形图来描述各方案在未来收益的计算。它有以下一些优点：通过图形能十分直观将问题进行分解说明，并通过计算的方式便于找到最优路径。其缺点主要是：不能很好地解决一些不可量化的决策，容易因选取概率的主观性导致结果失真。

3. 敏感性分析法。敏感性分析法是对系统单个或多个特定风险聚焦分析，得出其变动幅度和临界值，并根据结果对各风险因素进行排序，为决策提供参考。该方法的优点是可较为清晰地反映出不同风险因素所产生的后果，为决策提供量化参考。其缺点是受历史数据限制，在计算时会存在一定偏差。

（二）定性的风险评估方法

与定量评估的依靠数据开展评估不同，定性评估更多依据评估者的知识、经验等，通过文字描述说明风险的影响程度，估计风险出现的可能性。定性分析方法在风险评估中应用十分广泛，该方法在评估时不需要使用具体的数据，重点关注威胁事件所带来的损失，而忽略事件发生的概率。常用的定性评估方法有问卷调查、集体讨论和专家调查法。

1. 问卷调查法。问卷调查法是指对网络空间安全相关人员，如各级管理人员、终端用户等进行风险评估问卷调查，通过发放问卷的形式快速收集不同人员对安全风险的认识。其优点是：可以让与安全相关的人员广泛参与进来，发挥集体的力量。缺点是：问卷调查受问卷设计、调查对象的态度等限制，其结果可信度会受到一定影响。

2. 集体讨论法。集体讨论法是以召开研讨会的形式，由网络空间安全风险负责人和管理层进行集体讨论，对安全风险进行共同探讨与评估的方法。该方法有如下一些优点：便于汇集不同意见，集体讨论的方法可以为持不同的意见者提供一个交流探讨的平台，方便大家表达各自的看法与认识；便于提高效率，通过集中讨论可以一次性探讨多个问题，有利于节约时间；便于统一认识，通过讨论，参加者更容易在交流过程中对安全风险问题达成共同的理解；便于开展协调，讨论的过程就是一个沟通的过程，在一些分歧得到有效消除后，其相应的措施建议更容易得到落实。缺点是：可能会因为一些原因，如上级领导在场的压力，部分参与者不愿表达自己的观点，或没有真实表达自己的看法，从而影响讨论结果。

3. 专家调查法。专家调查法是指聘请有关专家对网络空间安全风险进行评估的方法。该方法优点是：简单易行，评估者专业素质较高，便于进行高效可靠的评估，可在采用德尔菲法进行风险识别时就进行，能够节约资源和时间。其缺点是：过分依赖专家的能力素质，对专家的要求很高，具有较强的主观性。

（三）定性与定量相结合评估方法

定性定量结合评估法是将两者有机结合，首先根据实践经验进行定性分析，而后对各风险因素进行加权打分，将风险概率与损失严重程度估值相乘，形成量化分值，并根据分值的多少确定风险的级别。定性定量相结合的方法可有效取长补短，在网络空间安全评估中发挥重要作用，这里重点介绍风险度评估法、安全检查表评估法和风险矩阵评估法 3 种方法。

1. 风险度评估法。风险度评估法主要是在风险事件发生后，根据其造成损失的频率进行的综合评估，也可以根据损失的严重程度开展评估。该方法可根据网络空间安全风险事件发生的可能性，将风险度划分为 10 个等级，等级越低，就越安全，等级越高，风险就越大，其划分标准和风险度评估如表 9－7 所示，该方法也可根据风险所造成后果的严重程度进行风险度划分，其划分标准和风险度评估如表 9－8 所示。该方法有如下一些优点：简单可行，便于操作；能将定量与定性两者较好地相结合，以数值做参考，便于比较。其缺点是：评价标准不够具体全面，主观判断色彩较浓；所给风险度评估只是一个相对数值，没有绝对意义。该方法通常主要作为比照标准与其他评估方法结合使用。评估网络空间安全风险时，应根据具体的事件风险，分类确定风险度评估标准，为运用其他评估方法提供标准依据。

表 9-7 风险事件发生频率的评价标准和风险度评估

风险事件发生的可能性	可能发生的频率	风险度评估
很高：风险事件的发生的概率非常高	≥1/2	10
	1/3	9
高：风险事件的发生与以往经常发生的事件相似	≥1/8	8
	1/20	7
中等：风险事件的发生与以往有时发生的事件有关，但是与非主要因素有关	1/80	6
	1/400	5
	1/2 000	4
低：风险事件的发生较少与以往偶尔发生的事件有关	≥1/15 000	3
很低：风险事件的发生很少，与过去极少发生的事件完全相同	1/15 000	2
极低：风险事件不太可能发生，与过去极少发生的事件完全相同	1/15 000	1

表 9-8 风险损失的评价标准和风险度评估

后　果	风险度评估标准	风险度评估
无警告的严重危害	可能危害人员及装备的安全。风险可以严重影响系统安全运行或者不符合相关法规，风险度很高。事故发生时，无警告	10
有警告的严重危害	可能危害人员及装备的安全。风险可以严重影响系统安全运行或者不符合相关法规，风险度很高，事故发生时，有警告	9
损失很高	相关活动可能完全中断，无法进行，几乎没有效果	8
损失很高	相关活动受到严重破坏，完全中断的概率低于 100%，虽然能够进行，但效果下降	7
损失中等	相关活动受到破坏不严重，少数环节无法完成，活动效果下降	6
损失很低	相关活动受到破坏不严重，系统能运行，舒适性或方便性等性能下降	5

续表

后　果	风险度评估标准	风险度评估
损失很低	相关活动受到破坏不严重，部分科目需要重新进行	4
损失轻微	相关活动受到破坏较轻，部分（少于 100%）科目需要重新进行。活动完成时间和秩序达不到预先要求	3
损失很轻微	相关活动受到破坏较轻，部分（少于 100%）科目需要重新进行。活动完成时间和秩序达不到预先要求。极少数科目没有达到预期目的	2
无损失	没有影响	1

2. 安全检查表评估法。安全检查表评估法是通过对编制好的检查表中各个风险因素赋予分值，将定性判断转化成定量数值，以便进行分析计算得出结论。这种方法既适用于安全风险评估，也适用于安全风险识别，已经得到广泛使用。运用安全检查表法评估网络空间安全风险，要遵循一定的步骤：(1) 要制定出评分规则；(2) 由经过培训的风险评估人员依据规则对已识别出的网络空间各风险因素进行打分；(3) 对各风险因素进行权重赋值；(4) 根据计算述职，参照风险度指标确定风险等级。

3. 风险矩阵评估法。风险矩阵评估法是通过构建风险评估矩阵，对网络空间安全风险潜在的影响进行评估。其风险程度是风险事故发生频率与风险损失严重程度的乘积。该方法是美国空军电子系统中心的采办工程小组于 1995 年 4 月提出，之后得到广泛应用。该方法有以下一些优点：可识别对安全影响最大的风险；能全面、动态、有效地初步识别风险因素，包含风险来源、可能影响的结果、预期发生阶段。缺点是：风险排序一般只有相对意义，并没有绝对意义；对于处于重叠区间的风险事件，其重要性并不容易评估。目前，运用较多的是美国军用标准 MIL－STD－882 中提供的风险矩阵评估方法。该方法，首先根据破坏程度和伤害程度对危险程度进行分级，即灾难性的、危险性的、临界性的和安全性的 4 级（见表 9－9）。然后根据发生情况把危险概率分为频繁、容易、偶然、很少、不易、不能等 6 个等级（见表 9－10）。

最后，将各分类等级进行赋值，将表 3 和表 4 综合，形成风险评估矩阵，将不同等级的风险损失程度和风险概率两两组合、按照风险度排序，形成 1～24 的风险评估指数（见表 9－11），将指数的大小作为风险分级准则，即指数 1～6 的为低风险，7～12 的为中等风险，指数 13～18 的为高风险，指数 19～24 的为极高风险（见表 9－12）。运用风险矩阵评估法评估网络空间安全风险，是对已识别出来风险因素导致事故的可能性和严重性进行量化，得出相应数值以确定风险等级在风险评估矩阵中的位置，以此得出对网络空间安全风险级别的评估结论。

表 9－9　危险严重等级(MIL－STD－882)

分类等级	危险性程度	破坏程度	伤害程度
一	灾难性的	系统报废	死亡
二	危险性的	主要系统损坏	严重伤害
三	临界性的	次要系统损坏	轻伤
四	安全性的	系统无损坏	无伤害

表 9－10　危险概率等级分析(MIL－STD－882)

分类等级	特征	项　目　说　明	发生情况
一	频繁	几乎经常出现	连续发生
二	容易	在一个项目使用寿命期中将出现若干次	经常发生
三	偶然	在一个项目使用寿命期中可能出现	有时发生
四	很少	不能认为不可能发生	可能发生
五	不易	出现的概率接近于零	可以假设不发生
六	不能	不可能出现	不可能发生

表 9－11　风险评估矩阵

严重等级	灾难性的	危险性的	临界性的	安全性的
频繁	24	18	12	6
容易	20	15	10	5
偶然	16	12	8	4
很少	12	9	6	3
不易	8	6	4	2
不能	4	3	2	1

表 9-12 风险等级的划分及描述

级别	标 识	指数范围	含 义 描 述
A	极高风险	19～24	在执行任务期间,如果资产遭受了破坏,就会丧失完成任务的能力。这种风险为不可接受风险,应立即采取措施,并在特定期限内改正
B	高风险	13～18	在执行任务期间,如果资产遭受了破坏,就会极大地降低完成任务的能力,不能完成所有的任务或完成任务达不到标准。对这种风险也应采取措施,并在特定期限内改正
C	中等风险	7～12	在执行任务期间,如果资产遭受了破坏,会像预期那样降低完成任务的能力。如果系统中已有相应的控制,这种风险一定程度上可以接受
D	低风险	1～6	如果资产遭受了破坏,会像预期的一样对完成任务和业务工作的开展带来一些影响,但已有的控制可以消除这些影响,这种风险可以接受

第四节 网络空间安全风险控制

网络空间安全风险控制是管理者为降低组织损失,采取技术手段或管理手段对系统加强管理的活动。网络空间安全风险控制是风险管理的最后一个环节,其目标有两个:一是控制潜在损失,它是指在风险事故发生前应该要采取的控制措施,以此来预防风险事故的发生;另一个是控制实际损失,它是指当风险事件发生后,为降低组织损失而采取一系列补救措施。

一、网络空间安全风险控制的策略

网络空间安全风险控制的策略,是指在进行网络空间安全风险控制时采取的决策与谋略。当风险管理者发现网络空间安全威胁可能产生一定风险后,可供选择的策略有 4 个:规避风险、降低风险、转移风险和自留风险。

(一) 规避风险

规避风险是指对网络安全风险进行避免或回避,通过脱离跟威胁的接触,采取的放弃或拒绝承担风险的措施。在应对不可承受的风险,或无法采取其他有效控制措施时,通常可采用规避风险策略。这是一种较为可取的风险控制策略,属于提前预防性策略,可有效地避免因不可预知的重大风险对系统造成重大损失，缺点是可能会因为规避风险而丧失原本的系统功能，给任务的完成和工作的开展带来一定不便。如物理隔离，或者暂时关闭系统，限制登录等。

（二）降低风险

当风险不可避免时，可以选择采取一定措施对其进行缓解，借以降低组织损失。在降低风险时，可选择对风险进行预防或对损失进行抑制。风险预防是事前控制，其目的是强化系统对风险的抵御能力，尽量降低风险事故发生的概率，以防止风险对系统产生的损坏，比如使用防火墙、漏洞扫描工具等安全产品。损失抑制是事后控制，其目的是防止风险事故后果扩大化，减轻风险对系统产生的损失，如灾难恢复计划、事件响应计划及业务持续性计划等。需要指出的是，降低风险是应对网络空间安全问题时最常用和最重要的风险控制策略。

（三）转移风险

这种风险控制策略有其适用范围，通常企业或经济单位可以采取这类方式。网络空间安全风险控制中的转移风险和规避风险两者有所区别。转移风险并不是要消除风险，而是允许风险的存在，但试图通过转移的方式将风险与组织脱离开来，以规避风险对组织可能造成的损害。

（四）自留风险

风险管理者在风险控制上很难做到对所有风险都进行有效防护，对于一些组织资产价值不高，或一些威胁造成的危害不大，但防护起来代价高昂的，可以选择接受风险。

当出现网络空间安全风险时，我们可以根据不同条件，不同的环境或者不同的问题选择不同的控制策略。应遵循多策略并用的原则，网络空间安全风险的复杂多变性，决定了在选择风险控制策略时，可以采取以一种策略为主其他策略为辅，通过规避无法承受的风险，降低可控的风险，转移不必要的风险等方式对风险进行有效控制。

二、网络空间安全风险控制的措施

网络空间安全不同于一般的生物系统的自发运转，它的正常运转需要有效的风险控制措施，实现科学有效的管理。网络空间安全风险控制并不是只有单一的技术控制措施，它是通过技术控制和管理控制相互结合，来保证网络空间安全的。在进行风险控制时，主要可以采取以下一些措施：

（一）调整信息安全政策

在调整信息安全政策时，要对所属重要信息资产重新进行描述，要使内部成员充分熟悉信息系统资源，并能正确处理各类重要信息，清楚自身安全责任等，尤其是让成员明白相对于以前新的安全政策有哪些变化。

（二）完善计算机等重要设备的保管和维护制度

设立专人负责设备的请领和保管，做好设备的请领、进出库和报废登记；对设备定期进行检查、清洁和保养维护；制订设备维修计划，提前购买、预置易损备件；对设备进行维修时，对故障日期、原因、维修过程等做好记录；外单位人员修理储存有重要数据的故障设备时，本单位必须派专人在场监督。

（三）增强身份识别认证

通过运用各类身份鉴别技术，增强对人员认证的可靠性。身份鉴别是对网络空间信息系统访问者身份和主体绑定的识别，通过身份鉴别技术可以确保不被外界非法人员接触组织资产，一定程度上可以有效阻隔人为原因对网络空间安全造成的损害。常用的验证主体身份的方式主要有 3 种：1. 主体了解的秘密，如用户名、口令和密钥；2. 主体携带的物品，如磁卡、IC 卡、令牌卡等；3. 主体特征或能力，如指纹、声音、视网膜、数字签名等。

（四）实行操作权限分级管理

存取控制主要是用于规定何种主体具有何种操作权力，以实现不同权限的人员享有不同的操作资源。

（五）加强信息安全保密管理

网络空间中最重要的资产就是信息资产，可以运用先进的技术手段，对信息的机密性和完整性加以保证，有效抵御网络空间安全风险。如通过加密和数字签名等技术可以一定程度上保证数据机密性和完整性。通过加密可以有效防止网络信息被窃听、泄露、篡改和破坏。而通过数字签名技术使实体用私钥加密的信息附在被签信息的后面，可以保证接收该信息的真实性、完整性和不可否认性。通过增强信息的机密性和完整性，可以防止组织机密数据或内部使用数据未经授权而泄露，保证数据内容和数据源的可信性。

（六）加强信息系统的监管

监控和审计是对人员或使用的程序行为进行记录和监测。通过运用入侵监测技术、扫描与分析技术、防病毒技术、陷阱与跟踪技术等技术手段可以确定存取数据的用户、侦听未授权的网络访问尝试和违规活动、记录非授权行为、提供犯罪证据。这有利于风险控制主体防止外部或内部人员进行非法操作，加强对网络空间内部各系统的监管。

（七）提高信息的备份恢复能力

备份恢复是指网络空间内部系统在遭受病毒攻击、欺诈、数据损坏、故障等可能造成通信服务、系统应用中断的突发事件时，采用特定的技术处理手段排除破坏、抵御风险，恢复系统运作。这类技术主要包含分布式数据库技术、数据冗余技术、数据库备份和恢复技术等。通过这些技术的保护，可极大地提高网络空间内部系统遭受风险后的恢复能力，防止因业务中断而出现重大损失。

（八）制定应急措施，完备各类情况预案

充分预想情况，合理制订应对方案，并进行演习训练，做好风险事件发生的各种准备，使损失减至最小。

（九）加强安全监视

通过安全监视可以及时的发现风险因素的变化，使管理者可以实时动态地对组织风险进行有效管理。

1. 对组织内部的资产进行监视。由于组织内部的资产会不断变化，设备的更新、软件的升级、应用程序的变化等，管理者应根据资产的变化及时调整其安全政策。

2. 对外部威胁的监视。随着技术的变化发展进步，外部威胁也会随之发生改变，只有及时清晰的掌握威胁的变化，才能有效地预判可能出现的风险，并提前采取行之有效的应对措施。

3. 监视自身的脆弱点。脆弱点的存在是不可避免的，随着情况的改变，系统自身的脆弱点会不断暴露出来，只有在第一时间发现自身存在的漏洞才能先人一步，提前做好应对措施。

（十）加强物理设施及设备的管理

修建围墙，增加警卫、警犬，设置电子监视、警报系统等，对物理场所、物理建筑物、存储机密电子信息的计算机、移动设备、存储介质、非电子信息等进行保护，对涉密存储设备销毁的监控和记录等。

（十一）防火灾、防电力故障

主要场所要配置防火、灭火器材，发生火灾时能及时处置。重要系统要配备不间断电源，或配置备用发电机，防止因断电导致信息丢失。

（十二）防止电磁泄漏

选用低辐射设备，设置噪声干扰源，采取屏蔽措施，增加设备可控距离，采用微波吸收材料等方法严格控制电磁泄漏。

加强人员安全管控。对外来人员，未经允许不得进入信息系统所在区域。对于经过上级领导批准进入计算机机房的人员，必须派专人陪同。对工作人员，需对其背景进行核查，并进行网络空间安全政策、事件识别和报告、安全职责、违规惩罚以及操作规程等方面的培训，加强对管理者、审计者的监控和审查等。

第十章　网络空间安全事件应急管理

网络空间安全事件，是指由于信息系统遭受不可抗力或人为破坏，导致信息网络不能正常工作，并对社会造成负面影响的事件。网络空间安全事件应急管理，是政府、军队或其他公共机构为应对网络空间安全事件而进行的决策、计划、组织、领导、协调和控制活动。《中华人民共和国突发事件应对法》是为应对突发事件而制定的法律，该法中对突发事件的应对本质上是对突发事件所进行应急管理，它将应急管理当作一个过程来看待，主要划分为应急准备、监测与预警、应急处置与救援、事后恢复与重建几个环节。由此可见，网络空间安全事件应急管理可划分为准备、预警、处置和恢复等4个阶段。

第一节　网络空间安全事件应急管理原则

网络空间安全事件的应急管理是一项大工程，需要严密的组织领导、先进的科学方法和扎实的工作作风，更需要切合实际的指导原则。实践表明，掌握了正确的原则，就掌握了行动的指南，就能全面、科学、富有成效地加强网络空间安全事件应急管理，减少事故损失。总的来说，网络空间安全事件应急管理有以下一些原则——

一、预防为先

网络空间安全事件从萌芽、发展到发生都有一个过程，应急管理网络空间突发安全事件的发生应立足防患于未然，当事件刚有苗头或征兆时，就加以预防或制止，及时斩断事件发生的链条，就可以阻止网络空间安全事件的发生。坚持预防为先的原则，就是要依靠科学方法和技术，以良好的制度和机制确保及时准确地发现事故隐患并及时消除，以破坏“事故链”的形成。美国和以色列对伊朗发动的震网事件，正是伊朗在安全管理上没有及时制止其内部网络与外部网络之间U盘混用的现象，攻击方得以通过感染内外网混用的U盘将“震网”病毒带入内部专网，使得网络攻击形成了完整的“事故链”，最终导致网络空间安全事件的发生。这就要求在对网络空间安全进行管理时要预防为先，将各种可能的情况预想周全，做好各类预防措施，发现有不良苗头时就立即处理，杜绝事态不断恶化。

二、综合施策

网络空间安全是一项综合性工作，应对网络空间突发安全事件的发生必须采取多种应对措施进行综合治理。如果各部门之间不能紧密配合，没有形成齐抓共管，就无法及时应对安全事件，就会出现安全失控。首先，综合施策就是要形成整体防御，构建全方位、全纵深的信息网络安全防御体系。要结合不同的安全防护因素，进行综合安全防护。如将防病毒软件、防火墙和安全漏洞检测等结合起来，创建综合保护屏障，形成整个信息网络系统从外部访问节点到最终用户/主机工作站设置多层防线。要及时修补系统漏洞，保证系统连续可靠地运行。其次，综合施策还包括全域监控，通过网络实时监控、系统访问控制、网络入侵行为取证等，形成综合的全面的对入侵行为的检测与跟踪。针对每一种入侵的可能，制定相应的防范措施。再次，综合治理还包括集成网络管理系统。管理是网络安全的核心，技术和管理两个层面的良好配合，是实现网络与信息系统安全的有效途径。要集成网络安全管理。采用集中式管理，将所有安全系统都整合在统一的网络管理平台或者专用的网络安全管理平台上，使其能从全局高度统揽网络空间安全事件的处理。

三、区分对待

引发网络空间安全事件的原因有很多，有的是设备设施故障或网络攻击所导致，而设备设施故障可能是物理隐患或是通信隐患，也有可能是网络隐患或是软件隐患。网络攻击可能是物理攻击，也可能是软件攻击，攻击的手段也有很多种类，如侦察、密码破译、嗅探、伪造和欺骗与拒绝服务等。网络空间安全事件产生的不同原因和网络攻击的不同手段，决定了我们应急管理对安全事件进行处置时应区分对待，运用多种技术及手段查明事件的种类、产生原因、抑制的方法，通过综合分析、理性判断，充分发挥技术专家能手的作用，根据实际情况采取不同的处置方式或手段，从物理层、网络层、系统层、应用层等不同层次进行排查故障或抑制攻击。

四、快速反应

网络空间是个人造虚拟空间，不同于现实物理空间，网络空间中的信息传播速度极快，使得网络空间的安全事件也传播十分迅速，可以在短时间内对网络空间安全构成严重威胁。这就要求在对安全事件进行处置时，必须在第一时间内作出反应，指挥机构反应时间的长短在一定程度上决定了处理网络空间安全事件的成败。在快速反应的同时，还要求我们要正确决策，事件爆发初期处置的合理与否关系到能否把握主动权，科学的决策可以为后续处置争取主动权。

第二节　网络空间安全事件应急准备

网络空间是一个人机交互的复杂系统，尽管通过一些技术手段可以增强网络空间的安全性，但网络空间的自身存在的天然缺陷及漏洞，不可避免会给网络空间安全事件的爆发提供条件，一个潜在的漏洞就可能引发网络安全的巨大灾难。在网络空间安全事件日益频繁的今天，前期应急管理准备的充分与否，将直接关系到安全事件爆发时处置的成败。为及时有效地应对网络空间安全事件，在网络空间安全事件应急准备阶段，应在组织建设、基础设施完善以及工具与技术保障方面做好充分的准备。

一、组建应急机构

组织是网络空间安全事件应急工作的主体，应急管理所有的工作最终要落实到组织上，通过组织加以实现。从其实践功能来看，主要有 3 种类别的应急机构，即指挥机构、执行机构和支持机构。

（一）指挥机构

网络空间安全事件应急管理的指挥机构主要负责处置措施的决策、指挥命令的下达和资源的协调，通常由所在地区或单位主管信息安全的领导、各业务信息系统主管单位以及行政财务后勤等相关部门的领导组成，为应对大规模网络空间安全事件的发生，所在地区的公安、国家安全机关、驻地部队的领导也应纳入指挥机构，以便在发生网络空间安全事件后能最大范围协调资源。

（二）执行机构

网络空间安全事件应急管理执行机构是指在发生突发事件后具体承担技术分析、处置、恢复等操作性工作的组织，它主要的职能是将指挥机构下达的指示与命令转化为具体的行动。网络与信息系统十分复杂，因此由日常运维管理人员承担具体的处置工作，能确保指挥机构的指示与命令得到有效落实。一个理想的执行机构，其成员应包括：被保障的网络与信息系统直接主管部门、系统运维单位、安全运维服务商以及开发商技术代表组成。但受现实情况限制，作为执行机构一般由拥有专业安全知识、经过专门业务培训、熟悉系统日常运维的人员组成，对于一些高级别的执行机构，为确保能够满足执行各项应急技术操作任务的需要，可将网络基础设施的研发人员、建设人员、服务商技术代表纳入其中。

（三）支持机构

支持机构主要是指为保障应急处置工作而提供外围支持的组织，它主要的职能是对应急处置提供各类综合性保障。这些外围支持可以是智力支持与技术支持，也可以是经费、通信以及交通等支持。

智力支持与技术支持主要指两种类型的支持机构：一类是顾问咨询型；另一类是技术操作型。顾问咨询型主要是指网络与信息安全专家顾问小组，这类小组的组建应根据本区域、本单位的具体情况及实际需要而定，主要是为本区域、本单位制定网络与信息安全应急战略与规划等提供咨询，并针对重要网络空间安全事件的应急处置提供决策建议。技术操作型主要是指为网络安全事件应急处置提供技术支持的机动性小组。这些小组既包括本区域、本部门专设的技术力量，也可包括依托大专院校、研发机构、企事业单位等社会力量的外部技术人员，还可以是与其他单位共建或共享的技术人员。

二、完善基础设施

网络空间安全事件应急响应基础设施是有效组织和开展网络安全应急响应工作的重要技术基础。应急准备阶段完善网络空间安全事件基础设施建设，主要是建好以下一些基础设施：应急指挥平台、监测审计系统、应急呼叫中心、应急资源数据库、灾难备份中心和信息安全应急技术研究实验室等。

（一）应急指挥平台

应急指挥平台是网络空间安全事件应急管理的综合平台，它能实现的主要功能包括应急值守、信息管理、工单处理、预警发布、决策支持、情报会商、资源调度等。

应急指挥平台主要面向应急指挥机构、应急指挥成员单位、信息安全应急技术支持机构以及网络与信息系统主管运维单位，通过专用内部网络或公开互联网，为网络空间安全事件应急工作的开展提供基础支撑平台。

应急指挥平台作为网络安全应急响应中重要的基础支撑，需要其他各类基础设施的配合与支持，如监测审计系统、应急资源数据库、应急呼叫中心、灾难备份中心等，以共同支撑各项网络与信息安全应急响应工作的开展。

（二）监测审计系统

监测审计系统是及时发现网络安全事件及准确定位处置事件的前提，是支撑网络空间安全应急管理各项工作开展的重要基础。监测系统主要的任务是对网络进行实时监测与安全审计。通过实时监测可以在早期就发现网络攻击、恶意代码传播等，通过审计可以对网络及系统行为进行可靠记录，为事件产生原因、路径分析提供有用的审计信息。

监测审计系统基本的功能包括事件预警、跟踪定位和事件分析。事件预警主要是通过监测审计系统及时察觉相关网络与信息系统中正在发生或已经发生的事件，并在第一时间内形成警报信息，为预警发布和事件的及时处置赢得时间。跟踪定位主要是通过监测审计系统全面掌握所辖范围内的网络与信息安全状况，通过对数据的挖掘分析，追踪并锁定安全事件发生的位置与传播的途径。事件分析是通过监测审计系统的审计日志记录被保护网络与信息系统的情况，为网络空间安全事件的分析处置以及原因调查提供重要数据。

（三）应急呼叫中心

应急呼叫中心主要承担信息安全事件的上报、应急支援请求和远程应急技术支援等工作，它是实现网络空间安全事件接报与远程技术支持功能的基础设施。

应急呼叫中心可以提供多种方式的事件接报，如电话接报、电子邮件接报、网络接报、人工接报等。它是应急指挥机构、最终用户和应急技术支援机构的接口，应急呼叫中心效率的高低，在很大程度上决定了网络空间安全事件能否快速到达相关机构，也决定了突发网络空间安全事件能否得到及时处理。

（四）应急资源数据库

应急资源数据库是网络空间安全事件应急管理活动开展的重要资源基础。一般而言，应急资源数据库应包括：信息安全漏洞库、信息安全工具库、信息安全补丁库、城市安全档案库、城市应急支援库、信息安全事件库、解决方案库等。网络空间安全事件应急管理中的各用户，通过资源管理系统，管理和使用应急资源数据库中的数据信息，直接或间接对应急指挥决策或技术分析处置提供支撑。

（五）灾难备份中心

灾难备份是网络空间安全事件响应技术体系的重要组成部分，它可以为信息系统使用单位提供数据备份和恢复，是网络空间安全应急保障的最后一道防线。灾难备份中心是一个容灾备份以及灾难恢复的公用基础设施，它集中提供场地、机房条件和通信信道、供电、监控、消防、安防等配套资源，面向重要信息系统提供介质级、数据级和应用级等不同等级的灾难恢复功能。灾难备份中心主要是为保障重要信息系统的正常运转，确保政务、业务、公共服务的连续运行，可以有效应对地震、火灾、水灾等自然灾害，以及恐怖袭击、电力中断、严重系统设备故障以及高强度、破坏性黑客攻击等。

（六）信息安全应急技术研究实验室

信息安全应急技术研究实验室主要对网络空间安全事件应急管理相关应用技术开展研究。承担收集整理安全漏洞、系统恢复、攻击及防范、入侵取证、追踪定位、病毒防治等技术资料的工作，并验证针对各种安全漏洞的应急处置技术与方案。

三、搞好技术保障

虽然网络空间安全事件应急响应的基础设施的作用十分重要，但要高效快速地应对突发事件，一些专门的应急技术工具也是不可或缺的重要资源，对于典型的网络空间安全事件而言，常用的技术性工具主要包括信息采集分析类、事件抑制类和应急处置类。

（一）信息采集分析类

常用的信息采集分析类工具有流量复制器、操作系统基础信息采集器、漏洞扫描器、集中日志采集系统、日志分析工具及蜜罐系统等。

流量复制器。流量复制器是一种专用于流量采集的工具，它是网络通信协议分析、网络审计以及入侵监测的数据来源，是对网络与信息安全事件进行分析的重要手段。

操作系统基础信息采集器。操作系统的基础信息采集器可自动采集典型操作系统基础信息，并将其进行格式化输出，这可为事件分析提供有用的参考信息。

漏洞扫描器。漏洞扫描器是一种对网络、系统及应用安全漏洞进行评估的专用工具。通过漏洞扫描器，可以了解特定网络及信息系统存在的已知安全漏洞信息，为事件成因的分析提供信息参考。

集中日志采集系统。主要是对路由器、防火墙、交换机在内的重要设备进行外部日志记录，记录设备行为及用户操作，主要是用来避免系统入侵后内部日志被破坏而无法使用记录。

日志分析工具。日志分析工具是对系统日记进行半自动化分析的应急工具，可以对海量日志进行快速处理，能够支持不同表达方式对各种特征进行匹配查询和输出。

蜜罐系统。蜜罐系统是一个经过精心伪装的虚拟系统，主要是通过引诱攻击者的攻击，来获得和研究未知攻击手法以及获取攻击证据。

（二）事件抑制类

对于拒绝服务攻击、蠕虫传播等可持续性破坏的网络空间安全事件，在初步确定事件类别后，应立即对事件采取必要的抑制措施，可以采取阻断或清洗两种方式，与这两种方式对应的技术工具为防火墙和流量清洗设备。

防火墙。防火墙是一种信息筛选阻隔装置，设置在不同安全域之间，可以是软件也可以是硬件设备，它是有效管控了信息的出入口问题，可以根据管理者的需要对进入数据进行限制。在发生网络空间安全事件后，防火墙可将受害网络以及主机进行必要的安全隔离，在不停止受害主机运行的情况下暂时截断可能的持续攻击。例如，在局域网发生蠕虫传播安全事件后，可部署或增加防火墙访问控制策略来阻止蠕虫继续传播。

流量清洗设备。流量清洗设备可以对已知攻击行为以及具有一定行为特征的网络异常流量进行清洗，例如对拒绝服务攻击流量的清洗等。

（三）应急处置类

对于一些网络空间安全事件有专门的工具进行处置，主要在开展应急处置之前进行数据保护的磁盘复制系统、针对网页篡改后紧急替换的通用备机系统以及针对恶意代码传播类的恶意代码查杀系统等。

通用应急备机系统。通用应急备机是预装了各种应用系统环境的备机系统，当重要的网站发生入侵安全事件后，可快速选择与该网站完全相同的环境，以实现短时间内恢复对外服务。

恶意代码查杀系统。恶意代码主要是指病毒、蠕虫、木马等。当出现恶意代码感染及传播事件时，可利用恶意代码查杀系统提取恶意代码特征，并制作专杀工具对恶意代码进行查杀。

磁盘复制系统。磁盘复制系统是为了避免事件分析工具对原始数据造成破坏，而采用磁盘对磁盘进行快速复制的专用系统，利用它可以在线进行网络安全事件的分析。

第三节 网络空间安全事件预警

对网络空间安全进行监测是有效响应安全事件的重要前提，通过对各类关键信息的监控以及分析判断，可以有效掌握本系统的安全情况，为提前预警以及应急处置提供可靠支撑。

一、预警的内容

预防工作要想取得成效，关键是要做到有的放矢。在对网络空间安全事件进行预防时，我们首先应弄清楚有哪些安全事件，它们的严重程度是如何划分的，只有这样，我们在采取预防对策时才能有针对性。

（一）网络空间安全事件的分类

对网络空间安全事件进行预防，首先应明确网络空间安全事件的基本类型，按照危害方式不同，可将网络空间安全事件分为七大类：

1. 有害程序事件，通过制造有害程序，造成系统瘫痪、网络堵塞等，使信息网络无法正常工作的安全事件。如计算机病毒事件、僵尸网络事件、混合攻击程序事件等。

2. 网络攻击事件，通过技术手段对系统漏洞或协议缺陷发起攻击，导致系统功能受到影响而不能正常运行，如后门攻击、网络扫描窃听、网络钓鱼等。如 2013 年 3 月珠海市园林局官网服务器遭受网络攻击，在网站友情链接处出现疑似澳门赌场的广告链接。

3. 信息破坏事件，这类事件主要跟信息数据有关，如信息篡改、假冒、泄露、被锁、丢失等。如 2017 年 5 月的“永恒之蓝”勒索病毒，就是通过蠕虫恶意代码攻击 Windows 系统的电脑，将被攻击电脑内的用户文件加密，并勒索电脑用户支付高额赎金才能解密恢复文件，对重要数据造成严重损失。在短短一个周末的时间里，全球 150 多个国家的 30 多万名受害者成为该勒索软件的受害者，全球各地的企业、政府和个人都受到了影响。

4. 信息内容危害事件，利用信息网络发布、传播危害国家安全、社会稳定和公共利益内容的事件。如 2010 年底开始的“阿拉伯之春”，就是由于网络上传播突尼斯的一个年轻小贩自焚消息引起民众广泛关注，最终造成大规模抗议示威活动，时任政府集体下台。又如网络大 V“秦火火”“立二拆四”二人在网上诋毁雷锋，造谣全国残联主席张海迪是日本籍，恶意中伤我国著名军事专家、社会名人、资深媒体记者以及普通百姓。

5. 设备设施故障，由于信息系统自身软硬件故障，外围保障设施设备故障等导致系统不能运行的安全问题。

6. 灾害性事件，由于自然灾害、人为灾害、恐怖袭击或其他不可抗力对信息系统造成破坏，而产生的信息安全问题的事件。如 2006 年 12 月 26 日，我国台湾地区发生强烈地震，导致电信和网通的 14 条海底通信光缆受到影响，台湾地区的国际长途和互联网业务完全中断。

7. 其他安全事件，除以上 6 种安全事件外的其他事件。

可见，造成网络空间安全事件的威胁来源多样，既有人为因素，也有系统故障；既有内部破坏、外部攻击、内外勾连破坏，又有属于不可抗力的自然灾害等。

（二）网络空间安全事件的分级

网络空间安全事件的分级依据主要有3个：一是信息系统的重要程度；二是事件对系统造成的损失程度；三是事件对社会产生的负面影响程度等。

信息系统的重要程度跟其所承载业务的重要性有关，可划分为特别重要信息系统、重要信息系统和一般信息系统，如该系统出现问题后，会对国防领域、经济安全、社会生活造成严重影响，则属于特别重要信息系统。

系统损失的大小跟事发组织的损失，系统功能恢复的时间等有关，可划分为特别严重的系统损失、严重的系统损失、较大的系统损失和较小的系统损失。

社会影响主要跟该事件造成的影响范围和程度有关，划分为特别重大的社会影响、重大的社会影响、较大的社会影响和一般的社会影响。

根据信息系统的重要程度、系统损失和社会影响3个方面可以将网络空间安全事件划分为特别重大事件、重大事件、较大事件和一般事件四级。

“特别重大网络安全事件即能够导致特别严重影响或破坏的信息安全事件，表现情形为：

1. 重要网络和信息系统遭受特别严重的系统损失，造成系统大面积瘫痪，丧失业务处理能力。

2. 国家秘密信息、重要敏感信息和关键数据丢失或被窃取、篡改、假冒，对国家安全和社会稳定构成特别严重威胁。

3. 其他对国家安全、社会秩序、经济建设和公众利益构成特别严重威胁、造成特别严重影响的网络安全事件。

重大事件即能够导致严重影响或破坏的网络安全事件且未达到特别重大网络与信息安全事件，表现情形为：

1. 重要网络和信息系统遭受严重的系统损失，造成系统长时间中断或局部瘫痪，业务处理能力受到极大影响。

2. 国家秘密信息、重要敏感信息和关键数据丢失或被窃取、篡改、假冒，对国家安全和社会稳定构成严重威胁。

3. 其他对国家安全、社会秩序、经济建设和公众利益构成严重威胁、造成严重影响的网络与信息安全事件。

较大事件即能够导致较严重影响或破坏的信息安全事件未达到重大网络与信息安全事件，表现情形为：

1. 重要网络和信息系统遭受较大系统损失，造成系统中断，明显影响系统效率，业务处理能力受到影响。

2. 国家秘密信息、重要敏感信息和关键数据丢失或被窃取、篡改、假冒，对国家安全和社会稳定构成较严重威胁。

3. 其他对国家安全、社会秩序、经济建设和公众利益构成较严重威胁、造成较严重影响的网络与信息安全事件。

一般事件，是指除上述情形外，但能对国家安全、社会秩序、经济建设和公众利益构成一定威胁、造成一定影响的网络安全事件。”①

二、预警的流程

对网络空间安全事件进行预警时，要遵循特定的严格程序，总体来看主要有安全监测、扩散判断、威胁判断、范围判定、预警内容确定、发布权限界定、发布警报、警报跟踪等 8 个步骤，其流程如图 10－1 所示。

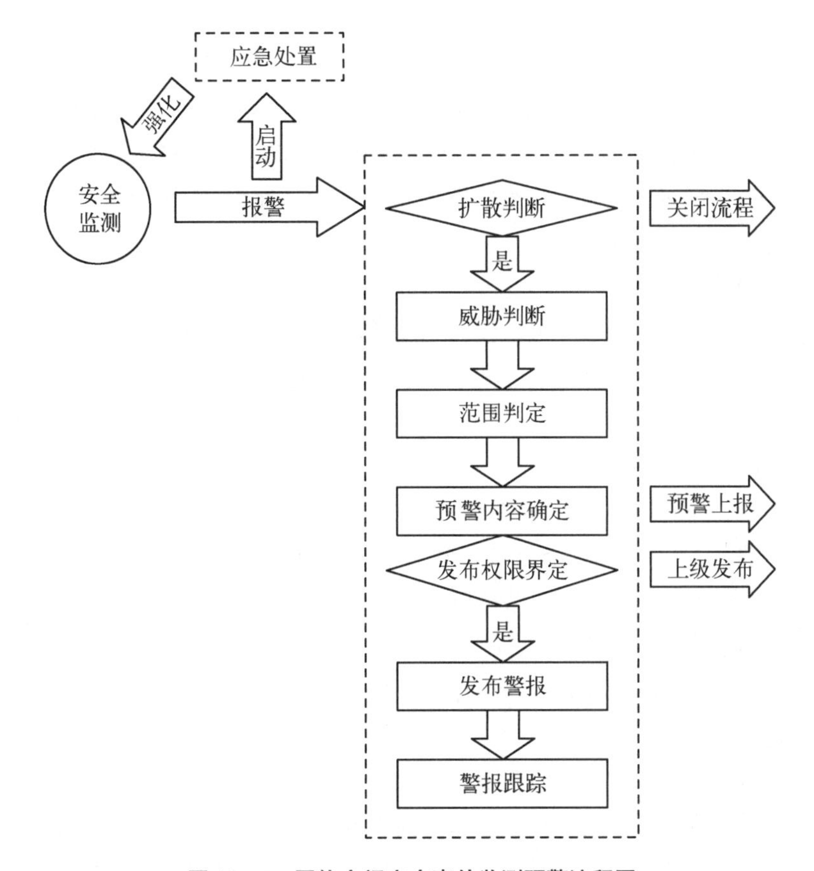

图 10－1　网络空间安全事件监测预警流程图

① 参见 2017 年版《国家网络安全事件应急预案》总则 1.4 款“关于事件分级”。

（一）安全监测

网络空间安全监测是一项持续不断的工作，当出现可能造成事件的风险时，则发出报警。对网络空间安全进行监测需要多种手段相结合，这些手段包括技术手段、管理手段以及情报共享。技术手段是指通过专门的信息安全监控技术对安全进行监测，如网络入侵技术、检测模型、审计分析策略等，通过技术安全监测，从信息检查中获取有关特征信息。管理手段是指通过建立一系列规章制度及时有效地对安全情况进行掌握，如情况报告制度、安全检查制度等。情报共享是指通过与其他组织建立信息共享渠道，以获取与本组织网络空间安全运转的相关的情报。

符合报警的条件有两个：一是可以预见即将出现安全事件时；二是已经出现其他安全事件后。可以预见即将出现安全事件时，是指通过监测各类信息，比对各类安全事件一般特征可以预见其即将出现，如监测发现可能存在网络攻击、有害程序、信息破坏、病毒传播，或已监测发现僵尸网络、信息泄露、漏洞攻击等情况。在这种情况下应通过启动应急处置子流程并同步进行预警分析研判。已经出现其他安全事件，是指厂商或企业对其同网络空间安全相关产品进行漏洞或脆弱点发布，如微软公司对其操作系统漏洞的发布，或是其他组织对已发生网络空间安全事件进行了通报。当符合此类条件时也应进入预警分析研判过程。

（二）扩散判断

当通过安全监控发现同安全事件相关的信息后，应对可能出现的安全事件或风险进行扩散判断，以此确定事件是否会扩散漫延，如果不会进行扩散则是本组织系统的内部安全事件，不需要进行预警信息的发布；如果会进行扩散则应进入威胁判断环节，为发布预警信息做好准备。

符合以下条件的安全事件不具备扩散性，不需要对其发布预警信息。这些条件包括：厂商或企业发布其同网络空间安全相关产品的漏洞或脆弱点，但本组织未使用该产品；其他组织因不可抗拒的因素如自然灾害或事故灾难引发的网络与信息安全事件，但本组织不受该情况影响；其他单位发生因管理漏洞、内部人为破坏、设备设施老化故障等问题而引发的安全事件。

符合以下条件的安全事件具备扩散性，应对其发布预警信息：厂商或企业发布其同网络空间安全相关产品的漏洞或脆弱点，而本组织正在使用该产品，且本组织网络系统没有与其他网络进行严格的物理隔离；其他组织发生因软件漏洞引发的网络与信息安全事件；其他组织发生病毒、蠕虫、僵尸网络等有害程序传播事件；其他多个组织连续发生恶意网络攻击事件。

（三）威胁判断

对网络空间风险可能带来的威胁程度进行判断，需要从两个方面来加以判定：引发安全事件的概率与安全事件爆发后可能的损失。

引发安全事件的概率，可以根据其可能性作出定性或定量判断，如是定性判断可分为极高、高、低、很低等4个级别，如是定量判断可划分为10个等级，可依据其可能性从0至9赋予威胁指数，以表示其相对威胁的大小。事件发生的可能性大小依据两个因素进行衡量判断：缺陷（如漏洞）是否可以远程利用，存在缺陷的产品是否与互联网相连接。如果缺陷可以被远程利用且产品连接互联网使用，则发生安全事件的可能性就大。如果缺陷不可以被远程利用且产品与互联网进行了物理隔离，则发生安全事件的可能性就小。

根据信息安全事件分级标准，可将安全事件的损失分为4个等级：特别重大事件、重大事件、较大事件和一般事件。同时可根据安全事件爆发后，可能引发的损害程度对其进行安全等级划分。

（四）范围判定

网络空间安全风险的范围判定，是预警的重要内容，它关系到安全警报的发送范围。在确定安全事件爆发的可能范围时，应主要考虑两个问题：一是使用该类含有漏洞的产品的范围有多大，对于所有有可能使用该产品的网络与信息系统都存在同样的安全风险，应将其列入安全警报发生范围；二是该类含有漏洞的产品其影响范围有多大，对于使用该产品的网络与信息系统，要充分判定因为它的漏洞而对整个系统安全带来的影响是局部的还是整体的。

（五）预警内容确定

预警的内容主要包括：安全事件的类别、预警的级别、预警的起始时间、事件可能影响的范围大小、预警的相关事项、主要的应对措施和预警发布单位等。

安全事件类别，是指安全事件属于哪一类型的事件。目前，信息安全事件可分为：有害程序事件、网络攻击事件、信息破坏事件、信息内容危害事件、设备设施故障事件、灾害性事件以及其他安全事件，可依据此划分对安全事件类别进行区分，也可以更为详细地指出安全事件的性质，如计算机病毒事件、网上串联事件、煽动集会游行事件等。

预警级别，是指预计风险可能造成的损害程度。可根据事件爆发后可能对社会的危害程度及影响范围等因素，将安全事件划分为四级，从高到低依次为一级（红色）、二级（橙色）、三级（黄色）和四级（蓝色）。

预警事项，是指该风险可能造成危害的性质、特点及需要关注的其他问题。

应对措施，是指针对风险及可能爆发的安全事件，采取的必要的防范措施，这包括事前的预防措施，如加强监测、漏洞修补等，也包括事后可能需要的保障，如人力、物力的准备。

（六）发布权限界定

在确定网络空间安全预警内容后，还需要对该预警信息的发布权限进行界定。根据国家《突发事件应对法》，不同级别的组织或单位拥有不同的级别的预警发布权限。同样，网络空间安全风险的预警信息的发布权也必须依据各级的权限进行合理划分，否则就会引发混乱，造成资源上的浪费。

预警单位在对预警信息级别作出判断后，对照权限规定，属于本级可以发布权限范围内的应当立即发布，超出单位的权限，则应将预警信息向上级报告，由上级再次对其进行发布权限的界定，当评估预警级别超出本级权限则上报再上一级处理。

（七）发布警报

在明确预警信息发布的级别后，应立即发布警报。可利用多种渠道进行发布，如互联网、广播、电视、公文等。

（八）警报跟踪

在警报发布后，发布单位应继续对安全风险进行跟踪关注，及时掌握威胁的动态变化，根据情况适时对警报内容进行修改调整，如改变预警级别、调整警报发布范围或解除警报等。

第四节　网络空间安全事件处置

应急处置是指网络空间安全事件发生后，对安全事件进行确认，并通过多种手段抑制危害、根除危害的过程。应急处置是网络空间安全事件应急响应的关键步骤，其处理的好坏直接关系到能否有效应对安全危害。

一、网络空间安全事件处置的指挥机制

为科学高效地针对网络与信息安全事件开展应急处置，必须充分调动各种资源和有关机构、人员共同协同应对。网络空间安全事件处置的指挥，直接关系到突发事件能否被及时处理。在网络空间安全事件处置的过程中，应急指挥机构针对一系列关键工作内容应建立配套的工作机制。网络空间安全事件应急指挥的主要阶段包括情报会商、应急决策、资源协调、指挥实施等。

(一) 情报会商

当发生网络空间安全事件时,应急指挥机构应召集各成员单位、事发单位、其他相关单位及专家顾问队伍,通报网络空间安全事件及其他情况,研究事件发生的原因和路径并商讨可能的应急处置措施。情报会商可根据实际条件,采取现场、视频会议系统、电话会议系统、网络平台等渠道进行。

通过建立情报会商机制,能够充分利用专家智力。在开展情报会商时,可根据需要建议配套的技术支撑系统,或对已有的应急指挥系统升级,扩展相应的功能和基础知识库。

(二) 应急决策

当完成对事件原因和路径分析并提出可能的应对措施后,应急指挥机构组织各成员单位、事发单位、专家顾问队伍及外部技术支持队伍应及时研究并作出决策,确定最佳应对方案。应急决策不应仅从技术因素考虑,还应充分考虑事件应急处置可能造成的其他方面的影响,例如资源消耗情况、事件可能带来的不良社会影响等。

应急决策机制是为了确保应急指挥机构能够最大程度借助于专业力量、在各类复杂事件应对中作出最佳的决策。应急决策机制,应是与事件应急处置直接相关的重要机构和人员能够通过各种渠道参与决策过程,并确保各参与决策的人员能够及时获得必要的事件信息。

(三) 资源协调

当明确事件应急处置方案后,应急指挥机构需要根据事件处置的需要,调动所属人力、物力、财力资源,在必要的情况下,还需协调外部资源。

资源是否能够及时保障是网络与信息事件应急处置工作能够顺利开展的重要基础。因此必须事先做好内部资源准备,并规定各所属机构、人员职责、动员和联络方式,对于外部人员、物力资源,则需通过签订合作协议或其他方式,建立资源协调共享的机制及实际操作流程。

(四) 指挥实施

在完成资源准备后,应急指挥机构将组织开展技术处置、外围保障、信息披露等多项任务。应明确各项工作主要责任单位的职能分工,并建立相应的信息交互和人员调配机制,使得各项工作能够在应急指挥机构的统一指挥协调下快速、有序开展。

二、网络空间安全事件处置的流程

在对网络空间安全事件进行处置时主要包括事件确认、危害抑制、危害根除等3个步骤。

（一）事件确认

事件确认是进行应急处置的第一步，一旦启动了应急处置流程后会调动耗费多方资源，因此对警报信息应力求准确，必须首先对安全事件进行可信性、准确性确认。警报信息来源一般有3个：1.来自上级或同级发布的通报；2.运行维护人员发现信息系统在运行系统中存在问题；3.用户或网民的投诉建议。不同的警报信息来源其可信度和准确度也不一样，一般来说来自上级或同级的发布可信度最高，其次是运维人员，再次是终端用户。事件确认要关注两个方面：一是信息安全事件的类型；二是信息安全事件的程度，参照既定标准对信息安全事件进行定级，以便后续采取具有针对性的应对措施。同时，将网络空间安全事件的相关情况进行搜集、整理，及时上报有关主管部门。

（二）危害抑制

危害抑制的主要目的是限制危害的扩散范围，抑制潜在的或进一步的网络攻击或破坏。危害抑制应力争阻止入侵者访问被攻陷的网络系统，防止入侵者进一步破坏。从技术手段上看，抑制阶段主要可以从物理层、网络层、系统层、应用层和内容层开展行动。

1. 物理层抑制

物理层的抑制主要是从物理上切断受破坏计算机或信息系统与外界的联系。具体可采取以下措施：关闭主机或服务器，避免主机进一步受到破坏；关闭网络连接，关闭网络设备或切断线路，避免有害信息或程序通过网络传播扩散。遇有重大网络安全事件时，可在特定区域采取断网措施；提高物理安全等级，针对人为物理破坏，主要是加强出入机房的人员身份验证和加强物理访问控制；环境安全抑制，针对环境安全威胁，主要采取停电时启用备用发电机，水灾时启用排水设备，火灾时关闭防火门、启用消防设备等。

2. 网络层抑制

网络层的抑制行动主要是加强网络管控，防止有害信息在网络上随意流动。具体可采取以下措施：网络边界过滤，设置网络边界设备的过滤规则，对有害代码或信息进行阻隔，减少其流通传播；网络延迟，采用识别技术，降低恶意代码在网络中的传播速度，为消除信息危害争取宝贵时间；网络监控，提升网络入侵检测系统的检测级别和检测范围，对网内数据采取更为细致的监控行动。

3. 系统层抑制

系统层的抑制主要是增强系统的安全性能，防止恶意代码对系统进行大规模破坏。具体可采取以下措施：维护系统账号，对被攻击的系统账号实施删除或禁用，对攻击者的IP地址进行屏蔽，防止攻击者采取进一步的攻击行动；提高系统监控级别，对系统内数据采取更为细致的监控行动；改变用户口令；停止共享文件；暂时关闭已被攻陷的系统。

4. 应用层抑制

应用层的抑制主要是增强应用软件的安全性能，防止恶意代码对系统进行破坏。具体可采取以下措施：维护应用账号，限制违规的账号的使用，防止攻击者采取进一步攻击行动；关闭应用服务，杜绝应用服务遭受恶意程序影响，或防止已受感染的应用程序向系统发送恶意程序；设置陷阱，针对恶意攻击行为，启用蜜罐陷阱系统，将攻击者引入陷阱系统，为后续追踪溯源工作保留证据。

5. 内容层抑制

内容层的抑制主要是针对网络有害信息，控制其传播范围，通常采取关闭评论、删除帖子、加强内容监控等手段实现。

（三）危害根除

危害根除的目标是在网络空间安全事件被抑制后，对恶意代码、信息内容、设备障碍等进行分析，找出网络空间安全事件根源，并给予彻底清除。从技术手段上看，根除阶段主要可以从物理层、网络层、系统层、应用层和内容层展开行动。

1. 物理层根除

物理层的根除主要是对硬件设备进行更换维修，使损坏的硬件设备能正常运行。具体可采取以下措施：对主机或服务器进行维修或更换；对网络设备进行维修或更换；对已被破译的硬件加密设备进行升级或更换；对支撑设备进行维修或更换，针对环境安全威胁，如对老化的线路进行线路改造，添置备用发电机、更换消防设备、排水设备等。

2. 网络层根除

网络层的根除主要是清除网络上有害信息或恶意代码的传播。具体可采取以下措施：在统一的指挥下对感染恶意代码的网络边界设备、网关过滤设备等进行出厂化设置，从硬件上彻底清除恶意代码；增强防护功能，复查所有的网络措施防护配置，并依照不同的入侵行为进行调整，对未受防护或防护不够的网络增加新的防护措施；提高网络监测功能，对网络入侵检测系统存在的漏洞打补丁、改错误，以保证将来对类似入侵进行检测；对可以实施破坏的攻击者实施网络反击。

3. 系统层根除

系统层的根除主要是清除操作系统中的恶意代码。具体可采取以下措施：改变全部受到攻击的系统口令；重装系统，并对系统进行及时打补丁、修正系统错误；阻断所有入侵通路，更正入侵者在系统中进行的修改；提高网络监测功能，对网络入侵检测系统存在的漏洞打补丁、改错误，以保证将来能对类似入侵行为进行检测。

4. 应用层根除

应用层的根除行动主要是对应用软件中的恶意代码进行清除。具体可采取以下措施：更新杀毒软件补丁，并对系统全盘进行彻底扫描，清除恶意代码；恶意代码已经破坏严重的应用程序卸载后重新安装，或使用替代软件进行安装；对应用程序进行及时更新，修改程序错误、填补漏洞。

5. 内容层根除

内容层的根除主要是对错误信息进行批驳，清除人们头脑中的错误信息。所采取的措施为通过网络、电视等多种媒体对有害信息的错误观点进行逐条批驳，更正人们思想认识的误区。

第五节　网络空间安全事件恢复

网络空间安全事件恢复，是指在对安全事件进行应急处置后，对系统恢复还原及经验总结。恢复工作应在事件发生后立即进行，可以先使系统恢复到相对安全的基本状态，然后逐步恢复到正常状态。网络空间安全事件的恢复主要有3个步骤：系统恢复、经验总结、信息披露。

一、系统恢复

系统恢复的目标是将受到侵害的信息系统或信息恢复还原到正常状态。这一阶段需要做的工作主要有具体5项：信息记录、整改措施、恢复还原、系统测试、入侵追踪。

（一）信息记录

就是搜集和分析各种日志记录和监控设备记录，以便事后追责时作为证据使用，包括：分析系统数据，检查网络状况及记录文件系统状况三方面内容：

1. 分析系统数据。应对系统内核、相关应用程序、配置文件、关键数据库等进行分析检查，并记录系统在安全事件爆发期间的一系列状态和历史记录，对其进行分析判定，以确定通过该系统获取的历史数据具有可靠性。

2. 检查网络状况。充分利用多种技术对网络数据进行搜集，搜集的内容包括管理员的日志文件、报警信息和错误报告、网络性能统计报告等。应特别关注一些异常行为，如：网络性能的异常、网络流量的异常、过于频繁的建立连接请求、重复多次的失败连接尝试、未经授权的扫描和探测、与协议不符的数据包等。

3. 记录文件系统状况。需要检查记录的文件系统变化包括修改、创建或删除目录和文件，尤其是机密数据文件和关键配置文件的变化，这些都需要记录并加以分析。

（二）整改措施

就是评估事件造成的影响和损失，找出事故前后系统的指标差异，并采取措施，在对事件分析的基础上，提高系统的安全性。通过对安全事件所造成的损失进行全面的评估，这些损失包括直接损失和间接损失，了解不同安全事件的原因，便于更好地发现系统的漏洞，提出下一步的整改措施，从而使系统安全性得到增强。通常情况下，发生安全事件可能是在技术方面或管理方面出了问题，也可能是两方面都出了问题。技术方面的问题需要找出漏洞所在，并打好相应的补丁，如果没有补丁，则需要对这一漏洞进行监控，并研究降低风险的办法。同时，还需要进一步研究有没有类似的漏洞存在。管理方面的问题则需要考虑修改管理策略、规则，或者建立新的机制，消除存在的风险。

（三）恢复还原

就是对遭到毁坏的信息系统或数据进行重新恢复。通过前期的备份准备，网络空间中的各种数据都可以被备份，在事件发生后就可以根据前期不同的备份方式采取相应的恢复措施，对信息系统或数据进行重新恢复。在安全事件发生后，服务器的数据遭到破坏的情况下，可以通过另一个服务器的数据进行完整的实时恢复。

（四）系统测试

就是对恢复后的系统或信息再次进行测试，以检查验证系统是否恢复到正常状态。

（五）入侵追踪

就是对因恶意入侵而导致安全事件发生的行为进行源头查找，通常是指发现 IP 地址、MAC 地址或是认证的主机名，以确定攻击者的身份。并非所有入侵都需要进行追踪，需要考虑因追踪而泄露安全事件对自身造成声誉损失，同时还应考虑追踪入侵的性价比，因为网络空间安全事件可能会有很多，对每一个事件进行入侵追踪势必花费大量的时间和资源。

二、经验总结

总结的目的是对网络空间安全事件处置过程中存在的问题和取得的经

验进行系统梳理，以提升应对网络空间安全事件的能力。总结应包含以下几方面内容：

（一）查找事件发生的原因。主要是总结造成事件发生的技术原因，以及深层次的管理原因，例如预防工作有欠缺，安全保障不到位，未按照有关要求做好系统安全评估并及时发现安全隐患、账号口令管理不到位，存在大量弱口令或口令共用等。

（二）记录事件发生的表象。找出跟以往其他类似事件的异同，掌握同类安全事件的不同外在特征，并进行归档记录。

（三）梳理应急处置过程中存在的问题或经验。例如应急处置是否存在事前准备不充分的问题，是否存在人员责任不明确、人员对自身职责不清楚、技术人员操作不熟练、演练不充分等。

（四）估算网络空间资产的损害程度。

（五）评估事件产生的影响和导致的损失。

（六）提出预防和处置的改进意见、建议。

三、信息披露

信息披露，是指在安全事件处理完毕以后，为了避免事件被误传或讹传，将有关情况对公众公布通报。网络空间安全事件的信息披露应注意以下几点：

（一）选择好信息披露的时机。信息不能过早公布，过早公布不利于进行应对处置，也容易引发公众恐慌心理；同时，信息也不能公布太晚，太晚不利于提高公众防范意识，消除公众误会。选择合适的时机进行信息披露可以较好地降低网络空间安全事件引发的负面影响，有利于稳定公众情绪。

（二）权衡好信息披露的内容。对于一些敏感的信息或敏感的处理措施，以及涉及国家秘密的内容应要慎重进行对外公布，对于一些能安抚公众情绪，提高公众防范意识的信息可以对外公布。

（三）统一好信息披露的口径。对外公布时，应由指定部门或指定发言人按照既定要求进行信息披露，其他人员不能对外发布信息或接受采访，更不能对外公布与既定公布内容相左的信息，以防公众出现思想混乱。

第十一章　网络空间安全管理国际合作

网络空间安全是全球性挑战，没有哪个国家能够置身事外、独善其身，任何一个国家都无法依靠一己之力有效遏制网络攻击和网络犯罪等活动，维护网络空间安全是国际社会的共同责任。建立并完善新型网络空间安全体系，确保真正实现世界范围内的网络空间安全，需要各国联合起来，在相互尊重、相互信任的基础上，加强和深化网络空间安全管理国际合作，凝聚共识，相互协作，密切配合，共同维护网络空间的和平与安全。

第一节　网络空间安全管理国际合作的目的与特点

国际合作是实现国家政治、经济及其他目标的手段，合作本身不是目的。① 网络空间安全管理国际合作也不例外，它是实现各国利益需求的手段和方式，有其固有的目的和鲜明的特点。

一、网络空间安全管理国际合作的目的

网络空间安全管理国际合作的目的，概括起来就是维护国家安全、拓展国家利益、确保网络安全和提高管理能力。

（一）维护国家安全

维护国家安全是网络空间安全管理国际合作的根本目的。当前，网络空间安全已经严重影响国家安全，以美国为首的世界网络强国和网络大国均高度重视网络空间安全问题，纷纷采取多种形式开展国际合作，以应对网络空间安全形势变化及其管理方式转变带来的新问题，国家随之成为网络空间安

① 李学保.当代国际安全合作的探索与争鸣[M].北京：世界知识出版社，2006：66.

全管理国际合作的主要行为体。比如,美国高度重视网络空间国际合作,不但专门出台了《网络空间国际战略》阐述其政策策略,并在《确保网络安全国家战略报告》《网络空间行动战略》等网络空间战略性文件中,都有专门的章节阐述其国际合作政策和措施。以国家为主体开展的网络空间安全管理国际合作,必然会从国家立场出发,以维护国家安全为首要目标。实际上,网络空间安全管理国际合作的首要目的,也就是要防范和控制网络空间安全事件对国家政治、经济和文化安全所造成的损害。

1. 利用网络空间安全管理国际合作维护国家政治安全

掌握网络空间的控制权是维护网络空间安全乃至国家安全的最有效手段,也是当前和未来很长一段时间内大国角逐和争霸网络空间的焦点。网络空间安全管理的国际合作,必然会从不同侧面反映出各个国家在网络空间的政治安全诉求。从一定意义上看,作为新兴领域的网络空间安全管理国际合作,既可以是维护网络空间安全和强化网络空间安全管理的协作,也可能是在国际合作中重塑网络空间秩序和明晰网络空间安全管理主导权的博弈。

2. 利用网络空间安全管理国际合作维护国家经济安全

网络与经济的融合起步最早、程度最深,网络经济已经成为各国经济发展的一个新的增长点,与网络空间的政治利益相比,各国在网络空间的经济利益更为直接、更为突出,因而利用国际合作维护各自在网络空间经济利益的动力也就更为强大。此外,网络空间安全事件尤其是网络空间经济犯罪活动,常常具有跨国性和联动性,对各国经济秩序稳定和持续发展带来了无法忽视的负面影响,往往会造成巨大的经济损失。有统计显示,互联网犯罪在全球每年造成的经济损失高达数千亿美元。巨额的经济损失和对经济秩序的威胁,也是吸引各国积极开展网络空间安全管理国际合作的重要因素之一。客观上,各个国家在全球化的网络空间经济犯罪面前,都不可能做到静守一隅、独善其身,只有通过加强网络空间安全管理的国际合作,才能更好地保护各自的网络空间经济利益。

3. 利用网络空间安全管理国际合作维护国家文化安全

网络空间是信息交流最便利、最快捷的手段,已经逐渐成为人们工作、生活和娱乐的重要平台,是文化繁荣的新阵地、交流合作的新纽带、国家主权的新疆域。不同民族、不同国家的文化正在或已经不折不扣地映射在网络空间,形成了具有鲜明时代特征的新型网络文化,并与传统文化相互影响、相互作用,重塑着不同的民族文化和国家文化。与此同时,网络空间作为全球互联互通的媒介和新领域,不同文化必然会产生交流、碰撞甚至冲突,并有可能产生影响广泛的网络空间安全事件,对网络空间安全管理带来巨大挑战。世界各国开展网络空间安全管理国际合作，在解决由于不同文化所造成的网络空间安全问题的同时，维护各自国家的文化安全自然成为重要目的之一。

（二）拓展国家利益

网络时代，国家发展利益与网络空间的融合越来越紧密，传统的国家利益正快速向网络空间拓展，世界网络强国和网络大国对网络空间所承载和映射的国家利益高度重视。美国就明确表示，“美国 21 世纪的繁荣取决于网络空间”，并将网络空间置于与核、太空同等重要地位，作为确保美国的国家安全和战略利益的三大基石之一。国家作为主要的行为体，在实施网络空间安全管理国际合作的过程中，必然会紧盯新兴领域所提供的难得机遇，高度重视并争夺其中蕴含的包括国际地位、话语权、控制力等在内的潜在发展利益，力争在新兴领域拓展国家利益。

1. 拓展国家传统利益

国家传统利益向网络空间的渗透是不可逆转的客观事实，网络大国已经在网络空间展开激烈博弈，争夺国家利益的最大化，由此产生的冲突与矛盾不可避免。通过网络空间安全管理国际合作，可以在协调各方利益的基础上，加速推动国家利益向网络空间的有序拓展。比如，在国家主权利益方面，可充分利用网络空间安全管理国际合作机制，以非对抗的方式，形成与国家传统利益相近或基本符合预期的网络空间利益；再比如，在民族文化利益方面，既可以有效利用网络空间安全管理国际合作平台，扩大民族文化影响，拓展民族文化生存空间，也可以与网络文化霸权进行斗争，抵制意识形态渗透乃至文化侵略。

2. 拓展国家发展利益

国家发展利益攸关国家未来，网络空间作为最具发展前景的新领域，孕育着无限发展机遇。世界强国已经在网络空间展开激烈争夺，力争谋取更大的发展空间和利益。网络空间安全管理国际合作，可以通过既斗争又合作的方式，让不同国家的利益诉求得到基本满足，为各个国家在网络空间的利益划定相对清晰的边界，使每一个国家都拥有与其发展需求相适应的网络空间利益。实际上，对网络空间话语权的掌握程度、对网络空间利益拓展期望值的大小等因素，都会影响到各个国家参与网络空间安全管理国际合作的态度和力度，以及借机拓展国家未来安全、稳定发展的利益空间的政策与方式。

（三）确保网络安全

确保网络安全是网络空间安全管理国际合作的重要目的。网络空间将世界各国愈来愈紧密地联结为一体，网络空间已经成为世界各国、不同组织和个人信息交流的主要平台和媒介，推动着整个世界快速变化，促使“地球村”的设想逐步从概念走向现实，构建“网络命运共同体”成为新的方向，并给世界带来可以无限想象的发展空间。但是，需要认识到，这一切的便利都有赖于网络空间的安全和稳定，没有安全稳定的网络空间作为基础支撑，网络时代的所有“上层建筑”都将是脆弱的和虚幻的。网络空间是一个人造空间，在安全上存在着无法完全克服和避免的固有缺陷，必须通过网络空间安全管理尤其是网络空间安全管理国际合作，在世界范围内形成齐抓共管网络安全的顺畅机制和良好局面，齐心协力夯实国际网络安全的基础。

1. 协同监视控制网络空间变化，及时掌握网络空间运行状况和安全隐患

实时掌握网络空间态势变化，是网络空间安全管理的基本前提。以互联网为代表的网络空间分布范围之广、构成环节之多、使用对象之杂、动态变化之快，已经超出了单个国家、单个组织的掌控能力，需要通过国际合作强化监控网络空间运行，创造条件或搭建平台让不同国家、组织之间及时交换各自网络空间态势信息，形成较为准确的、具有较强整体性的国际网络空间态势。进而，以国际合作为依托，合力感知国际网络空间态势变化，排查网络空间安全隐患，查找网络空间威胁苗头，及时发出网络安全态势预警，强化网络空间安全管理。

2. 协同行动完善网络空间系统，不断增强网络空间安全管理整体性

网络空间既是客观存在，是陆、海、空、天之外的“第五维空间”，也是人造环境，具有难以克服的固有缺陷。比如，程序漏洞就是网络空间系统最为典型的固有缺陷，也是网络空间无法克服的先天性“顽疾”。有统计显示，每1 000行代码中就存在1个漏洞。网络空间系统运行所依赖的软硬件系统，包含着数量庞大的程序代码，也就潜藏着难以计数的漏洞。更为重要的是，网络空间系统中的“蝴蝶效应”非常明显，局部发生问题，很可能会在意想不到的地方、以意想不到的方式表现出来，最终产生意想不到的后果。而且，网络空间系统越复杂、范围越广阔、交互越紧密，“蝴蝶效应”越明显，破坏效应和损失也越难估量。实际上，这还只是威胁网络空间安全的一个因素，如果加上系统之间的关联影响、人为恶意破坏等因素，网络空间系统安全面临的威胁会更多样、更复杂。应对这种局面，就必须充分发挥国际合作的优势，针对网络空间存在的隐患和出现的问题苗头，及时预警并协同行动，以协调一致的网络空间安全管理行动，防范和应对局部或某类网络空间系统出现的个别问题，有效控制其影响范围，从而强化网络空间安全管理的整体性，达成稳定网络空间系统的目的。

3. 协同响应网络空间突发事件，及时管控网络空间安全事件态势发展

网络空间四通八达、相互交融，往往不受传统的国界所制约。日益频繁的网络病毒大规模爆发、网络空间跨国犯罪等网络空间安全事件突发性强、影响范围大，有时会在几个国家甚至更多国家产生破坏作用。比如，多次发生的具有世界影响的“冲击波”“疯牛”等病毒事件，以及多家银行数据被篡改、资产被窃取事件，都造成了较为严重的损失。一定程度上，在应对网络空间突发事件时，网络空间安全管理也存在着较为明显的“木桶效应”，甚至可能存在与“蝴蝶效应”相互作用、相互推动而导致事态迅速失控的潜在风险。而网络空间安全管理国际合作，则可以增强网络空间安全管理的体系性，调动各个国家、不同组织的力量，敏锐觉察网络空间突发事件症候，实时掌握其发展变化，协力研发应对手段并及时运用，将影响控制在一定时间、一定范围之内，以国际合作所形成的整体合力迅速处置网络空间安全事件尤其是跨国网络空间安全事件，进而打造高效的网络空间安全管理体系，有效维护网络空间稳定。

（四）提升管理能力

提升管理能力是网络空间安全管理国际合作的直接目的。网络空间庞大复杂，且是一个快速发展变化的新兴领域，网络空间安全问题和网络空间安全管理问题的研究、实践都带有很强的探索性、创新性，通过网络空间安全管理的国际合作，既可以不断加强交流研究成果和实践经验，有效提高不同国家和组织对网络空间安全管理的认识水平、创新能力和实际操作能力，又可以深入研究解决网络空间安全管理的体系构建、机制运行、合作模式等新问题，探索高效实施体系化网络空间安全管理的最佳途径。

1. 加强网络空间安全管理国际合作，可以提高网络空间安全管理的理论研究能力

每个国家、不同组织所管理的网络系统的规模、结构、特点都不完全相同，所面临的网络安全问题也不完全一样，在网络空间安全管理方面的认识水平、理解深度、实际需求、研究能力也必然是不同的，这就需要通过国际合作来提高对网络空间安全管理的理论认知和创新研究能力。实际上，在网络空间安全管理方面，不同国家、组织在不同程度上都有国际合作的潜在需求和内在动力。通常情况下，网络强国和网络大国的网络空间技术相对发达，网络空间安全管理的理论研究起步较早、认识程度较深，但面临的网络空间安全和网络空间安全管理问题也更多、更难、更严重和更迫切，如美国就是典型代表。反之亦然，网络空间基础设施差的国家也有自身的优势和弱点。可以肯定的是，仅仅依靠个别国家或者个别拥有超级权力的组织，并不能真正

全面、深入研究网络空间安全管理所面临的每一个新问题，必须通过加强网络空间安全管理的国际合作，在一定的机制下，将最新的理论研究成果进行共享，并针对网络空间安全管理的模式、流程、技术需求等重难点问题，分工合作、集思广益、集智攻坚，才能不断推动网络空间安全管理的理论创新。

2. 加强网络空间安全管理国际合作，可以提高网络空间安全管理的技术创新能力

网络空间是当前最具活力也最为活跃的领域之一，既是汇聚人类智慧和各种奇思妙想的集散地，也是最难驾驭和最难掌控的"模糊地带"，由此而带来无限的机遇和各种意想不到的挑战。网络空间安全管理技术要有效应对这种挑战，就必须与网络空间技术一样具有更多"异想天开"式的新思路、新点子，必须具有更强的创新发展能力，否则，就很难及时跟上网络空间安全的新变化，更遑论对其进行有效管理。通过网络空间安全管理国际合作，可以利用一定的交流平台和运行机制，调动显性或隐性存在于各个国家、不同组织中网络空间安全管理最优秀的人才，碰撞和捕捉最新的灵感，探索和研究最佳的方法，发展和验证最好的技术，将网络空间安全管理技术方面的各种各样的灵感火花与基础技术进行恰当融合，不断推动网络空间安全管理技术的持续创新，为网络空间安全管理奠定坚实的技术基础。

3. 加强网络空间安全管理国际合作，可以提高网络空间安全管理的实践活动能力

一方面，通过国际合作可以充分交流实践经验。网络空间安全管理具有很强的实践性，需要在具体的活动中锻造、提升管理能力。每个国家、组织在局部范围内开展的网络空间安全管理实践活动，都会积累一定的实践经验。利用国际合作提供的平台进行实践经验交流，可以相互学习、相互借鉴，共同提高网络空间安全管理实践活动能力。另一方面，通过国际合作可以探索实施网络空间安全管理的联动机制。网络空间安全管理具有体系性、系统性，需要参与主体在实践活动中密切配合、协同行动，共同应对网络空间安全的潜在威胁，共同处置网络空间安全事件，以联动机制将不同参与主体的相关行动协调、统一起来，真正将网络空间安全管理事项落实到具体问题、具体事件的处理过程中。客观上，网络空间安全管理参与主体多元、影响因素众多、联动机制复杂，这就需要通过国际合作提供的平台和机制，不断探索、完善和发展基于共同利益的网络空间安全管理联动机制，最终将网络空间安全管理的理论研究和技术创新成果及时应用到具体实践活动中，形成真正高效、完备的网络空间安全管理体制机制，保障和推动网络空间安全管理实践活动能力的持续提升。

二、网络空间安全管理国际合作的特点

网络空间安全属于新型领域安全，既涉及军事威胁、领土争执、主权争议、国防建设等传统领域安全，也涉及经济安全、社会动荡、跨国犯罪、恐怖主义等非传统领域安全。因此，网络空间安全管理国际合作的特点，可以视为传统安全领域国际合作和非传统安全领域国际合作特点在一定程度上的融合与发展，表现出较强的政治性、跨域性、广泛性、多元性和多样性。

（一）政治性

政治性是指网络空间安全管理国际合作往往带有较强的政治目的。当前，网络空间还是一个尚未被充分开拓的新领域，加之其与各个领域的深度融合，因而充满着机遇和无限可能。随着传统的政治、经济、军事、文化不断向网络空间延伸和拓展，国家、组织和个人的利益诉求也映射在网络空间之中。其中，在网络空间追求和维护国家安全利益、发展利益等政治追求，成为各个国家在网络空间"跑马圈地"的重要源动力，网络空间自然而然地逐渐成为国家利益博弈的新战场。解决冲突就需要合作。

从网络空间安全管理的角度来看，国家成为参与当前国际合作的最主要行为体，其国际合作行为就必然在不同程度上反映各国在网络空间的政治诉求，如国家战略安全、网络主权完整、网络国防稳固等，这就会导致网络空间安全管理势力带有较强的政治性。实际上，网络强国已经在网络空间以各种名义和方式开展了大肆"开疆扩土"、争夺和维护网络霸权、拓展网络"势力范围"等一系列具有很强传统政治色彩的实质性行动，国际合作已经是其重要的活动之一。与此同时，网络空间安全管理国际合作也会从另一个侧面反映这种现状，无可避免地带有较强的政治性特点。

（二）跨域性

跨域性是指网络空间安全管理国际合作贯穿政治、经济、军事、文化和陆、海、空、天等各个领域。这种跨域性是由网络空间及其安全的渗透性所决定的。网络技术的快速发展，推动网络空间不断拓展并逐渐渗透到国家政治、经济、军事、文化等领域。这种渗透促使网络空间安全既体现为网络空间本身的稳定和有序运行，同时又是各个领域安全在网络空间的映射。客观上，网络空间安全与各个领域安全已经逐步在一定程度上形成相互影响、相互作用的"共生"关系。此外，随着"物联网""智慧地球""云计算"等网络空间技术的不断发展和网络空间范围的不断扩大，这种关系还将进一步强化。

从国际合作的角度来看，网络空间安全管理需要协调各个国家、地区和国际组织中有关的力量，在政治、经济、军事、文化等各个层面共同实施网络

空间安全管理。另外,网络空间与传统陆、海、空、天各个空间的紧密融合,也让网络空间安全管理国际合作从单一传统空间合作,向各领域共同合作的方向发生转变,这也进一步凸显了网络空间安全管理国际合作的跨域性。

（三）多元性

多元性是指网络空间安全管理国际合作参与主体不仅包括各个国家,还包括科研院所、企业、各类组织甚至个人。当前,网络及其安全管理还处于初级阶段,网络空间的规则和秩序有待进一步塑造和规范,网络空间安全中的网络主权、网络国防等还需要进一步明晰。可以肯定的是,随着网络空间的进一步发展,网络空间规则将逐步明晰,网络空间秩序将逐步规范,网络空间安全中的系统安全、技术安全等非传统安全因素将更为重要,参与网络空间安全管理国际合作的行为体也将日渐增多。

在国家作为主要参与者的地位不断增强的同时,各类科研机构和专业组织也将发挥着越来越大的作用,使网络空间安全管理国际合作的多元性特点更加突出。特别是随着网络空间逐渐渗透到人们工作、生活、学习的各个方面,网络空间安全也会对各类社会组织甚至个人安全产生越来越大的影响,与此相关的各个行为体都有参与网络空间安全管理国际合作的愿望和可能。客观上,网络空间的技术特征也决定了各类组织甚至个人都可能具备参与网络空间安全管理国际合作的潜力和能力,这势必进一步凸显网络空间安全管理国际合作的多元化特征。

（四）多样性

多样性是指网络空间安全管理国际合作的模式与表现形式多种多样。这种多样性是由网络空间信息交互实时共享性与网络空间安全管理参与主体多元性共同决定的。一方面,网络空间是信息交流最为便捷的媒介和平台,这就为网络空间安全管理国际合作活动在及时交流、协调行动等方面提供了多种可选模式,为网络空间安全管理国际合作的多样性提供了物质基础和基本条件。另一方面,网络空间安全管理国际合作参与主体的多元性,也为网络空间安全管理国际合作在探索和选择多种合作模式方面提出了内在需求。网络空间安全管理国际合作可以充分利用网络空间提供的有利条件,根据具体合作对象、合作范围等实际情况,灵活选择多种国际合作模式。

从效果的角度出发,网络空间安全管理可以而且必须在不同层次、不同区域、不同阶段与不同对象之间进行多种形式的国际合作,既可以采取联盟、协定等传统国际合作的典型模式,也可以采取协会、论坛等非传统国际合作的新型模式,以满足不同参与主体在不同时机、不同范围的利益诉求。随着网络空间的快速发展和网络空间安全管理需求的日益增大,网络空间安全管理国际合作的需求也在不断发生变化，网络空间安全管理国际合作的模式也将不断创新发展和丰富完善。

第二节　网络空间安全管理国际合作的内容与形式

传统领域安全国际合作，通常围绕如何解决国家主权、领土纠纷等国家安全重大问题，以签署共同防御条约等方式，形成紧密联系的安全同盟或联盟，并在其框架内无缝隙开展各项合作。非传统领域安全国际合作，则往往围绕如何解决经济安全、能源危机、环境保护、恐怖主义、跨国犯罪等问题，以签署相关协议等方式，形成较为松散的合作组织，以应对多数参与主体所面临的共同问题。网络空间安全管理国际合作兼具传统领域安全和非传统领域安全国际合作的双重特征，同时还具有自身独有优势，其内容更为丰富，形式也更为灵活。

一、网络空间安全管理国际合作的主要内容

网络空间安全管理国际合作的主要内容，大体可以分为以下几项：

（一）构建网络空间安全管理国际合作体系

包括构建网络空间安全管理国际合作的相关机制、体制，明确网络空间安全管理国际合作的宗旨、规章制度，确定参与主体之间的责任、义务与相互关系，建设网络空间安全国际合作的支撑手段、技术，规划网络空间安全管理国际合作的长远发展等。

（二）协同网络空间安全管理国际合作行动

在规范网络空间安全管理国际合作的行动流程与标准、明确网络空间安全管理国际合作的行动协同原则与基本要求的基础上，及时响应网络空间安全管理国际合作请求，有效协同各个参与主体应对特定网络空间安全事件等。

（三）交流网络空间安全管理国际合作经验

确定网络空间安全管理经验交流的时机、方式，提供网络空间安全管理经验交流国际平台，组织筹划网络空间安全管理经验交流的国际论坛、会议，探索和解决网络空间安全管理国际合作的重难点问题，推广网络空间安全管理的成熟经验。

（四）完善网络空间安全管理国际合作法规

充实、调整或修订相关国际、国内法规和相关标准，制定网络空间安全管

理国际合作相关规则，推动和保障网络空间安全管理国际合作的顺利实施。

二、网络空间安全管理国际合作的主要形式

通常，网络空间安全管理国际合作既可以采取联盟等高度融合、具有较强约束力的合作形式，以应对参与主体高度关注的重大网络空间安全问题，又可以采取协议等相对松散、约束力较弱的合作形式，以应对参与主体普遍关注的一般性网络空间安全问题，还可以采取论坛等针对性强、不具约束力的新型合作形式，以交流经验、凝聚共识，共同提高网络空间安全管理能力。

（一）联盟式网络空间安全管理国际合作

联盟式网络空间安全管理国际合作，是指在既有或新构建的传统联盟体系下开展网络空间安全管理的国际合作。以条约等方式形成安全同盟，无论是霸权型还是共同安全型，都是在传统安全领域利用国际合作实现集体安全的最高形式，网络空间安全管理国际合作也不例外。当前，由于多种因素的影响，在网络空间安全领域形成独立安全同盟的可行性和必要性都相对较小，而利用传统安全联盟体系维护网络空间安全则较为便利。因此，充分利用传统联盟体系开展网络空间安全管理国际合作相关活动，是当前网络强国力推的一种国际合作模式。

客观上，联盟式网络空间安全管理国际合作有一定的基础。传统安全领域的安全联盟体系发展较为完善，为开展联盟式网络空间安全管理国际合作提供了基础和条件。以联盟维护安全起源早，发展充分，目前已经形成了完整的联盟体系理论和丰富的实践经验。比如，当今世界最大的安全同盟“北大西洋公约组织”就是典型的代表，其合作内容、运作机制都较为完善，其作用和能力在世界重大安全事件中多次得到检验。这些都为网络空间安全管理国际合作提供了既有的场所和平台，其运行经验也在一定程度上可以为网络空间安全管理国际合作提供借鉴。特别是网络空间安全管理国际合作作为新事物，在体系构建和机制运行等方面还存在很多需要探索和研究问题的情况下，这种参考和借鉴尤为重要。当然，网络空间安全管理国际合作与传统安全领域国际合作也有较大差异，在利用传统联盟体系时，还要摸索与网络空间安全管理特点规律相适应的融合方式，这样才能更好地利用好既有的联盟体系实施网络空间安全管理国际合作。同时，在构建新的安全联盟体系时，可以将网络空间安全管理的相关规则融入其中，实现联盟式网络空间安全管理国际合作。

传统强国利用传统安全领域联盟体系维护其网络空间安全的意愿强烈，为开展联盟式网络空间安全管理国际合作提供了强大动力。作为传统安全

领域联盟体系的主导者和既得利益者,传统强国在网络空间迅猛发展且影响越来越大的情况下,很难抑制其利用传统安全联盟体系争夺和维护网络空间霸权的冲动,这也是联盟式网络空间安全管理国际合作能够发展的主要源动力。网络空间还是一个尚未完全“开垦”的新领域,作为一个能够从根本上影响国家战略安全和发展利益的“新制高点”,各国围绕网络空间主导权的争夺也日趋激烈。应该看到,霸权主义国家企图将传统安全领域的优势直接“平移”到网络空间安全领域,利用国际合作继续保持其主导地位和霸权利益,而新兴国家也试图利用网络空间实现“跨越式”发展,利用国际合作重塑网络空间秩序和维护其网络空间安全利益,进而摆脱霸权国家的控制。这对矛盾也会从另一个侧面激发和强化霸权国家利用传统安全领域联盟体系维护其霸主地位的愿望,推动着联盟式网络空间安全管理国际合作的不断演变。

当前,传统强国正在积极探索网络空间安全领域的合作形式,在网络空间安全领域开展联盟式国际合作已初显端倪并迅速发展,这也必将推动联盟式网络空间安全管理国际合作的产生、发展和成熟。比如,早在2006年美军参联会《网络空间行动国家军事战略》就明确提出,“在(网络空间)整个行动中,美国必须建立和保持适应性强并不断发展的同盟关系”;2011年5月美国奥巴马政府《网络空间国际战略报告》指出,要“扩大与盟友、伙伴的网络空间合作,增强集体安全”;2011年7月美国国防部《网络空间行动战略》提出了“五大倡议”,其中,第四大倡议就是“国防部将与美国的盟友及国际伙伴建立紧密的联系,增进集体网络空间安全”,明确“国防部将加强其与盟国之间的密切合作,从而保卫美国及其盟友在网络空间的利益”。同时,美国在实践活动中也对此进行了贯彻和落实,在由美国国土安全部牵头组织的“网络风暴”系列演习中,美国就不断吸纳盟国网络空间力量参与其中。比如,2009年举行的“网络风暴Ⅲ”演习,美国就邀请了英、法、德、澳等12个盟国的技术人员参与演习。有报道称,美国与日本正在研究在《日美安保条约》框架内实施网络空间安全领域的合作。同时,北约、欧盟以及印度、日本等国家和组织也在积极探索如何在网络空间开展安全合作。这些网络空间安全领域的国际合作实践活动,既为网络空间安全管理国际合作创造了条件,也直接推动着网络空间安全管理国际合作不断深化和日益成熟。

联盟式网络空间安全管理国际合作既有优势,也有弱点。其优势在于:1. 能够利用既有联盟框架,经过适当调整,快速形成完整的网络空间安全管理国际合作体系;2. 能够充分借鉴并吸收传统安全领域国际合作的经验,更加有效地开展网络空间安全管理国际合作实践活动;3. 强制力较大,能够在统一机构或机制的保障下,促使不同参与主体更及时、更协调地采取针对性行动，从而更好地实施网络空间安全管理国际合作。联盟式网络空间安全管理国际合作也有其弱点，主要表现在：1. 传统安全特点较为突出，特别是难以完全摆脱传统安全领域同盟式国际合作的军事色彩，一定程度上影响了网络空间安全管理国际合作的深度和广度；2. 应对网络空间主权、网络对抗等安全事件比较有效，但应对网络空间金融安全、网络空间恐怖主义、网络空间跨国犯罪等较为乏力，特别是在后者日益猖獗的情况下，其弱点就显得更为突出一些；3. 对抗色彩较为浓厚，与和平利用网络空间的大势有一定的背离，这也是影响联盟式网络空间安全管理国际合作难以快速发展的重大不利因素，并可能在一定程度上制约联盟式网络空间安全管理国际合作的进一步深化与拓展。

（二）协约式网络空间安全管理国际合作

协约式网络空间安全管理国际合作，是指在既有或新构建的政府之间、政府与非政府组织之间以及非政府组织之间非同盟性质的国际合作机制内，开展网络空间安全管理国际合作。与联盟式网络空间安全管理国际合作相比，协约式网络空间安全管理的强制力较弱，但参与主体可以更加宽泛，合作内容也可以更加丰富。

协约式网络空间安全管理国际合作将成为主要合作形式。

1. 协约式网络空间安全管理国际合作可依托的组织机构较多，可利用的相关机制较为完善，可借鉴的实践经验也较为丰富，为协约式网络空间安全管理国际合作的发展奠定了坚实的组织基础。无论是社会政治、经济领域还是文化领域，无论是通用领域还是专业领域，都已经存在着大量的全球性和区域性的国际合作组织。如联合国、欧盟、阿盟、非盟、东盟、世贸组织、上合组织等全球或区域性政府间国际合作组织，国际电信联盟（ITU）、万国邮政联盟等非政府国际合作组织，以及大量的更加注重区域性和专业性的国际合作组织。这些类型不同、结构各异、目的多样的国际合作组织通常关注全球性问题，或者聚焦某一领域具有普遍性的问题，其运行模式、协调机制等都非常成熟，这就为网络空间安全管理国际合作的顺利发展提供了丰富的可借鉴实践经验和强有力组织基础。因此，网络空间安全管理的国际合作完全可以灵活选择、合理利用相关国际合作组织的既有架构和运行机制，开展各项国际合作活动。

2. 协约式网络空间安全管理国际合作参与主体广泛、方式多样、规模灵活，具有更好的适应性，这也使协约式网络空间安全管理国际合作具有更大的可持续发展潜力。当前，网络空间及其安全管理处于快速发展变化之中，不同国家、组织、企业在不同时期对网络空间安全管理及其国际合作的诉求是不同的，参与的能力和力度也可能有所不同，而协约式网络空间安全管理国际合作进入门槛相对较低、体系结构较为灵活、运行机制可以及时调整，恰恰能够较好地适应网络空间安全管理的特点规律，这也是协约式网络空间安全管理国际合作必将成为主要形式的重要原因之一。

协约式网络空间安全管理国际合作发展迅速。借助于既有的非同盟式国际合作组织来维护网络空间安全，是一种效费比较高的选择，也是当前各个国家和组织推动网络空间安全管理国际合作的努力方向。美国在这方面也是走在前列的，不但在联合国等框架内探索维护网络空间安全的途径，还制订了一系列战略规划推动网络空间安全领域的国际合作。比如，美国早在2003年3月小布什政府《确保网络空间安全国家战略报告》就指出，要"与国际组织和企业合作创立并增进全球'安全文化'"，"美国将鼓励亚太经合组织、欧盟、美洲国家组织等地区性组织设立负责网络安全的特别委员会"等；2011年5月奥巴马政府《网络空间国际战略报告》指出，"将和平与安全的原则推广到网络空间—同时维护网络空间的优点及特性—要求我们加强伙伴关系并扩大努力范围"，并认为，"地区性组织在处理其成员国对网络空间的安全关切上，已经发挥了有效作用"。在美国的带动和影响下，英、法、德、俄、日等国纷纷采取行动，在其主导或参与的国际合作组织内，探索利用国际合作机制来解决网络空间安全领域的相关问题的途径和方法，间接地推动着协约式网络空间安全管理国际合作的深化与发展。

协约式网络空间安全管理国际合作也存在一定的优势和缺点。其优势表现在：1. 合作基础好。协约式网络空间安全管理国际合作，可利用的既有国际合作机构多，实践经验丰富，便于较快地形成新型网络空间安全管理国际合作体系。2. 适应性强。协约式网络空间安全管理国际合作，参与门槛较低、行为主体多样、数量没有限制、规模可大可小、机制调整便捷、运行方式可变，具有很强的灵活性和应变性。其缺点表现为：1. 制约力小，协调行动效率与参与主体积极性密切相关，应对重大网络空间安全突发事件的能力相对较弱。2. 成分复杂，诉求各异，目的的一致性相对较差。这也在一定程度上影响协约式网络空间安全管理国际合作的快速发展。

（三）论坛式网络空间安全管理国际合作

论坛式网络空间安全管理国际合作，是指以区域性论坛、专题论坛等方式开展网络空间安全管理领域的相关国际合作。论坛是研究解决问题、交流实践经验、收集创新思路的有效平台，在具体表现形式上，论坛可以分为国际论坛、区域论坛、专题论坛以及各类大会、研讨会等。比如，我们比较熟悉的达沃斯论坛、香格里拉会议、中非经济合作论坛，以及各式各样的国际会议，甚至包括"世界黑帽大会"和"世界黑客大会"这些较为"另类"的专业领域活动，都是具有一定国际合作功能的论坛表现形式。论坛发起者和参与者既可以是政府机构、科研院所、企业，也可以是行业组织、协会甚至是个人。而且，论坛主题、形式、时间、场所等方面的限制性都很小，具有极强的灵活性。因此，利用各种论坛开展网络空间安全管理国际合作既是便捷可行的途径，也是网络时代大趋势之一。

论坛式网络空间安全管理国际合作具有广阔的发展前景。由于网络空间发展变化快，网络空间安全及其管理领域需要面对和解决的问题层出不穷，加之新领域、新挑战需要探索研究的问题也非常多，而论坛式国际合作模式恰恰非常适应当前网络空间安全及其管理的客观需要，使其成为最具潜力的发展方向之一。在参与主体上，论坛式网络空间安全管理国际合作门槛非常低，无论是政府、科研机构、院校、企业还是非政府组织甚至个人，都可以作为论坛的参与主体甚至是论坛发起方，这就使论坛式网络空间安全国际合作的涵盖范围非常广泛，并且，参与主体的地位相对较为平等，有利于调动参与积极性，以便搜集更多建议和集中智慧，从而在根本上使其具有更大的活力和生命力。在组织形式上，论坛式网络空间安全管理国际合作拥有更多选择。既可以利用现有的较为成熟的论坛，在其开展活动期间，有机融入网络空间安全管理的相关内容，无缝隙地推动网络空间安全管理国际合作，也可以以较低的运作成本开设新的论坛，以新的模式开展网络空间安全管理国际合作。在主题内容方面，论坛式网络空间安全管理国际合作选题非常广泛。无论是国家、政府、科研院所，还是企业、非政府组织或是个人，都可以提出本身所关注的网络空间安全管理问题，并以适当的形式作为论坛主题，并参与其中的讨论交流。因此，网络空间安全管理的所涉及的包括法规、技术、人才、机制等在内的几乎所有问题，都可以作为某个或某几个论坛的研讨交流主题，这对推动论坛式网络空间安全管理国际合作具有重要意义。总体来看，与其他国际合作形式相比，论坛式网络空间安全管理更能适应网络空间安全领域发展的需要，因而也具有更大的活力和发展前景。

论坛式网络空间安全管理国际合作发展也非常迅速。由于论坛式网络空间安全管理国际合作参与门槛低、形式灵活、主题丰富、易于组织，加之网络空间安全领域面临问题多、实践经验少且需求紧迫，许多国家、政府都主动地在传统论坛中增加网络空间安全相关内容，拓展了传统论坛的主体范围。比如，在近几年达沃斯论坛当中，网络空间安全领域的议题逐渐出现并不断增多。同时，与网络空间安全及其管理密切相关论坛也在不断完善和增多，如历届"全球网络空间国际合作峰会"和"网络空间国际会议""互联网大会"

等，都在很大程度上推动了论坛式网络空间安全管理国际合作的深化和发展。另外，一些新型网络空间国际论坛，也为论坛式网络空间安全管理国际合作注入了新的活力。比如，中国推动的“中国-东盟网络空间论坛”，就开创了网络空间安全领域国际合作的一条新思路，必将进一步推动论坛式网络空间安全管理国际合作的不断演变。

论坛式网络空间安全管理国际合作同样具有一定优势和弱点。其优势突出表现在：1. 主体多元，真正实现了参与主体“低门槛、多元化”，可以吸纳更多的参与者；2. 主题广泛，能够以恰当的方式讨论与网络空间安全管理相关的所有问题；3. 形式多样，既可以是政府主导，也可以是民间主导，规模大小、级别高低等制约相对较小，也没有严格固定的模式限制，主旨发言、集体讨论甚至辩论等各种便于研讨交流的方式几乎都可以采用。其弱点主要表现为：1. 约束力非常小，很难在短期内对参与主体的意志和行为产生直接的影响和制约，参与主体也没有履行论坛成果的责任和义务；2. 结构较为松散，参与或者不参与、参与程度如何都因论坛主题、形式而变化；3. 运行机制还不完善，需要进一步探索和实践。

第三节　网络空间安全管理国际合作的趋势、原则与要求

从近些年网络空间安全及其管理发展演变过程来看，网络空间安全管理国际合作加速发展的趋势愈来愈明显，这也符合网络空间的发展规律、特点及其对网络空间安全管理的需求。2017 年 3 月，我国外交部和国家互联网信息办公室共同发布《网络空间国际合作战略》，以和平发展、合作共赢为主题，以构建网络空间命运共同体为目标，就推动网络空间国际交流合作首次全面系统提出中国主张，为破解全球网络空间治理难题贡献中国方案，是指导中国参与网络空间国际交流与合作的战略性文件①。该战略是我国在网络领域提出的第一个国际战略，也是国际上第一个网络空间国际合作战略，体现了一个负责任大国对网络空间安全与发展的担当。美欧等国也开展了各种形式的网络空间安全管理合作，如欧洲经合组织制定了《信息系统安全准则》，欧洲委员会制定了《打击网络空间犯罪公约》等。

---

① 参见《网络空间国际合作战略》，中华人民共和国国防部　http：//www.mod.gov.cn/shouye/2017 - 03/01/content_4774052.htm。

一、网络空间安全管理国际合作的主要趋势

根据网络空间安全管理国际合作的发展演变,可以看出,合作主体不断扩大、合作领域不断拓展、合作模式不断创新,是未来网络空间安全管理国际合作的重要发展趋势。

(一)合作主体不断增多

网络空间安全管理国际合作参与主体的不断增多是不可避免的,这是由网络空间不断扩大的趋势所决定的。网络空间拓展的范围越大,影响的对象就越多,参与网络空间安全管理国际合作的潜在主体就越多元。当一个国家、组织的正常运转乃至个人的工作、生活与网络空间紧密融为一体,网络空间安全与之息息相关的时候,网络空间安全及其管理就不会仅仅是某个国家、组织的责任,而是每一个网络空间活动参与者的职责和义务。

1. 参与网络空间管理国际合作的国家将会越来越多

通常,网络强国或网络大国对网络空间的依赖程度相对较高,网络空间安全问题对其影响也较大,在网络空间安全领域开展国际合作的需求和愿望会更加强烈。而网络欠发达国家则在没有充分享受到网络空间便利时,也不会感受到网络空间实实在在的安全威胁,因而没有意愿也没有必要参与网络空间安全管理国际合作。这样,早期的网络空间安全管理国际合作必然是在少数网络强国和网络大国之间展开的。而世界发达国家同时又是网络强国或网络大国,并且多数已经形成传统的安全同盟,这也使早期网络空间安全及其管理的国际合作更多地局限在少数国家之间,并带有一定的安全同盟性质。但是,随着网络技术的迅速发展,“涉网”的国家越来越多,而且程度越来越深,这些国家的网络空间安全及其管理问题逐渐显现,其国际合作的需求也随之增加。并且,受到网络空间技术飞速发展、网络空间系统日益庞大,以及网络空间安全不受传统的国界、边疆等地理空间因素制约等影响,导致全球网络空间安全形势日趋严峻,促使和推动着网络强国和网络大国与其他有合作意愿的国家加强国际合作,从而使参与网络空间安全管理国际合作的国家不断增多。

2. 参与网络空间安全管理国际合作的组织将会越来越多

网络空间安全技术性强,往往都是具有专业技术背景的组织参与国际合作,共同研讨交流并共同应对网络空间安全问题。通常,一些科研院所、网络安全企业、电信运营商,其发展壮大与网络空间安全密切相关,长期重点关注网络空间安全问题,因而会投入人力、物力和财力成立相关组织并积极开展活动,积极推动、参与网络空间安全管理的国际合作,成为网络空间安全管理

国际合作的重要推动力量。同时，随着网络空间不断向社会各行各业的深度渗透，各类企业和组织的产品设计、生产制造、商品销售、物流管理、日常办公等都逐渐与网络空间深度融合，网络空间安全与企业和组织的安全密切相关，甚至直接影响到企业和组织的生存，在现实威胁和直接利益面前，这些企业和组织参与网络空间安全管理国际合作从而维护自身网络空间安全的意愿也就更加强烈、需求更加迫切。可以预见，随着网络空间的不断发展，参与网络空间安全管理国际合作的组织机构，必然会从IT行业向各个行业拓展，从专业领域向通用领域拓展，从个别组织向大众组织拓展，最终形成大多数行业参与的网络空间安全管理国际合作态势。

3. 参与网络空间安全管理国际合作的个人也会越来越多

通常，网络空间安全也是“网络技术精英”所重点关注的问题，能够参与网络空间安全管理国际合作的只是少数顶级的网络精英。而且，传统的国际合作模式中，对参与国际合作主体的诸多有形或无形限制，公民个人往往无法完全参与到网络空间安全管理国际合作中来，即使有限参与也难在其框架下充分发挥作用。但随着网络空间安全及其管理的国际合作模式的不断发展变化，特别是一些新型网络空间安全管理国际合作模式的参与主体门槛不断降低，可以让更多的隐藏于民间的“网络精英”以合适的平台和形式，更为便捷地参与到网络空间安全管理的国际合作之中，充分发挥其在特定方面的才能，集智解决网络空间安全领域的重难点问题。毋庸置疑，一旦将蕴藏在民间的个人能量以恰当的方式调动和释放出来，使其成为网络空间安全管理国际合作的“正能量”，网络空间安全管理国际合作的规模和方式都将可能发生巨大变化。

（二）合作领域不断拓展

网络空间安全管理国际合作的领域是不断发展变化的。根据网络空间及其安全发展变化情况可以预见，网络空间安全管理国际合作必将不断从互联网向其他网络拓展、从网络安全向其他领域拓展。

1. 网络空间安全管理国际合作从互联网向其他网络拓展

国际互联网是网络空间的一个核心组成部分，互联网也是发生问题最多、涉及面最广、解决最棘手、国际合作最急迫的重点领域，互联网的安全问题也就成为世界各国重点关注和开展国际合作的焦点，当前网络空间安全及其管理国际合作的主要内容还是围绕互联网而展开。应该看到，尽管互联网也处于快速发展变化之中，构建在互联网之上的虚拟社会、网络经济、网络文化等尽管发展迅猛，但也是刚具雏形，与之相关的网络空间安全问题远未充分暴露，更谈不上彻底解决。因而，在可以预见的将来，网络空间安全及其管理的国际合作，必然还将持续很长一段时间。但同时也不能忽视的是，与互联网结构相异的电信网、金融网以及能源、交通等关键基础设施网络，所面临的网络空间安全问题也毫不逊于互联网，甚至在有些方面更甚之。比如，核电站网络安全问题，供水系统的网络安全问题等等，都会产生更加致命、更具破坏力的影响，而且可能是对整个人类社会造成不利影响。随着网络空间安全管理国际合作的发展演变，也必须尽快将这些网络的安全及其管理问题纳入网络空间安全管理国际合作的框架内。

2. 网络空间安全管理国际合作从网络安全向其他领域拓展

网络空间向其他领域的不断深度渗透，推动着网络空间安全管理国际合作向其他领域拓展。网络空间安全影响其他领域安全，这是国际社会开展网络空间安全管理国际合作的主要动力之一。因此，网络空间安全管理国际合作在始终将维护网络空间安全作为重要目标的同时，也会随着网络空间与其他领域的融合程度的不断加深，网络空间安全对其他领域安全影响的日益增大，逐渐重视利用国际合作统筹各个领域安全，真正实现持续的网络空间安全。实际上，网络空间安全管理国际合作本身涉及的范围就非常广，带有很强的综合合作特征，这也会从另一个方面促进网络空间安全管理国际合作不断向其他领域拓展。

（三）合作模式不断创新

网络空间安全管理国际合作的合作模式多种多样，灵活且最具创新潜力。从发展趋势来看，突出表现在传统国际合作模式不断完善和新型国际合作模式不断涌现两个方面——

1. 传统国际合作模式不断完善

充分利用传统国际合作框架和运行机制，是快速加强网络空间安全管理国际合作的有效途径。当然，在借鉴、吸收传统国际合作模式有益经验的基础上，必须对其组织结构、运行机制、工作流程进行有针对性的调整、修改和完善，才能更好地开展网络空间安全管理的国际合作。对于网络强国和网络大国来说，充分利用传统国际合作的既有优势，适当调整并使之适应网络空间安全管理国际合作的新要求，是将其传统领域优势拓展到网络空间并维护其既得现实利益的最佳途径。因而，网络强国和网络大国都在想方设法努力调整传统国际合作模式，以适应网络空间安全需要，这是网络空间安全管理国际合作模式创新的主要动力和重要因素。同时，其他国家和组织也在一定程度上拥有利用、完善传统国际合作模式，达成自身网络空间安全利益诉求的意愿和企图，也从另一方面推动了网络空间安全管理国际合作模式的创新。

2. 新型国际合作模式不断涌现

网络时代信息交互的便捷性、网络空间安全问题的紧迫性、国际合作参与主体的广泛性等因素，都为探索和构建新型网络空间安全管理国际合作模式提供了有利条件，涌现出形式各异、功能多样的新型国际合作模式。以论坛式网络空间安全管理国际合作为代表的新型国际合作模式方兴未艾，有关网络空间安全及其管理的政府间高级别磋商、政府与民间携手举办的国际交流、民间主导的专题研讨，涵盖了政府、企业、民间组织和个人各个层面。实际上，政府、企业和民间组织都在积极探索网络空间安全及其管理国际合作的新路子、新方法。比如，政府、企业、行业组织既可以分别主导开展网络空间安全管理国际合作，也可以相互结合开展网络空间安全管理国际合作，这都在一定程度上推动着网络空间安全管理国际合作模式的不断创新发展。

二、网络空间安全管理国际合作的基本原则

当前，网络空间安全管理国际合作还处于发展的初级阶段，同时也处于快速发展时期。由于网络空间是一个各国高度重视的全新领域，存在着发展不平衡、既合作又斗争等诸多影响因素，网络空间安全管理国际合作的现状呈现较为复杂的态势。总体上看，网络空间安全管理国际合作已有一定程度的发展，各国参与合作的积极性高涨，各种合作机制也在不断探索中，很多合作活动也已开展起来，但也存在一些突出问题和矛盾。例如，合作形式多样但各有优长，合作内容丰富但落实较少，合作愿望积极但斗争激烈，合作实践趋多但经验较少，合作前景广阔但障碍很多。尤其突出的是，围绕如何利用网络空间安全管理国际合作维护自身利益等关键问题，世界各个大国的理解和诉求也不完全相同，由此而带来对合作机制、合作形式等的不同认识，使网络空间安全管理国际合作的发展呈现出挑战与机遇并存、合作与斗争共生的复杂局面。因此，必须树立正确现实的网络空间安全管理国际合作基本原则，最大限度地推动网络空间安全管理领域开展平等、公正的国际合作，构建起网络空间安全命运共同体。

根据我国《网络空间国际合作战略》所确立的四项原则，网络空间安全管理国际合作的基本原则应当包括：

（一）尊重网络主权原则

《联合国宪章》确立的主权平等原则是当代国际关系的基本准则，覆盖国与国交往各个领域，其原则和精神也适用于网络空间安全管理。各国有自主选择网络空间安全管理模式、公共政策，以及平等参与国际网络空间治理的权利，这属于一个国家的内政，他国应当予以尊重，不得利用网络优势搞网络

霸权，也不应从事、纵容或支持危害他国国家安全的网络活动。

（二）维护和平安全原则

一个安全稳定繁荣的网络空间，对各国乃至世界都具有重大意义。各国应当共同努力，防范和反对利用网络空间进行的恐怖、淫秽、贩毒、洗钱、赌博等犯罪活动。不论是商业窃密，还是对政府网络发起黑客攻击，都应该根据相关法律和国际公约予以坚决打击。维护网络空间安全应坚持统一标准，不能树立双重标准，更不能以牺牲别国安全谋求自身安全甚至所谓的“绝对安全”。应积极采取对话举措，以协商方式应对各类网络安全问题，防止出现网络空间军备竞赛。

（三）促进开放合作原则

维护网络空间秩序，必须坚持同舟共济、互信互利的理念，摈弃零和博弈、赢者通吃的旧观念。积极推进互联网领域开放合作，搭建更多的沟通合作平台，创造更多的利益契合点、合作增长点和共赢新亮点，推动彼此在网络空间优势互补、共同发展，让更多国家和人民搭乘信息时代的快车、共享互联网发展成果，建设以人为本、具有包容性和面向发展的信息社会。

（四）合作共赢原则

合作共赢是大多数国家政府和组织参与网络空间安全管理国际合作的诉求之一，只有使参与者享其利，才能充分发挥众多的参与主体的能动作用，有效地开展网络空间安全管理国际合作。近些年来，我国一直在积极推动合作共赢理念在网络空间安全管理领域的创新和实践探索。中国主张维护网络空间安全要把握的“和平原则、主权原则、共治原则和普惠原则”，以及倡导的“网络空间命运共同体”等理念，都为网络空间安全管理国际合作的“合作共赢”理念发展提供了很好的思路，可以作为创新网络空间安全管理国际合作的“合作共赢”理念的基本依据，同时也是网络空间安全管理国际合作应遵循的原则和立场，这为创新网络空间安全管理国际合作中“合作共赢”理念的发展指明了新方向。

三、我国参与网络空间安全管理国际合作的要求

如何把握当前和未来一段时期的网络空间安全管理国际合作的主动权，使之成为维护国家安全、拓展国家利益和确保空间稳定的有力推手，是我国参与网络空间安全管理国际合作必须首先解决的重要问题。

（一）总体要求

从宏观来看，我国开展和参与网络空间安全管理国际合作，要与国家战略保持高度一致，要有利于维护国家利益，要有利于维护地区稳定，要有利于

提高我国网络空间安全管理能力。作为一个发展中的网络大国,在网络空间安全管理国际合作上,要准确领会和贯彻国家的战略意图,有所为,有所不为,确保国家在网络空间的安全利益和战略利益。尤其重要的是,要充分利用联合国这一成熟、完善、富有成效的国际合作平台,有效发挥并不断强化联合国相关组织在网络空间安全管理国际合作中的作用和影响,使各个国家能够在平等互利的基础上开展网络空间安全管理国际合作。同时,作为一个快速发展中的地区大国,要利用网络空间安全管理国际合作,推动达成和凝聚地区共识,努力以有效机制协调本地区主要力量,维护本地区网络空间和实体空间的安全稳定。另外,作为一个网络技术相对欠发达国家,还要主动创造和充分利用网络空间安全管理国际合作提供的平台与机会,积极交流网络空间安全管理技术和经验,尽快缩短差距,最终提高自身网络空间安全管理能力。

(二)具体要求

1. 要有所选择

即根据国家战略利益需求,有选择地发起和参与网络空间安全管理国际合作。网络空间安全管理国际合作必须服务于国家战略,这是我国参与网络空间安全管理国际合作的根本要求。一方面,要选择合适的国际合作平台。要积极发起和参加有利于维护我国网络空间主权和展示我国网络空间主张的国际合作平台,拒绝和反对为网络空间霸权争夺服务的国际合作;积极发起和参与有利于维护大多数国家网络空间权益的国际合作,拒绝和反对以维护个别国家网络安全利益而损害其他国家网络空间安全利益的国际合作;积极发起和参与有利于维护网络整体安全的国际合作,拒绝和反对以局部网络空间安全损害整体网络空间安全的国际合作。另一方面,要选择合适的国际合作内容。要根据国家网络空间安全的近期需要和长远发展需要,主动、积极发起和参与有利于网络空间安全技术创新、网络空间安全管理机制创新、网络空间安全环境塑造等主题、议题,倡导和推动有利于网络空间长治久安的国际合作。比如,要积极团结国际社会大多数,采取多种新型国际合作方式,维护网络空间安全和国家在网络空间的战略利益。

2. 要力争主导

即积极争夺网络空间安全管理国际合作的主导权和话语权。网络空间蕴含的巨大潜力和无限机遇,其规则和秩序可能对传统国际关系带来的巨大影响,是各国对网络空间趋之若鹜并纷纷争夺网络空间及其国际合作主导权的重要原因。作为一个发展中的网络大国,我国有责任和义务塑造更加公平、合理的网络空间新秩序,因此,必须积极主动争夺网络空间的主导权。当然，我国争取包括网络空间安全管理国际合作在内的网络空间国际合作主导权和话语权，与霸权国家企图主导网络空间的目的是不一样的。霸权国家争夺网络空间安全及其管理国际合作的主导权，是为了将传统势力范围迅速拓展到网络空间，塑造有利于其霸权地位的网络空间秩序。我国争夺网络空间安全管理国际合作的主导权，是为了打破网络空间霸权，力争在网络空间安全及其管理的国际合作中，维护共同利用网络空间的权利，重塑网络空间新秩序。为此，我国应积极在传统国际合作框架内，倡导和推动网络空间"共管""共治""共享"的新理念，同时还要积极开辟新场地、搭建新平台，将具有相同或类似理念的国家、组织的力量凝聚在一起，共同维护网络空间安全。比如，可以充分利用"上合组织""中国-东盟"等有利于发挥各个参与主体积极性的新型国际合作机制，主动资助和开展网络空间安全及其管理的相关合作项目，积极探索网络空间安全管理国际合作新路子，主导和影响国际合作发展方向，营造有利于良性互动的网络空间安全管理国际合作氛围。

3. 要形式多样

即要利用多种形式、多种平台积极倡导和参与网络空间安全管理国际合作。网络空间安全管理国际合作参与主体、合作内容、合作方式等都非常广泛，并且处于快速发展变化之中，我国应尽可能利用不同国际合作平台和各种国际合作机会，在确保国家安全利益的前提下，积极参与网络空间安全管理国际合作，宣扬和倡导有利于提高参与各方积极性的国际合作新理念，主导和推动发展共同管理、分享经验的国际合作新模式，力争打造更为公平合理、符合大多参与者利益的网络空间新秩序。一方面，要积极利用传统国际合作平台参与网络空间安全管理国际合作。传统国际合作平台具有机制完善、影响力大等天然优势，是有效开展网络空间安全管理国际合作的便捷途径之一。作为新兴的网络大国，需要利用传统国际合作平台发出自己的声音并扩大影响，但同时又不能被旧有体制和理念所禁锢，更不能被迫放弃合理的主张。要积极参与传统国际合作组织及其活动，勇于宣扬符合时代潮流的新理念，争取传统国际合作平台中主要参与者的认同、理解和支持，推动在传统国际合作平台和框架内开展更为合理的网络空间安全管理国际合作。另一方面，要积极探索和利用新形式，主导和参与网络空间安全管理国际合作。网络空间是目前最具活力的领域之一，网络空间安全管理国际合作具有巨大的创新潜质。

(1) 要根据网络空间安全管理国际合作的特点规律、网络化时代国际合作的基本趋势等，积极研究与之相适应的国际合作新方式，如国际综合论坛、主题论坛、专业论坛等，并对其优劣和可行性进行科学分析。

（2）要结合我国网络空间安全管理国际合作需要，以及合作对象的具体需求，充分利用新型国际合作方式，积极推动和开展网络空间安全管理国际合作实践活动，力争以共同的理念形成较强的国际合作凝聚力，打造新型网络空间安全管理国际合作平台。比如，举办“中国-东盟网络空间安全论坛”“国际互联网论坛”等，就是很好的探索。

（3）要大力推广有效的新型国际合作方式，以合理的理念主导网络空间安全管理国际合作活动，积极实践并不断扩大其影响，力争形成固定高效、权威的网络空间安全管理国际合作机制，提高我国在网络空间安全管理国际合作的话语权，维护国家网络空间安全利益，塑造新型网络空间国际秩序。

4. 要注重长效

即要着眼未来网络空间发展及其与其他领域的融合趋势，重视网络空间安全管理国际合作的可持续性发展和长期性影响，循序渐进地扩大合作规模、拓展合作深度，不断提升网络空间安全管理国际合作的水平和质量。网络空间安全管理国际合作既是当前网络空间安全领域需要高度重视的重要问题，又是未来很长时期内能够提高网络空间安全能力的重要举措，还是塑造网络空间国际新秩序进而影响传统领域国际秩序的切入点之一。特别是随着网络化程度的不断加深，我国在网络空间的利益会越来越大，在网络空间安全领域所面临的挑战也会越来越多，参与重塑网络空间国际新秩序的需求也会随之越来越强烈。因此，我国主导或参与网络空间安全及其管理领域的国际合作，必须在确保国家核心战略利益的前提下，着眼未来国家长远发展需要，将主导或参与网络空间安全管理国际合作与重塑网络空间国际新秩序统一起来，将争夺网络空间安全管理国际合作话语权与倡导“共治、共享”的新型合作理念统一起来，将网络空间安全管理国际合作的短期效益与未来可能产生的巨大影响统一起来，将当前采取多种形式实施网络空间安全管理国际合作与选择长期稳定高效的合作机制统一起来，持续不断地提高我国网络空间安全管理国际合作的能力，从而维护我国和世界网络空间乃至传统领域的长久安全稳定，并与国家其他领域协同行动，共同有效维护国家在网络空间和传统领域的长远发展利益，为加速实现中华民族的伟大复兴提供有力保障。

第十二章　网络空间安全管理法规

2014年2月，习近平在中央网络安全与信息化领导小组第一次会议上强调："要抓紧制定立法规划，完善互联网信息内容管理、关键信息基础设施等法律法规，依法治理网络空间，维护公民合法权益。"①2014年10月，党的十八届四中全会通过的《中共中央关于全面推进依法治国若干重大问题的决定》明确要求："加强互联网领域立法，完善网络信息服务、网络安全保护、网络社会管理等方面的法律法规，依法规范网络行为。"在全面推进依法治国的大背景下，加强网络空间安全管理，必须建立健全相关法规体系。这对于规范网络空间管理活动，确保网络空间的安全和有效利用，进而维护国家主权和安全，促进国家经济社会发展，均有十分重要的意义。

第一节　网络空间安全管理法规的特点与作用

网络安全管理法规是调整网络安全管理活动中各种社会关系的法律规范的总称。作为一门相对独立的法规门类，网络安全安全管理法规有其自身的特点和独到的作用。

一、网络空间安全管理法规的特点

网络空间安全管理法规特点是网络空间安全管理法规本质特征的外在表现，也是与其他法规的区别所在。应当指出的是，作为国家法律的组成部分，网络空间安全管理法规与其他法规有着共同属性，如权威性、强制性、稳定性等。除此之外，网络空间安全管理法规也有着不同于其他法规的明显特征。

（一）调整对象——虚拟性与现实性交织

网络空间安全管理法规的调整对象，是网络空间安全管理中的各种社会

① 习近平.习近平谈治国理政[M].北京：外文出版社，2014：198－199.

关系。这种社会关系所具有的虚拟性和现实性，是由网络空间本身的虚拟性和现实性所决定的。

网络空间安全管理法规调整对象的虚拟性，是由网络空间虚拟性决定的。同陆地、海洋、天空、太空这样的物理空间比起来，网络空间是一个人造空间，由于这种人造空间是无形的，因而具有一定的虚拟性。而且，在网络空间这种世界性的虚拟空间中，某些行为也是相应的虚拟行为。例如，不同于物理空间，个人或集团能够利用无线电波、卫星信号和互联网，轻松地跨越国家之间的地理边界，由此带来对其他国家国界和安全的无形侵犯。在这种虚拟的行为中，结成的某些特定社会关系也具有虚拟性，当这种社会关系受到网络空间安全管理法规调整时，就相应地形成了调整对象的虚拟性。

网络空间安全管理法规调整对象的现实性，也是由网络空间的现实性决定的。网络空间具备一定的虚拟性，并不意味着它就是一个纯粹的虚拟空间。

1. 网络空间的虚拟性依附于现实性。构筑网络空间，必须有大量的物理设施，要有各种各样的集成电路、芯片等电子设备，要借助于光纤等通信设施将其连接起来，由此才能形成网络空间。而且，这些物理设施都是现实存在于物理空间的。离开了与陆地、海洋、天空、太空等物理空间的相互交叉、相互作用，网络空间也无法形成、无法发挥作用。这些，都决定了网络安全管理法规具有现实性。

2. 网络空间的虚拟性来源于现实性。尽管网络空间属于虚拟的“人造空间”，但人是现实的，人所制造的网络设施设备是现实的，因而追根寻源，网络空间的虚拟性源于现实性。任何法律都是以人与人之间的社会关系为调整对象的。网络空间使用各种设备如计算机、路由器、交换机的主体，以及创造、发送、接收、存储和使用信息的主体，都是特定的人，而且这些人都从属于某个国家。这些人或者国家在实施网络空间安全管理行为时形成的社会关系受到网络空间安全管理法规的调整时，就形成了调整对象的现实性。

总之，网络空间的出现使得人类的安全管理法制延伸至虚拟空间，与物理空间安全管理法制相伴随。面对虚拟犯罪与真实犯罪、虚拟攻击与真实攻击、虚拟防御与真实防御等相交织的情况，法规调整的各种行为体之间的关系，也呈现出虚拟性与现实性相互交织的特点。

（二）效力影响——有限性与无限性相融

这一特点是上一特点的延伸，即网络安全管理法规在调整对象上的现实性与虚拟性交织，导致其在效力影响上的有限性与无限性相融。

就现实性而言，网络安全管理法规适用于网络空间安全管理活动，仅对网络安全管理者、管理对象等产生效力。从这一点看，网络安全管理法规的效力影响是有限性的。

但是，就虚拟性而言，网络安全管理法规效力的影响已经超出了网络安全管理本身。因为网络的虚拟性已经使网络安全成为渗透性最强、影响面最广的安全领域。有人认为，网络空间作为一种虚拟空间，在规模上具有"无限化"的特点，可以作用于陆、海、空、天等物理世界的任何领域。通过遍布世界各地的网络，无数网民的大脑相互连接、思维实时交互，大量企业的生产深化合作、科研协同创新，共同形成了一个不断扩展、全面交互的网络空间。这种虚拟的网络空间，使现实中相对有限的活动规模得到了理论上的无限延伸，其结果就是极易产生"蝴蝶效应"。网络空间看似无形，但这一虚拟世界的无限扩展，使大到国家电信系统，小到个人电子邮件、网上交易系统，都能成为诱发"蝴蝶效应"的适宜场域。当世界上某个国家、某个领域域的网络空间稍微有点风吹草动，其他国家、其他领域就可能很快受其影响，最终形成整个网络空间的"蝴蝶效应"。

从安全的角度看，网络空间不仅将世界各个不同的行为体连接起来，而且也深度影响各国国家安全管理的边界与维度。当前，网络空间中的各种病毒、黑客、犯罪、攻击等花样翻新，对于日益依赖网络空间的广大公众和国家的影响越来越大、越来越直接。此时的网络空间安全，不仅成为国家安全的一项重要内容，而且鉴于"蝴蝶效应"的作用，与国家的政治安全、军事安全、经济安全、文化安全等其他各个领域的安全息息相关。这种情况下，网络安全管理法规的效力如何，就不仅是对网络安全管理方面的影响了，这种影响会波及国家安全的一切领域。从这个角度看，网络安全管理法规效力的影响，具有无限性。这种无限性，也凸显了网络安全管理法规的重要性。

（三）规范内容——行为规范与技术规范并重

法律主要是对人们行为的规范，通过规范人们的行为，调整相应的社会关系。在网络安全管理法规中，也要对人们建立、改进、使用网络的行为作出规范，以确保网络安全。这一点，是网络安全管理法规与其他门类法规的相同之处。但与此同时，网络安全管理法规又有大量的技术规范，从某种意义上说，这种技术规范与行为规范同等重要。这一点，是网络安全管理法规的独特之处。

从安全管理的角度看，网络安全管理法规可以分为行政管理法规与技术管理法规两大部分。前者主要规定安全管理机构及其相应的职责、安全管理监督、网络安全运行、人员安全管理、教育和奖惩、应急计划与措施等方面的制度，以行为规范为主；后者主要规定信息系统安全管理、信息设备安全管理、密钥安全管理等方面的制度，以技术规范为主。

从技术的角度看，网络安全主要指网络系统的部件、程序、数据的安全性，表现为网络信息的存储、传输和使用过程的安全。网络安全管理是一门涉及计算机科学、网络技术、通信技术、密码技术、信息安全技术、应用数学、数论、信息论等多种学科和技术的综合性管理活动，因此，其法规制度中必然含有大量的技术规范。例如，有信息加密技术方面的规范，包括传输加密技术、存储加密技术、验证加密技术、密钥管理等规范；有安全检测技术方面的规范，包括入侵检测、漏洞检测、蜜网（Honeynet）技术等规范；有信息安全监控技术方面的规范，包括认证技术、访问控制技术、防火墙技术、内容安全技术等规范；有虚拟专用技术方面的规范，包括隧道技术、加解密技术等规范；有备份与恢复技术方面的规范，包括数据备份、灾难恢复等规范；有反病毒技术方面的规范，包括基因码检测技术、虚拟机技术、代码分析技术、主动防御技术、启发式扫描、沙盒（Sandbox）技术、内核级主动防御等规范；另外，还有安全隔离技术、安全审计技术方面的规范，等等。① 在网络安全管理法规体系中，技术规范占有相当大的比重。

（四）法规体系——国内法与国际法衔接

在网络安全管理法规中，世界各国多以国内法为主体。这是因为，网络安全管理是主权国家的职责。应当指出的是，网络空间绝非全球公域，也绝不可能脱离主权管辖。网络空间中的各种物理基础设施都安放在某个国家领土之上，由某国政府机构或特定私营实体投资创建、运营和掌管；信息在从一台计算机向另一台计算机流动时，永远归属某个行为体所有并位于某个国家领土上的某个网络当中。即使数据通过埋设于公海的光缆或者遨游于太空的卫星传输，但这种海底光缆或卫星仍然是属某个国家所有的设施，并受该国法律管制。② 因此，许多国家都通过立法规范网络安全管理。美国早在1984年就制定了《计算机欺诈与滥用法》，1997年制定了《公共网络安全法》《加强计算机安全法》。其2001年制定《关键基础设施保护法案》，明确指出："那些对美国至关重要的虚拟系统和设施，一旦遭到破坏将导致国家政治安全、经济安全、国家公共卫生和保险或它们的总体受到严重削弱。"2002年通过的《关键基础设施信息保护法》，针对关键基础设施信息面临的威胁，制定了一套系统、具体的保护措施。2003年2月，美国政府制定了《确保网络空间安全的国家战略》，其内容是要求全社会力量积极保障网络安全，特别是重

① 李留英.军事信息安全[M].北京：军事科学出版社，2010：84－125.
② 参见吕晶华.美国网络空间战思想研究[M].北京：军事科学出版社，2014：67。

视发挥高校和科研机构作用。2009 年,美国国会发布《国家网络安全综合计划:法律授权和政策考虑》报告[1],阐述了美国信息化战争与国防法律、政策问题,指出国家面临的首要威胁还是对政府关键设施的攻击,因而需要加强行政权力和立法力度。同日,美国联邦审计署发布《美国国家网络安全战略:需要进行的关键改进》报告,对需要进一步加强的 5 个网络安全关键领域和美国国家网络安全战略需要改进的 12 个关键领域提出了建议。2010 年 2 月 6 日,美国众议院通过《2009 网络安全法》,赋予总统"宣布网络安全的紧急状态"以及其他相应的权力;3 月,美国制订《国家网络安全综合计划》;2011 年 5 月和 7 月,美国政府和国防部相继推出《网络空间国际战略》《网络空间行动战略》;2015 年 4 月美国国防部又推出新的《网络空间战略》,12 月,美国政府发布《美国网络威慑政策》。2018 年 9 月,美国政府发布《国家网络战略》,表明其正式承认网络空间已经成为美国社会不可分割的组成部分;发布《2018 国防部网络战略》,提出"加强负责任的平时网络空间国家行为规范(自愿、非约束性)"。美军参谋长联席会议和各个军种部也推出网络空间作战方面的法规性文件,如美军参联会 2006 年 12 月发布的《网络空间作战国家军事战略》、2013 年 2 月发布的《网络空间作战条令》,美国空军 2011 年 7 月发布的《网络空间作战条令》,美国陆军 2017 年 4 月发布的《网络空间和电子战行动条令》,等等。在这些规范性文件中,显示出美国从技术层面、资源层面、信息层面到法理层面抢占全球网络空间制高点的意图。俄罗斯也十分重视网络管理安全方面的立法。早在 1995 年,俄罗斯宪法就把网络安全纳入国家安全管理范围,并以此为依据,公布了《联邦信息、信息化和信息网络保护法》。1996 年,修订后的《俄联邦刑法典》对计算机信息领域犯罪作了明确界定。1997 年 10 月,俄罗斯安全会议通过《俄罗斯国家安全构想》,构建起"以维护信息安全为重点"的维护国家综合安全的战略框架。该《构想》明确了信息安全建设的目的、任务、原则和主要内容。日本在加速建设"电子国家"的同时,也积极推进网络安全管理立法。20 世纪末制定了《IT 安全政策指南》,21 世纪初又制定了《信息通信网络安全可靠性基准》《信息安全测评认证制度》《反黑客对等行动计划》等。2000 年 7 月设立"IT 战略本部",制定了"IT 基本法",作为日本 IT 领域的基本制度。2004 年,日本信息安全促进机构制定了《信息安全标准》,为网络安全管理提供了基本技术规范。

在各国日益加强国内立法的同时,国际社会也制定了一些有关网络空间安全管理方面的规范,如欧洲经合组织制定的《信息系统安全准则》,欧洲委

---

① 参见李留英.军事信息安全[M].北京:军事科学出版社,2010:13。

员会制定的《打击网络空间犯罪公约》，上海合作组织签署的《上海合作组织成员国元首关于国际信息安全的声明》和《上海合作组织成员国保障国际信息安全政府间合作协定》等。截至目前，国际立法虽然远不能适应网络空间安全管理的需要，但一些国家已经认识到这方面立法的重要意义。美国2011年5月颁布的《网络空间国际战略》要求："通过扩大《布达佩斯网络空间犯罪公约》范畴，协调制定网络空间国际法律。在调查和起诉网络空间犯罪案件时，美国及其盟国经常要依赖于其他国家的合作与帮助。如果这些国家拥有共同的网络空间犯罪法，可为共享证据、引渡和其他形式合作提供方便，那么合作就最有效，也最具实际意义。"早在2006年，美国参议院就批准了《计算机犯罪公约》，该公约于2007年1月1日在美国正式生效。可以说，美国通过国内法与有关国际公约的有机结合，初步构成了其网络安全法律体系框架。

强调国内法与国际法的衔接，是网络安全管理法规体系的明显特征。在一个国家的法律体系中，虽然其他一些部门法也需要与国际法相结合，但这种"结合"的程度，与网络安全管理法规所要求的"衔接"还是有区别的。在网络空间方面，各国具有共同的使用要求，面对共同的安全威胁，需要共同的行为规范，形成共同的治理手段。简而言之，网络空间性质的虚拟性和规模的无限性，需要国际社会共同参与安全管理，包括共同参与法制建设。因此，国家的网络空间安全管理立法必须具有更多的开放性。《中华人民共和国网络安全法》第七条明确规定："国家积极开展网络空间治理、网络技术研发和标准制定、打击网络犯罪等方面的国际交流与合作，推动构建和平、安全、开放、合作的网络空间，建立多边、民主、透明的网络治理体系。"美国颁布的《网络空间国际战略》认为，各个国家制定打击网络空间犯罪的法律应以相关的国际法为"模本"，指出："《布达佩斯网络空间犯罪公约》为各国提供了拟定和修订现行法律的模本，事实证明，它也为打击网络空间犯罪的国际合作提供了有效机制。美国将继续鼓励更多的国家成为《公约》成员国，并帮助非成员国以《公约》为基础制定法律，从而在短期内减少双边合作障碍，并为其今后成为《公约》成员国作好准备。"许多网络问题专家认为，互联网必须受到法律的管束，但这种立法并非民族国家政府用以管束国内活动的、纯粹的国内立法，而是必须适合跨国虚拟活动的必要法律。这种适合"跨国虚拟活动的必要法律"一方面要求加强国际立法，另一方面也要求各个国家的国内法与相关国际法有机衔接，通过国内立法，更多地将相关国际法条款转化为国内法条款，从而适应网络安全的全球治理趋势，实现真正有效的安全管理。

二、网络空间安全管理法规的作用

网络空间安全管理法规的作用是指其对人们在网络空间的行为及其社会关系所产生的实际影响。从总体上看，网络空间安全管理法规主要具有以下作用。

（一）规范网络空间安全管理活动的科学依据

网络空间安全管理法规为科学实施网络空间安全管理提供了基本依据。构建网络空间，需要建造大量的物理设施，如果忽视安全问题，就会使这些物理设施特别是信息系统因先天不足而为后续使用留下安全隐患。这不仅可能使网络空间无法发挥出应有的效能，导致人力、物力、财力的巨大浪费，还可能给国家和社会带来难以估量的损失。美国前国际网络影响部门主任斯格特·伯格认为，大多数国家能顶住 2～3 天的大规模网络攻击，但如果关键性基础设施被瘫痪 8～10 天之久，那么由此造成的社会经济损失足以将一国拖垮。而网络空间安全管理法规的制定和实施，则有助于克服人们“先建设、后防护”或者“重建设、轻防护”的错误观念，督促人们将安全建设纳入信息系统以至网络空间整体规划和建设之中。在充分论证、科学决策的基础上，针对可能的自然或人为威胁，未雨绸缪，建立相应的防范机制和措施，着力提高网络空间的安全防护能力和水平。

从不同国家以及国际社会的立法情况看，网络空间安全管理法规是对网络空间安全管理实践经验的总结，是网络空间安全管理理论体系的结晶。一部能够有效调整相应社会关系、保证网络空间安全运行的管理法规，必然有着实践和理论两个方面的科学支撑。因此，人们要想在网络空间建设、使用、维护等各个环节中确保安全，从而使网络空间顺利发展并持续造福于人类，就必须依法实施规范网络空间安全管理活动。

（二）打击网络空间违法犯罪行为的有力武器

形形色色的网络空间违法犯罪行为，对网络空间安全构成了极大威胁。坚决打击各种违法犯罪行为，是保证网络空间安全的必要措施。网络空间安全管理法规以其特有的强制性和高度的权威性，为此提供了有力武器。在网络空间安全管理法规中，明确了各类行为主体在维护网络空间安全方面应遵循的行为准则，规定了危害网络空间安全所应承担的法律责任。如我国《全国人民代表大会常务委员会关于维护互联网安全的决定》规定：“为了保障互联网的运行安全，对有下列行为之一，构成犯罪的，依照刑法有关规定追究刑事责任”：(1) 侵入国家事务、国防建设、尖端科学技术领域的计算机信息系统；(2) 故意制作、传播计算机病毒等破坏性程序，攻击计算机系统及通信网络，致使计算机系统及通信网络遭受损害；(3) 违反国家规定，擅自中断计算机网络或者通信服务，造成计算机网络或者通信系统不能正常运行。

应当强调的是，在网络技术日新月异的今天，网络空间的安全只是相对的。如果只是单纯依靠技术手段维护网络空间安全，不仅导致防护成本上升或造成使用不便，而且往往由于技术手段的局限或在对抗中处于劣势而无法达到目的。事实证明，在网络空间所面临的各种威胁中，各种人为因素特别是违法犯罪行为，是危害网络空间安全的主要形式。因此，在网络空间安全管理中，重视依法打击各种违法犯罪行为，对于有效维护网络安全，促进国家和军队各项任务的完成，具有十分重要的作用。

(三) 维护国家安全与公民权益的调节器

法律是利益的调节器。通常情况下，国家制定法律法规，都要兼顾国家整体利益和公民个体利益，两者不可偏废。但网络空间安全管理立法在此方面表现尤为突出：国家安全利益与公民权益之间的关系，是网络空间安全管理法规调整的重点对象之一。

从维护国家安全利益的角度看，网络空间安全管理立法的基本目标可以概括为“五个确保”，即确保国家网络空间主权的独立和完整；确保国家信息网络基础设施、重要网络系统和网络内容的安全和平稳运行；确保网络空间内容健康、秩序稳定可控；确保国家网络空间体系的自主性和竞争力；确保网络空间危机的有效应对和反制能力的不断提升。同时，网络空间安全管理法规虽然定位于“安全管理”，但立法着眼点并不仅仅停留于当前安全状态的维护，更着眼于未来安全利益的拓展。换言之，制定和实施网络空间安全管理法规，不仅是网络空间防间保密、规范秩序的必要，更是提升国家网络空间能力、抢占网络空间优势、拓展国家安全利益的需要。

从保护公民权益的角度看，网络空间安全管理立法应当确保公民充分、有序地利用网络获取信息、使用信息，享受多样化的网络与信息服务。最初设计互联网时，设计者主要考虑的是使用的方便性而非安全性，因此互联网保持了一种极具开放性的架构，任何使用可连接互联网的计算机、手机或其他设备的人，都可以在需要时自由进出互联网。应当看到，网络自由的保护与社会发展息息相关：确保人们充分利用网络的权益，实现其全球范围的电子邮件、电子传输、信息查询、语音与图像通信服务功能，对推动世界经济、社会、科学、文化的发展具有不可估量的作用。实践也已证明，网络功能的充分运用已对人类社会进步作出了巨大贡献。因此，一些国家的网络安全管理立法十分重视保护公民享有网络使用的正当权利。我国公安部 1997 年发布的《计算机信息网络国际联网安全保护管理办法》第七条规定：“用户的通信自由和通信秘密受法律保护。任何单位和个人不得违反法律规定,利用国际联网侵犯用户的通信自由和通信秘密。”

但是,在网络安全管理立法中,公民权益保护与国家安全利益维护有时会呈现出一种矛盾的状态。例如,出于维护国家安全利益的考虑,往往需要在网络安全管理中制定保密方面的法规制度,严格控制一些信息传播、知晓的范围;但从普通公民的角度而言,利用网络获取和利用尽可能多的信息,又是其权益要求。这种情况下,就需要通过制定网络空间安全管理法规兼顾国家与公民的需要,妥善处理好维护国家安全利益与保护公民权益的关系。如我国的《全国人民代表大会常务委员会关于维护互联网安全的决定》明确指出,制定该《决定》,是为了“促进我国互联网的健康发展,维护国家安全和社会公共利益,保护个人、法人和其他组织的合法权益”。我国《网络安全法》第十二条更是明确规定:“国家保护公民、法人和其他组织依法使用网络的权利,促进网络接入普及,提升网络服务水平,为社会提供安全、便利的网络服务,保障网络信息依法有序自由流动。”同时规定:“任何个人和组织使用网络应当遵守宪法法律,遵守公共秩序,尊重社会公德,不得危害网络安全,不得利用网络从事危害国家安全、荣誉和利益,煽动颠覆国家政权、推翻社会主义制度,煽动分裂国家、破坏国家统一,宣扬恐怖主义、极端主义,宣扬民族仇恨、民族歧视,传播暴力、淫秽色情信息,编造、传播虚假信息扰乱经济秩序和社会秩序,以及侵害他人名誉、隐私、知识产权和其他合法权益等活动。”在美国,虽然网络空间的开放性带来的威胁已经显而易见,但很多人仍然大力宣扬应保持在这一领域的自由度,主张在制定安全管理制度的同时,不能过多限制使用者相应的权益。对此,我们应当持谨慎态度。在网络安全管理立法中,合理调节不同的利益关系,兼顾国家安全利益和公民权益。还是以保密制度的制定为例:一方面,对于该保密的信息严格按照规定予以保密,防止其超出应当知晓的范围;另一方面,对于可以公开的信息应当尽量公开,不要随意将其封闭在制度的藩篱之内。国家利益与公民权益具有对立统一的关系,它们既有矛盾的一面,也有一致的一面。从根本上说,通过保密制度维护国家安全利益,也是对全体公民权益的一种保护;从长远看,维护公民的知情权有利于促进国家发展,而国家只有不断发展,才能真正确保安全。

第二节　网络空间安全管理国内立法

网络空间安全管理法规,包括国内法与国际法两个部分。一个国家建立和完善网络空间安全管理法规体系，也需要从这两个方面努力。当前，从我国情况看，网络空间法规严重不足，由此造成安全管理的广度不够、力度不大、效果不佳。这种情况下，迫切需要加强网络安全管理法规研究，建立健全网络安全管理法规体系。

一、网络空间安全管理国内立法现状

一个国家，加强网络空间安全管理，必须专门制定与之相应的法律，而不能依赖现行的法律框架，即不能指望通过综合性法律或搭载其他部门法的"顺风车"解决问题。这是因为，网络空间的崛起和网络技术的广泛应用，催生了许多前所未有的新概念、新形式，而这些新的社会现实在传统的法律中找不到相应的规范，必须针对其中的新的社会关系制定新的法律法规。为此，不少国家都注重网络空间安全的专门立法，主要包括以下几个方面的内容：加强基础设施的保护、维护信息安全、打击网络犯罪、保护隐私权、规范网上信息发布和传播、加强对信息收集和利用的管理，加强对信息资源的开发和利用等。

（一）全国人大与国务院关于网络空间安全管理立法

近年来，我国也重视网络安全管理方面的法规制度建设。陆续出台了一些法规。1994 年 2 月，国务院发布《中华人民共和国计算机信息系统安全保护条例》，并于 2011 年 1 月进行了修订。根据其第一条规定，该《条例》旨在"保护计算机信息系统的安全，促进计算机的应用和发展，保障社会主义现代化建设的顺利进行"。共 5 章 31 条。其中明确规定："计算机信息系统的安全保护，应当保障计算机及其相关的和配套的设备、设施（含网络）的安全，运行环境的安全，保障信息的安全，保障计算机功能的正常发挥，以维护计算机信息系统的安全运行。""计算机信息系统的安全保护工作，重点维护国家事务、经济建设、国防建设、尖端科学技术等重要领域的计算机信息系统的安全。""任何组织或个人，不得利用计算机信息系统从事危害国家利益、集体利益和公民合法利益的活动，不得危害计算机信息系统的安全。"

1996 年 12 月，国务院发布《中华人民共和国计算机信息网络国际联网管理暂行规定》，并于 1997 年 5 月进行了修订。该《规定》旨在加强对计算机信息网络国际联网的管理，保障国际计算机信息交流的健康发展。共 17 条。其中明确规定："从事国际联网业务的单位和个人，应当遵守国家有关法律、行政法规，严格执行安全保密制度，不得利用国际联网从事危害国家安全、泄露国家秘密等违法犯罪活动，不得制作、查阅、复制和传播妨碍社会治安的信息和淫秽色情等信息。"

1997年12月，经国务院批准，公安部发布《计算机信息网络国际联网安全保护管理办法》，并于2011年1月进行了修订。该《办法》旨在“加强对计算机信息网络国际联网的安全保护，维护公共秩序和社会稳定”。共5章25条。其中明确规定：“公安部计算机管理监察机构负责计算机信息网络国际联网的安全保护管理工作。公安机关计算机管理监察机构应当保护计算机信息网络国际联网的公共安全，维护从事国际联网业务的单位和个人的合法权益和公众利益。”“任何单位和个人不得利用国际联网危害国家安全、泄露国家秘密，不得侵犯国家的、社会的、集体的利益和公民的合法权益，不得从事违法犯罪活动。”

2000年12月28日，第九届全国人民代表大会常务委员会第十九次会议通过《全国人民代表大会常务委员会关于维护互联网安全的决定》，共7条。其中明确规定：“各级人民政府及有关部门要采取积极措施，在促进互联网的应用和网络技术的普及过程中，重视和支持对网络安全技术的研究和开发，增强网络的安全防护能力。有关主管部门要加强对互联网的运行安全和信息安全的宣传教育，依法实施有效的监督管理，防范和制止利用互联网进行的各种违法活动，为互联网的健康发展创造良好的社会环境。从事互联网业务的单位要依法开展活动，发现互联网上出现违法犯罪行为和有害信息时，要采取措施，停止传输有害信息，并及时向有关机关报告。任何单位和个人在利用互联网时，都要遵纪守法，抵制各种违法犯罪行为和有害信息。人民法院、人民检察院、公安机关、国家安全机关要各司其职，密切配合，依法严厉打击利用互联网实施的各种犯罪活动。要动员全社会的力量，依靠全社会的共同努力，保障互联网的运行安全与信息安全，促进社会主义精神文明和物质文明建设。”

2000年9月，国务院公布《互联网信息服务管理办法》，并于2011年1月进行了修订。该《办法》旨在规范互联网信息服务活动，促进互联网信息服务健康有序发展。共27条。其中明确规定：“国家对经营性互联网信息服务实行行政许可制度；对非经营性互联网信息服务实行备案制度。”“未取得许可或者未履行备案手续的，不得从事互联网信息服务。”互联网信息服务提供者不得制作、复制、发布、传播含有“反对宪法所确定的基本原则”“危害国家安全，泄露国家秘密，颠覆国家政权，破坏国家统一”等方面内容的信息。

2002年9月，国务院公布《互联网上网服务营业场所管理条例》，并于2011年1月进行了修订。该《条例》旨在加强对互联网上网服务营业场所的管理，规范经营者的经营行为，维护公众和经营者的合法权益，保障互联网上网服务经营活动健康发展，共5章37条。其中明确规定：“国家对互联网上网服务营业场所经营单位的经营活动实行行政许可制度。未经许可，任何组织和个人不得设立互联网上网服务营业场所，不得从事互联网上网服务经营活动。”“互联网上网营业场所经营单位和上网消费者不得利用互联网上网服务营业场所制作、下载、复制、查阅、发布、传播或者以其他方式使用含有”“危害国家统一、主权和领土完整”“泄露国家秘密，危害国家安全或者损害国家荣誉和利益”等方面内容的信息。

2012 年 12 月，第十一届全国人民代表大会常务委员会通过《关于加强网络信息保护的决定》。根据其前言阐述，该《决定》旨在“保护网络信息安全，保障公民、法人和其他组织的合法权益，维护国家安全和社会公共利益”。共十二条。其中第九条明确规定：“任何组织和个人对窃取或者以其他非法方式获取、出售或者非法向他人提供公民个人电子信息的违法犯罪行为以及其他网络信息违法犯罪行为，有权向有关主管部门举报、控告；接到举报、控告的部门应当依法及时处理。”并明确了网络服务提供者、组织、公民、有关主管部门在信息安全方面各自的权利和义务。

2016 年 11 月，全国人大常委会通过《中华人民共和国网络安全法》，自 2017 年 6 月 1 日起施行。该法共 7 章 79 条，对国家在网络安全管理方面的方针原则、管理体制、基本任务和网络安全支持与促进、网络运行安全特别是关键信息基础设施的运行安全、网络信息安全、监测预警与应急处置等内容作了规定。这部法律是我国第一部网络安全保障领域的法律，是我国关于网络安全管理方面的基本法，对于“保障网络安全，维护网络空间主权和国家安全、社会公共利益，保护公民、法人和其他组织的合法权益，促进经济社会信息化健康发展”①具有十分重要的作用。

（二）国务院有关部委关于网络安全管理立法

为了更好地施行国家有关网络安全管理方面的法律和行政法规，国务院有关部门制定了一些网络安全管理方面的规章和规范性文件。主要包括：1996 年 4 月，邮电部发布《计算机信息网络国际联网出入口信道管理办法》；1998 年 2 月 26 日国家保密局发布《计算机信息系统保密管理暂行规定》；2000 年 11 月，国务院信息产业部发布《互联网电子公告服务管理规定》；2000 年 11 月，国务院新闻办公室、信息产业部发布《互联网站从事登载新闻业务管理暂行规定》；2004 年 11 月，信息产业部发布《中国互联网络域名管理办法》；2005 年 9 月，国务院新闻办公室、信息产业部联合公布《互联网新闻信息服务管理规定》；2005 年 12 月，公安部发布《互联网安全保护技术措施规

① 《中华人民共和国网络安全法》第一条。

定》;2009 年 2 月,工业和信息化部公布《电子认证服务管理办法》。

(三) 国家网络空间战略的确立

2016 年 12 月,国家互联网信息办公室发布了《国家网络空间安全战略》。明确国家网络空间安全战略是为贯彻落实习近平在第二届世界互联网大会开幕式上关于提出推进全球互联网治理体系变革的"四项原则"①和构建网络空间命运共同体的"五点主张"②,阐明中国关于网络空间发展和安全的重大立场,指导中国网络安全工作,维护国家在网络空间的主权、安全、发展利益"而制定的。指出:网络空间安全事关人类共同利益,事关世界和平与发展,事关各国国家安全。维护中国网络空间安全,是协调推进全面建设小康社会、全面深化改革、全面依法治国、全面从严治党战略布局的重要举措,是实现"两个一百年"奋斗目标、实现中华民族伟大复兴中国梦的重要保障。2017 年 3 月,经中央网络安全和信息化领导小组批准,外交部和国家互联网信息办公室共同发布《网络空间国际合作战略》。该战略提出以和平、主权、共治、普惠 4 项基本原则推动网络空间国际合作,指出:"中国参与网络空间国际合作的战略目标是:坚定维护中国网络主权、安全和发展利益,保障互联网信息安全有序流动,提升国际互联互通水平,保障网络空间和平安全稳定,推动网络空间国际法治,促进全球数字经济发展,深化网络文化交流互鉴,让互联网发展成果惠及全球,更好造福全国人民。"

综上所述,经过 20 多年的发展,我国网络空间安全管理立法已经取得了初步成效,在维护计算机信息系统及互联网安全、保守国家秘密以及国际联网、域名管理、信息服务、电子认证、新闻管理和相应的营业场所管理等方面制定了一些法律规范,特别是制定了网络安全管理方面的基本法律,对于保障网络空间的健康发展和有效利用发挥了重要作用。

二、网络空间安全管理国内法立法的发展

虽然我国网络空间安全管理立法已经取得初步成效,但从总体上看,该领域的法制建设还不能适应完全形势需要,主要表现为调整范围有限,技术性规范不足,监督机制也不够健全。为适应网络空间安全管理的需要,国家

---

① 一是尊重网络主权,二是维护和平安全,三是促进开放合作,四是构建良好秩序。参见《习近平谈治国理政》(第二卷)[M].北京:外文出版社,2017:532 - 534。

② 第一,加快全球网络基础设施建设,促进互联互通;第二,打造网上文化交流共享平台,促进交流互鉴;第三,推动网络经济创新发展,促进共同繁荣;第四,保障网络安全,促进有序发展;第五,构建互联网治理体系,促进公平正义。参见《习近平谈治国理政》(第二卷)[M].北京:外文出版社,2017:534 - 536。

应加强立法工作的统一领导，尊重网络空间的技术结构特点，以促进发展为宗旨，有序开展法律法规的制定、修订、清理和废止工作，大力提高法制建设的效率和水平，逐步构建一个门类齐全而不烦琐、规范严密而不重叠、相互制约而不矛盾、符合国情而不孤立的科学严谨的网络空间安全管理法规体系。

（一）加强顶层设计

建立和健全我国的网络空间安全管理法规体系，必须加强顶层设计。首先要组织有关网络专家、法学专家研究论证，精心构建国家网络空间安全管理法规体系框架，为今后一个时期的立法提供较为精准的路线图。目前，我国已有了网络安全管理方面的基本法律，但是，还应考虑在宪法中增设有关网络空间安全管理的条款。宪法是国家的根本大法，是实施网络空间安全管理的基本依据。可以考虑在宪法总纲有关维护国家安全的条款中，增加网络空间安全管理的内容。这不仅有利于使网络空间安全管理在维护国家安全的大局中准确定位，而且可以为建立网络空间安全管理法规体系提供必要的宪法依据。

（二）健全相关制度

在网络空间安全管理专项法律之下，通过制定相应的法规和规章，健全网络空间安全管理各项制度。

1. 网络空间人员安全管理制度

人是网络空间中最不可预知的因素，也是最关键的要素。网络空间安全管理制度建设要贯彻以人为本的原则。早在 1997 年，我国就成立了信息技术和安全技术委员会，各级各类的安全部门也相应成立，但这些机构和人员较为分散，彼此间没有统一协调的部署和指挥，在面临突发情况时很难有效整合。因此，对管理人员要建立系统组织机构，健全各项制度。主要包括：

(1) 网络空间管理人员编配制度，如规定国家网络空间安全管理组织结构和管理架构，明确政府网络空间管理人员的编制，建立健全网络应急处理的协调机制等。

(2) 对网络空间各类专业人员如系统管理员、安全管理员、系统分析及安全分析员，软件、硬件维修人员，安全警卫人员和安全设备操作人员，要明确规定其相应的岗位职责，做到分工明确，职责清晰。

(3) 网络空间管理人员生长制度，包括这些人员的选拔、教育、培训、使用、轮换等制度。

(4) 各类人员使用网络空间的制度，包括身份鉴别制度、行为监控制度、授权制度以及使用网络空间人员的权利义务等规定。

2. 信息安全管理制度

(1) 信息采集安全管理制度,包括网络信息采集的基本流程、网络信息采集威胁应对、网络信息采集分析鉴别等方面的规定。

(2) 信息处理安全管理制度,网络信息处理的基本流程、网络信息处理威胁应对、网络信息的储存、管理等方面的规定。

(3) 信息传递安全管理制度,包括网络信息传递的基本流程、网络信息传递威胁应对、网络信息传递意外情况处理等方面的规定。

(4) 信息利用安全管理规定,包括网络信息利用的基本流程、网络信息利用威胁应对、网络信息利用意外情况处置等方面的规定。

(5) 敏感性信息分类制度。政府要进行敏感性信息的分类,并加强管理,以防止敏感性信息被恶意者所利用。

3. 关键信息基础设施保护制度

我国《网络安全法》第三十一条规定:"国家对公共通信和信息服务、能源、交通、水利、金融、公共服务、电子政务等重要行业和领域,以及其他一旦遭到破坏、丧失功能或者数据泄露,可能严重危害国家安全、国计民生、公共利益的关键信息基础设施,在网络安全等级保护制度的基础上,实行重点保护。"并明确:"关键信息基础设施的具体范围和安全保护办法由国务院制定。"2021 年 9 月 1 日我国《关键信息基础设施安全保护条例》正式施行。条例对第二章　关键信息基础设施认定、运营者的义务、保护和促进、法律责任等问题,都作了明确而具体的规定,为关键信息基础设施保护提供了直接依据。

4. 网络空间安全风险管理制度

风险管理制度的作用在于及时发现风险、化解风险,防止风险发展为危机。

(1) 分析与评价制度,规范对网络空间可能出现的各种风险、威胁、攻击进行识别、分析与评价的活动,包括通过排查、采样、比较、演习、试点等方法,定期评估信息系统的风险应对能力。

(2) 预警与预防制度,规范对风险及时预警并进行有效防范的活动。

(3) 风险信息共享与合作制度,规范识别和确认风险并且及时向社会披露的活动,使各类行为体之间,包括政府各部门之间、军队各级组织之间、政府与军队之间、政府与民间组织之间共享有关风险和威胁的信息,以便相互展开合作,有效化解风险。

5. 网络空间安全事故应急管理制度

主要规范响应各种网络安全事故的活动,恢复和确保网络空间以及重要信息基础设施的正常运转。

(1) 网络空间安全事故预防制度，包括网络空间安全事故预防的原则、网络空间安全事故预防的基本措施等规定。

(2) 网络空间安全事故应急响应制度，包括网络空间安全事故应急响应的原则、网络空间安全事故应急响应的指挥程序和权限、网络空间安全事故应急响应预案的制度以及实施的时机等规定。

(3) 网络空间安全事故调查处理制度，包括网络空间安全事故调查处理的基本原则，网络空间安全事故调查处理的基本程序、网络空间安全事故责任追究等规定。

6. 打击网络恐怖和犯罪制度

近些年来，网络恐怖和网络犯罪都呈上升之势。各种敌对势力通过网络进行渗透、颠覆和分裂活动，制造政治阴谋、发动心理战、影响意识形态，通过网络实施违法犯罪，侵害国家利益和公民合法权益。各国都将打击网络恐怖和犯罪作为网络安全管理工作的重要内容。我国《国家网络空间安全战略》的一大战略任务之一就是“打击网络恐怖和违法犯罪”加强网络空间安全管理，必须注重以法制手段打击网络恐怖和网络犯罪。

(1) 规范打击网络恐怖和网络犯罪的指导思想、方针原则和基本要求。

(2) 规定各级机关及其领导干的职责。

(3) 规定打击网络恐怖和犯罪的重点任务、主要措施等。

(4) 规定具体工作制度，包括关键场所保卫制度、电磁屏障设置制度、用户识别和验证制度、用户访问控制制度、用户活动跟踪和登记制度、重要数据复存制度、数据加密制度等，并规定抹除技术和信息保密新产品的研制、开发、运用制度。网络安全教育制度。网络安全是信息时代国家安全观念的重大发展，强化全民网络安全观念是信息时代维护国家安全的迫切需要。然而，目前我国广大民众的网络安全观念与维护国家安全的需要之间存在着较大差距，许多人只看到计算机网络所带来的巨大利益，没有看到网络对国家安全带来的严重威胁，甚至不知道什么是网络安全。这就亟须建立健全网络安全教育制度。

(1) 规定网络安全教育的方针原则，明确网络安全教育的目的和基本任务。

(2) 规范网络安全教育的对象，明确党政军领导干部以及国家机关工作人员、大中小学学生、其他公民接受网络安全教育的义务。

(3) 规定网络安全教育的内容和方法，针对不同教育对象的不同特点，分门别类实施教育，确保全体公民确立网络安全意识，自觉维护网络安全。

（三）加强协调配合

网络空间安全管理立法，应当注重与其他领域的立法相协调，以维护国家法制的有效和统一。一方面，网络空间安全管理立法要考虑其他方面的相关立法需求；另一方面，在其他相关立法中也要考虑网络空间安全管理立法需求。

1. 与国家安全法的协调

2015年公布的《国家安全法》第二十五条对网络安全做了专门规范："国家建设网络与信息安全保障体系，提升网络与信息安全保护能力，加强网络和信息技术的创新研究和开发应用，实现网络和信息核心技术、关键基础设施和重要领域信息系统和数据的安全可控；加强网络管理，防范、制止和依法惩治网络攻击、网络入侵、网络窃密、散布违法有害信息等网络违法犯罪行为，维护国家网络空间主权、安全和发展利益。"我国的《网络安全法》已将新的《国家安全法》关于网络空间安全规定予以专门化、具体化，随着网络安全立法工作的持续发展，在法规和规章层次，也需要进一步搞好与新《国家安全法》的协调衔接。

2. 与国家危机管理法规体系的协调

例如，在执行网络空间安全管理专项法律时，就要注重完善网络空间危机管理方面的制度。21世纪是一个注重危机管理的世纪，表现在法制建设上，就是应对危机的法律法规不断出台，为危机管理提供法定依据。当前，我国已经制定了戒严法、核事故应急条例、破坏性地震应急条例、突发公共卫生事件应急条例等一些危机管理方面的专项法律法规，并在防洪法、消防法等法律中有少量涉及危机管理的条款。毋庸置疑的是，这些位于国家法律层次的危机管理规范，实际上也具有安全管理的意义。从理论上看，危机管理的本意在于预测和化解风险、预防和控制危机、防止或制止冲突，其立法意图在许多方面与安全管理不谋而合。在国家危机管理专项法律法规不断出台、危机管理法规体系建设不断推进的背景下，网络安全管理法规体系的构建，也应与之相衔接。

（四）坚持与时俱进

当前，网络攻击技术迅猛发展。尤其是美国研发的"离线网络"攻击技术，已严重威胁我内部网络安全。即使是那种已经采取物理隔断措施、不接入互联网而一向被认为是安全的网络系统，也可能受到敌方的网络渗透和攻击。军用内部网络和党政机关要害部门的内部网络，都在其攻击范围之内。这就要求我们一方面要在技术上加紧研究御敌新招；另一方面在制度上也要与时俱进，建立健全防范"离线网络"攻击技术的规范。

第三节 网络空间安全管理国际立法

在全球互联的网络空间，网络安全是国际社会共同面临的问题，需要加强国际合作。2018年4月，习近平在全国网络安全和信息化工作会议上指出：要“主动参与网络空间国际治理进程”①。当前，国际网络空间呈现出一种无政府状态，没有形成全球性的共同规范，无论是规范主体还是相关的权利义务，都还不很清晰。因此，建立健全相关国际法规，明确和平时期和战争时期的国际行为准则，是实现网络安全管理的必由之路。

一、网络空间日常安全管理国际法规发展状况

早在20世纪90年代，国际社会就认识到了网络安全管理的重要性，寻求签订多边条约和制定国际法律规则，对干扰网络安全的行为进行约束和惩罚。从法规内容看，目前关于日常网络安全管理的国际法规大体上可分为三类：

（一）有关打击网络犯罪的国际法规

为合作打击网络犯罪，欧洲委员会自1997年开始着手起草《打击网络犯罪公约》，2011年11月获欧洲委员会部长委员会正式批准，通过当日获30国签署（包括26个欧洲委员会成员国，以及美、加、日、南非4个观察员国），截至2012年底，缔约国达到48个国家。《公约》除序言外，共分为4章48条，核心内容为第二、第三章，主要包括打击网络犯罪的刑事实体法、刑事程序法和国际合作等3个方面。在刑事实体法方面，《公约》第2—10条列举了4类9种网络犯罪行为，第11—13条分别规定了犯罪的未遂、帮助、教唆等行为，以及法人责任和国内法应规定的相应刑罚措施。在刑事程序法方面，第14—22条规定，缔约国应制定关于网络犯罪刑事侦查的国内法。在国际合作方面，第23—35条规定了引渡，数据搜集、截取的相互协助以及特殊协助机制。

（二）有关互联网资源管理与分配的国际法规

为改变网络信息技术与资源被美国等少数国家所掌控、网络资源配置严重不均衡的局面，弥补广大发展中国家与发达国家之间的巨大“数字鸿沟”，以联合国为首的多个国际组织积极呼吁制定有关互联网资源管理与分配的国际法规，并多次召开会议和通过宣言。1998年，国际电信联盟通过决议，

① 习近平.习近平谈治国理政（第三卷）[M].北京：外文出版社，2020：305.

准备筹办信息社会世界峰会。这一决议得到联合国大会表决赞同。2002年12月，信息社会世界峰会第一次会议在瑞士日内瓦举行，来自176个国家、50个国际组织、近100家商业机构等方面的代表共1万余人参加会议。峰会通过了《原则宣言》和《行动计划》两个重要文件，提出建立公正信息社会的目标，并拟定了不同阶段的具体目标和行动方式。该小组于2004年7月发布报告，呼吁实现互联网治理的进一步国际化，并提出了4种可供选择的治理模式。① 2005年11月，该峰会第二阶段会议在突尼斯举行，最终通过《突尼斯承诺》和《信息社会突尼斯议程》两份文件，同意ICANN与美国依然保持对域名系统的控制，同时建立一个处于联合国主导下的国际机构“互联网治理论坛”，为相关各方提供探讨互联网政策事务的平台。2006年和2009年，上海合作组织也分别签署“关于国际信息安全的声明”和“保障国际信息安全政府间合作协定”等，呼吁各国政府合作，有效管理网络信息资源，切实维护网络安全。2014年3月，美国政府宣布将放弃对ICANN的管理权，这是向互联网资源的均衡化迈出的重要一步。但是，美国也明确表态，不会将这一权力移交给联合国，而是移交给“全球利益攸关方”，表明美国无意放弃对互联网的管理权。因此，在这一领域制定符合世界绝大多数国家及非国家行为体利益的准则还任重道远。

（三）有关网络使用权益保护的国际法规

为了避免人们在使用网络的过程中，其权益受到威胁和侵犯，国际社会积极制定相关法规，主要涉及规范电子商务行为、保护网络知识产权和保护网上个人隐私等内容。在规范电子商务行为方面，主要有联合国国际贸易法委员会1996年制定的《电子商务示范法》和2001年制定的《电子签名示范法》，欧盟签署的《关于远距离合同中消费者权益保护指令》《网络签名指令》《电子商务指令》等管理法规。在网络知识产权保护方面，主要有世界知识产权组织1996年通过的《版权条约》《表演与录音制品条约》等法规，对网络空间的著作权保护问题作出详细规定，尤其注重规范互联网上复制、上传和下载作品等行为，确保著作权所有人、表演者、录音制品制作者等人的应有权益。在保护个人隐私方面，欧盟于1995年出台《个人数据保护指令》，对收集、存储、修改、使用和散布网络用户数据的行为作出全面规定；1999年出台《互联网个人隐私保护一般原则》《信息公路个人数据收集、处理过程中个人权益保护指令》等文件，提出了个人使用网络时的隐私保护基本原则，为各国制定相关法律提供了重要依据和法律框架；亚太经济与合作组织成员国部长

① 唐守廉.互联网及其治理[M].北京：北京邮电大学出版社，2008：36－38.

级会议也于2004年通过了隐私保护框架，以建立覆盖亚太地区的隐私保护标准，尤其是规范个人数据在地区国家间的流动。

二、网络空间军事安全管理国际法规发展状况

早在20世纪90年代，国际社会就认识到了网络空间军事安全管理的重要性，寻求签订多边协议，推动网络空间军事安全管理方面的合作，防止网络空间战的爆发，控制网络军备的研制、试验、生产、部署、使用及转让。由于网络空间具有全球化特征，因而国际社会期望联合国在网络空间安全管理立法中发挥主导作用。但是，在2009年奥巴马就任美国总统之前，美国在这一问题上始终持消极态度，直接阻碍了相关国际法规的制定与发展。下面以2009年为界，分两个阶段简述网络空间军事安全管理国际立法的发展。

（一）2009年以前国际立法发展

1998年10月，俄罗斯首次向联合国"裁军与国际安全委员会"提交有关信息战军备控制的议案，呼吁各国就"运用国际法律机制禁止危险信息武器的发展、生产与使用的可行性"发表看法，但相关内容最终未被列入议案。此后，该委员会每年颁布题为《国际安全背景下电信与信息技术的发展》的文件，由各成员国向联合国秘书长提供有关国际信息安全的官方看法。俄罗斯还每年向该委员会提交相关军控决议草案，并得到白俄罗斯、缅甸、中国、土库曼斯坦、津巴布韦等国支持。2005年12月，相关议案首次在该委员会以177∶1的绝对多数通过，这是网络军控领域的一次重要进步。

但在这一时期，美国希望凭借其在网络空间所拥有的核心技术与资源，继续高速发展网络力量，以保持绝对优势，而不希望被法规条约所束缚，因此态度消极，采取了"先建设后谈判"拖延策略。1999年，美国国防部法律总顾问办公室评估认为，现在就信息战达成国际协定为时尚早。曾担任美国国家安全委员会反恐事务总顾问和总统网络空间安全特别顾问的理查德·克拉克明确指出，"自克林顿政府首次拒绝俄罗斯的相关建议以来，美国始终是网络军控的坚定反对者"，"为阻止在网络空间实施军备控制，美国几乎是在孤军奋战"①。这一时期，美国的消极态度直接阻碍了国际网络军控进程。

（二）2009年以后国际立法进展

近年来，全球网络安全形势不断恶化，大规模网络攻击事件时有发生，美国本身也感受到严重威胁。奥巴马政府评估后认为，更多的国际网络接触对

---

① Richard A. Clarke and Robert K. Knake, *Cyber War: The Next Threat to National Security and What to Do About It*, HarperCollins 2010, p.219.

美国有利，应尽快“发展并完善政府对组建国际网络安全政策框架的观点与立场，加强与国际伙伴的关系”①。随着美国态度的改变，网络空间军事安全管理领域的国际立法协商取得明显进展。

在双边领域，2009 年 7 月，奥巴马在访俄期间与俄总统梅德韦杰夫讨论了有关网络战规则的议题，但因双方存在巨大分歧而未能达成共识。2010 年，针对俄罗斯“就限制网络武器签订国际协议”的建议，时任美军网络司令部司令的基思·亚历山大称，可以将此作为国际争论的起点，这是美军高官首次正面回应网络军控提议，成为美国立场转变的重要标志。2013 年 6 月，美俄两国元首宣布，达成首份在网络领域建立信任措施的双边协议，内容包括：通过两国的“计算机紧急事件响应小组”(CERT)就来自彼此领土内的恶意软件进行信息交流；通过两国的“核风险削减中心”相互联系以应对重大网络事件；通过白宫与克里姆林宫的电话热线应对重大网络事件。

在多边领域，美国于 2009 年 10 月首次作出决定，不再反对联合国大会“探讨以可能方式强化全球层面信息安全”的决议。2010 年 7 月，美、俄、中等 15 个国家的网络安全专家与外交官员，向联合国秘书长递交一系列建议，呼吁各国展开更有效合作，就“制定信息与通信技术应用准则、国家在武装冲突中使用信息与通信技术的影响及其应对措施”等进行探讨。这些建议虽无强制性的约束力，却是世界主要国家首次就网络冲突问题达成共识，对于推动国际立法具有明显的标志性意义。

2013 年 3 月，北约“卓越网络空间合作防御中心”发布《塔林手册：国际法在网络空间战中的适用》，并由剑桥大学出版社出版。手册由该中心邀请的 20 名法律专家历时 3 年撰写完成，专家组成员分别来自美、英、加、澳、荷、瑞典等国的军队、大学与研究机构，其中既有国际法研究学者、法律从业人员，也有技术专家，无论在国别上还是职业上都具有较为广泛的代表性。《塔林手册》是西方公开出版的第一份有关网络空间战国际法的系统研究成果，详细规范了网络空间战所应遵循的一些基本规则，被誉为网络空间战领域的《日内瓦公约》②。《塔林手册》分为 7 章，共列有 95 条规则，内容涵盖了“诉诸战争权”和“战时法”两个关键领域中的各类事项。其核心观点有二：一是战争不会仅仅因为发生在互联网上就不是战争。例如，非法入侵大坝的控制系统，将水库大闸开启，可以产生与用炸药将大坝炸出缺口一样的效果。从

① 美国奥巴马政府.网络空间政策评估报告[R].2009-5-29.

② Raphael Satter, *First Cyber War Manual Released*, in *The Sydney Morning Herald*, March 20, 2013.

法律上说，引发大火的网络袭击与发射燃烧炮弹的传统袭击几乎没有区别。二是既有国际法规则应适用于网络空间。虽然专门针对网络空间军事行动的法律条约尚不存在，但既有的“诉诸战争权”“战时法”以及人道主义等国际法原则，在网络军事行动中同样应当适用。

2017 年，北约制定《塔林手册 2.0 版》，作为《塔林手册》的升级版，它得到了包括美、英、法、俄、中这联合国五大常任理事国在内的近百个国家政府以及数个国际组织的法律顾问代表提供的评论性意见。起草该手册的项目专家组共 19 名成员，除西方国家外，还有 3 名专家分别来自中国、俄罗斯和泰国，此外还邀请来自不同国家的国际法专家匿名评审各个国家和组织提交的对有关专题的意见，国际化程度有所提高。《塔林手册 2.0 版》的篇幅也大大增加，由《塔林手册》95 条增加至 154 条，新增了适用于和平时期“低烈度”网络行动的国际规则，基本涵盖了和平时期网络空间最受法律关注的领域，初步构建了一个包括战时和平时的、相对完备的网络空间国际规则体系。

三、网络安全管理国际立法中的缺陷

从总体上看，国际社会目前在网络空间安全管理的立法进展不快、成效不大，主要存在以下缺陷：

（一）以“软法”为主，约束力差

目前，国际社会关于网络安全管理的法规文件大体可分为三类：

1. 对既有国际法条约和习惯法进行发展与补充，使其适用于网络空间的新发展，如世界知识产权组织通过的《版权条约》和《表演和录音制品条约》就是在《与贸易有关的知识产权协定》《保护文学和艺术作品伯尔尼公约》等条约的基础上制定的。

2. 签署新的国际法文件或多边协议对网络行为加以规范，如《打击网络犯罪公约》就是以欧洲国家为主体的部分国家，出于网络犯罪日益猖獗而制定的新条约，《塔林手册》也是部分欧美国家为规范网络战行为制定的新准则。

3. 国际组织和国际会议达成的决议、宣言等，如“信息社会世界峰会”通过的《日内瓦行动计划》《突尼斯议程》，中俄等国向联合国提交的《信息安全国际行为准则》等。

可以看出，目前国际社会就网络安全问题制定的新法规数量极为有限，且国际组织和国际会议的决议、权威国际法学者的论述、国家间的原则性宣示等不具有约束力的“软法”在其中占据了相当大的比例。这些“软法”虽也可作为辅助性渊源，为未来建立国际法规提供依据和导引，但毕竟强制力不足，难以对主权国家等网络空间重要行为主体构成制约。《打击网络犯罪公约》虽然具有示范法属性，对缔约国应制定的网络犯罪国内法、数据搜集与截取方面的相互协助等作出了较为明确的规定，系当前唯一具有重大意义的网络空间安全管理国际法，但其约束力也是有限的。

（二）各类立法主体矛盾重重，难以制定普遍认可的规则

从目前的情况看，对于网络空间安全管理立法，发达国家与发展中国家之间、发达国家之间以及国家与非国家行为体之间，存在着截然不同的利益诉求，彼此之间有多重矛盾，很难制定得到绝大多数参与者认可的国际法文件。

其中，最为突出的矛盾在于，以美国为首的西方发达国家无意放弃对于互联网资源与技术的垄断，发展中国家利益难以实现。作为网络系统核心的根服务器在全世界有13台，其中1台主根服务器设在美国，12台辅助根服务器中有9台设在美国，其他3台分别设在英国、瑞典和日本。负责全球互联网各根服务器、域名体系和IP地址管理的，是美国政府授权的“国际互联网域名与号码分配机构”。全球网络技术也多为美国公司所垄断。互联网资源配置的严重不均衡，对于发展中国家的网络发展构成了严重制约。以联合国为首的国际组织多次组织召开国际会议，通过宣言、声明等文件，就网络资源的管理提出建议。但这些行动遭到发达国家的强烈抵制。例如，2012年12月，国际电信联盟主办的“国际电信世界大会”在阿联酋召开，对1988年制定的《国际电信规则》进行首次修改，以适应信息技术飞速发展带来的巨大变化。会议通过的新《规则》反映了发展中国家的诉求，受到多数与会国家的认同，89个国际电联成员在新《规则》上签字。虽然国际电联秘书长明确表示，无意与美国主导的“国际互联网域名与号码分配机构”（ICANN）争夺互联网关键资源，但是美、英、加等国仍拒绝在新《规则》上签字，部分欧洲国家持保留意见。广大发展中国家的意见无法得到尊重，对世界各国具有普遍约束力的国际法也因此难以建立。

此外，非国家行为体长期以来不是国际关系的主体，如何将这些行为体恰当地纳入国际法规体系，确保其发挥应有的作用，并使其利益得到满足，也是网络空间安全管理国际立法亟须探讨解决的问题。

（三）涉及领域众多，不同领域法制状况差距明显

网络空间对人类社会生产与生活的影响是全方位的。与此相适应，网络空间安全管理的国际法也应成为一个完整体系，对各个相关领域的问题作出相应规范。但实际上，各个领域的国际立法情况差异巨大。

在惩治网络犯罪、保护知识产权、保护隐私等领域，各国面临着大体相同的威胁，利益诉求差异不大，因此在制定国际法时分歧较小，进展也较为顺

利。例如,与普通犯罪行为相比,网络犯罪具有低成本、自动化、跨国化以及收益极高而受到惩处的风险几乎为零等特点,这对犯罪分子产生了极大的吸引力,导致网络空间犯罪行为愈演愈烈、犯罪集团日益增多,对世界各国的网络空间安全都构成了严峻挑战。在这种情况下,《打击网络犯罪公约》虽由区域性国际组织发起制定,但在起草之初就具有明显的全球特性。不过,在涉及各国网络管辖权和网络主权等核心利益的问题上,各国争论不休,很难达成妥协,制定统一的国际规则困难重重。除前文所述的互联网治理之外,各国在军事领域网络安全管理方面也存在着巨大分歧和矛盾。虽然网络空间的军事行动隐蔽性强、突发性大,一旦爆发损失难以估量,各国都有就此制定国际规则的意愿,但时至今日迟迟没有进展,根本原因还是美国等西方发达国家认为自身网络军事力量建设尚未完善,不足以形成其所期望的优势,因此暂时不希望受到国际法的约束。

(四)基本概念缺乏共识,法规制定缺乏基础

虽然网络空间已成为世界主要国家着力发展和保护的重点领域,但是其相关的基本概念至今尚不清晰,各行为体之间的共识极度有限。

2011年4月27日,美国东西方研究所与俄罗斯国立莫斯科大学发布了联合报告,这是两国学术界首份关于网络空间关键术语的报告。该文件对“网络空间”的界定是,“创造、传输、接收、存储、处理和删除信息的电子介质”。[①] 这一概念又回归研究初期,即强调网络空间的物质属性。由于它是美俄两国具有一定官方背景的学术机构之间经过商讨而相互妥协的产物,因而实际上反映了网络空间认识方面的巨大差异;同时也表明以两国学者为代表的国际社会,目前仅在网络空间物理设施这一层面达成了共识。

在网络犯罪方面,即使是《打击网络犯罪公约》这样的国际公约,也难以形成一致认可的定义,只能采取概括加列举的方式界定属于网络犯罪的行为。定义的缺失,成为该《公约》经常为人所诟病之处,严重影响了其落实与推广。

在军事领域,为监管网络武器的发展与使用,必须明确什么是网络武器、什么样的网络攻击属于战争。但相关概念的界定同样存在诸多问题:首先,网络设备军民共用特点突出。军队往往与民间混用网络设施、通信节点和软硬件,各种软硬件在发起攻击前难以判定哪些属于武器。其次,网络侦察与

① EastWest Institute and the Information Security Institute of Moscow State University, *The Russia—U.S. Bilateral on Cybersecurity — Critical Terminology Foundations*, April 2011, p.20, available at: http://www.ewi.info/cybersecurity-terminology-foundations.

网络攻击不易区分。虽然“侦察”长期以来不属于攻击,但在网络空间,其与攻击行为的工作原理完全相同,都依赖于远程接入、系统漏洞和利用漏洞植入恶意代码3个条件。如果植入的代码用于窃取信息,通常被视为网络侦察;如果用于破坏系统,则被视为网络攻击,而这完全取决于操作者的意图。最后,网络攻击的效果难以量化评估。多数学者倾向于用“基于效果”模式来判断某种攻击是否属于战争行为,网络攻击同样也要看其是否造成了与动能攻击相似的损失。但网络攻击造成的直接损失往往相当有限,其造成的附带损伤和二次效应反而可能非常严重。如2007年爱沙尼亚遭受网络攻击后,并未出现人员伤亡,但民众长时间内处于恐慌状态,对于银行和通信系统缺乏信心,其危害效果难以量化评估。

四、网络空间安全管理国际立法的完善

随着网络信息技术的广泛运用,网络遭受破坏可能造成的损失难以估量。这要求国际社会及早行动,从建立管理法规入手,规范网络应用和发展,切实维护网络安全与稳定。

(一)以联合国相关机构为主导,建立反映多方诉求的协商机制

在事关世界各国切身利益的网络空间,仅依靠一两个大国维护所有国家安全,注定是脱离实际的空想。联合国作为当今世界最具权威性的军控机构,在国际网络空间安全管理领域同样应当发挥核心作用。只有在以联合国相关机构主导下,达成条约、协定和议定书,并以完善机制确保履约,网络空间安全管理的国际立法才能取得实质性进展。

经过多年实践,联合国已建立完整的审议、谈判与监督机制。对于网络空间安全特别是网络军控而言,联合国大会、裁军与国际安全委员会、安理会是主要的审议机构,裁军事务部是执行机构,设在日内瓦的裁军谈判会议则为谈判机构。联合国还设有多个专门应对网络信息问题的机制,如“国际电信联盟”“信息社会世界峰会”“互联网治理工作组”“互联网治理论坛”等。基于这些机构,建立由联合国主导的谈判机制,是推动网络安全管理国际立法迈入正轨的必要措施。鉴于网络空间行为主体多元,其谈判参与者也不能仅局限于国家,而应当在国家发挥主要作用的同时,将各类地区组织、网络信息行业代表性机构、相关企业乃至一些知名的网络专家、黑客等来自不同领域和层级的相关公私行为体纳入其中。谈判应以《联合国宪章》和中俄等国递交的《信息安全国际行为准则》为基本依据,以欧洲《打击网络犯罪公约》等文本为重要参考,充分照顾包括广大发展中国家在内的各类行为主体的需求与利益,并推动网络技术发达国家承担更多的公布信息和技术援助义务。

（二）以网络主权为原则，明确国家责任与维护国家权益

网络空间的各构成要素，决定了其存在国家主权的必然性，也给我们参考属地、属人、属性管理等通用原则，进一步界定网络主权提供了思路。

尊重各国在网络空间的主权，是对“尊重主权”这一国际法原则的继承和发展，是制定网络安全管理国际法规的前提和基础，其意义表现在两方面：一方面，可以明确国家在网络空间发挥权威作用的领域和范围，解决网络行为的责任判定等难题，确保各国政府对网络主权范围内的恶意网络行为和恶意网络工具扩散有足够的控制能力，对其他国家的追踪调查要求有明显的配合义务，进而形成有力的核查机制，确保国际法规则行之有效。另一方面，明确网络主权原则，有助于将“国家领土和主权完整不得侵犯”的基本准则适用于网络空间，切实反映各国的网络利益和维护各国网络空间的安全。近年来网络主权遭受严重侵犯的事件一再发生，如2004年4月利比亚被断掉域名.LY的解析，在互联网上消失3天；伊拉克战争期间，伊拉克域名.IQ的申请和注册工作被终止，相关后缀的网站全部消失；2009年，古巴、伊朗、叙利亚、苏丹和朝鲜5国的“微软服务网络”（MSN）即时通信服务端口被切断，等等。这些事件的发生，使得网络主权成为国家主权新的制高点，直接关系国家安危。

（三）以网络术语谈判为起点，以“信息安全国际行为准则”为平台，逐渐积累互信与共识

术语是概念的基础，直接反映了对相应学科领域的基本认知。国际社会对网络空间相关概念缺乏共识，直接阻碍了相关立法步入实质阶段。2011年4月，美国东西方研究所与俄罗斯莫斯科大学联合发布《关键术语基础》报告，对20个与网络安全相关的关键术语作出界定。但是，这份报告所涉及的术语数量过少，难以为国际条约的协商谈判奠定基础。因此，推动国际社会就网络安全相关术语展开谈判意义重大：1. 有助于形成基本共识，为条约文本的拟定和签署创造前提条件；2. 有助于增加相互了解，包括各方对网络空间的主要关切、对网络安全问题的基本认识、对不同网络行为的定性等达成一致，为减少误解误判、避免网络冲突升级和蔓延创造条件。

2011年9月12日，中国、俄罗斯、塔吉克斯坦、乌兹别克斯坦常驻联合国代表向联合国提交《信息安全国际行为准则》，呼吁各国在联合国框架内就该准则展开进一步讨论，尽早就规范各国在信息和网络空间行为的国际准则和规则达成共识。该《准则》提出了维护信息和网络空间安全的一系列基本原则，是目前国际上就信息和网络空间安全国际规则提出的首份较全面、系统的文件。2012年10月，“网络空间国际会议”（the International Conference on Cyberspace)在布达佩斯召开，来自50个国家和地区的国际组织、地区机构、国家政府代表和学术界、企业界人士与会。其间，中、俄、塔等国继续宣传《信息安全国际行为准则》，希望以此为基础，推动国际社会达成共识。但是，以美国为首的西方国家反应冷淡，甚至认为其中倡导的主权原则“将导致政府对信息流动和网络空间的内容施加监管与控制”①，对网络安全管理相关国际法规的建立与发展构成了明显障碍。今后，应继续以该准则为平台，推动国际社会交换看法，增信释疑，为制定切实有效的网络空间安全管理国际法规创造条件。

（四）以既有条约适用为突破，推动网络空间军事安全管理国际立法取得实质进展

由于网络空间形成时间较短，相关国际习惯尚未形成，因而签署国际条约是制定网络空间军事安全管理国际法规的最有效形式。通常认为，网络空间发展迅速、意义重大，缔结全新的国际条约还需要较长时期努力，无法满足现实的迫切需要。不少学者因此提出，可对现有多边国际条约稍作调整，将其运用于网络空间。例如，国际社会近年来已经就某一领域武器研发与使用的控制达成诸多条约，包括针对某一类武器如大规模毁伤武器、针对某一空间如太空和公海、针对某一地区如南极达成的条约等，都可为限制网络空间军事行动提供重要参考。针对核武器的《禁止在大气层、外层空间和水上进行核武器试验条约》《不扩散核武器条约》《全面禁止核试验条约》，针对生物武器的《禁止发展、生产和储存细菌（生物）及毒素武器和销毁此种武器公约》，针对化学武器的《全面禁止化学武器公约》等，对于控制核生化武器的大规模扩散及其在军事冲突中的广泛应用功不可没。网络武器与核生化武器一样具有极大破坏力，上述条约具有明显的可借鉴性。针对太空与公海，国际社会已经签署《关于各国探索和利用包括月球和其他天体在内外层空间活动的原则条约》（简称《外空条约》）、《联合国海洋法公约》等，其中《外空条约》对太空的武器化和军事化问题作出了某些限制性规定。网络有着与太空和公海极其相似的特性，均有极其广阔的空间和巨大的利用价值，且依据国际法都不会被视为某一国家的专有领土。因此，将目前达成的有关利用太空与公海的条约适用于网络空间，也不失为一个较具可行性的选择。另一种维护网络空间军事安全的立法思路，则是依照《南极条约》体系的基本精神，禁止在网络空间部署和运用任何武器，就像规定“南极洲应仅用于和平目的，不应

① Office of the Secretary of Defense, *Annual Report to Congress: Military and Security Developments Involving the People's Republic of China 2013*, May 2013, p.47.

成为国际纷争的场所和对象”一样。

在规范军事行为方面，国际社会长期以来已经形成了一系列基本“交战规则”，其中较重要的有：对作战手段与方法予以限制的军事必要原则、对打击目标作出限制的区分原则、对作战规模与强度作出限制的相称原则，等等。《塔林手册》认为，这些原则在网络军事行动中同样应当适用。例如，《日内瓦公约》禁止攻击关键的民用设施，《塔林手册》据此指出，为避免危险和平民损失，由国家发起的网络攻击行为，必须避免攻击敏感的民用目标如医院、水库、堤坝和核电站等，医疗系统的计算机应受到与实体医院同样的保护。此外，依据“中立”原则，有敌意的军队不得踏上中立国领土，那么从中立国的计算机网络上发起攻击的行为也应当被禁止。这些原则已经得到普遍的接受和认可，能够也必须成为网络领域相关准则制定的重要参考依据。

附　　录

一、案 例 分 析

一、爱沙尼亚遭网络攻击

2007 年 4 月 27 日，爱沙尼亚政府将首都塔林市中心的苏联“二战”纪念雕塑移至军人公墓。爱沙尼亚人民将该雕塑视为苏联压迫的象征，而爱沙尼亚国内的俄罗斯族人则以此来纪念苏联在第二次世界大战中作出的牺牲。在独立 16 年后，爱沙尼亚人不顾俄罗斯政府的抗议，将雕塑移到了郊区军人墓地。此事件引起塔林暴乱。1 000 多名俄裔种族主义者掠夺商铺、砸毁汽车，与警察展开激烈对抗，数百人被捕。塔林市在经过了两个晚上的抗议活动后才逐渐平静。随后，爱沙尼亚遭到不明来源的持续 3 周的大规模网络攻击。爱沙尼亚官方、新闻、银行和通信网络被攻击瘫痪。由于爱沙尼亚是一个网络化程度非常高的国度，整个国土被无线网络所覆盖，是世界上无线信息程度最高的国家之一。正因如此，此次攻击造成了爱沙尼亚整个经济和社会秩序的瘫痪，损失空前。

据统计，黑客们发动了多轮网络攻击，攻击初期主要使用“ping 攻击”，后期则主要是僵尸网络，成百上千被黑客劫持的计算机构成庞大的“僵尸队伍”，那些被控制的“僵尸”向指定网络地址发送大量垃圾数据包。这是数字形式的地毯轰炸，技术术语叫“分布式拒绝服务攻击”。爱沙尼亚当局认为这是一次空前的“网络战”，其网络安全专家表示，大部分攻击来自俄罗斯。爱沙尼亚外长乌玛斯·帕依特就指控普京政府直接卷入了此事，宣称：“欧盟正在遭受攻击，因为俄罗斯侵略了爱沙尼亚。这次攻击虽然是以网络的虚拟形式，但却是真实存在的，并且给人们的精神和心理造成了极大伤害。”但俄罗斯断然否认了这一指责。

【案例分析】

爱沙尼亚是世界历史上首个遭受大规模网络攻击的国家，这是世界军事史上第一次针对整个国家发动的网络战。2007 年因此成为国际社会国家安全议程的转折点，网络战开始进入整个国际社会的视野。爱沙尼亚议长恩娜·爱尔玛则质疑这是一次带有测试性质的事件，她说："爱沙尼亚是北约成员国，对我们进行攻击很可能是在检测北约的协防能力。"爱尔玛早年在俄国进修天体物理学，见证了核技术的出现给全球带来的巨变。她认为，信息战一样能改变世界："5 月份爆发的网络战如同核爆炸一样可怕。就像核辐射，信息战争不会让你流血，但它可以摧毁一切。"要想有效应对网络攻击，必须平时预有准备。此事件之后，各国纷纷推出了针对网络攻击的安全管理应对措施。美国政府建立了一个全新的部门——"网络指挥部"，专门针对类似的网络攻击做准备。2013 年西方国家通过北约卓越合作网络防御中心发起编写的一个关于网络空间国际规则的手册，是首个关于网络空间国际立法的实践，这部手册命名为《塔林手册——适用于网络战的国际法》与此次攻击不无联系。

二、以色列电子攻击叙利亚

2007 年 9 月 6 日，以色列空军的 18 架 F－161 战机飞越过边界，沿叙利亚海岸线超低空向幼发拉底河沿岸代尔祖尔镇飞去。叙利亚雷达和导弹部队丝毫没有发觉。提前一天潜入目标附近的以色列空军精锐特种战部队——"翠鸟"突击队的队员用激光束为以色列战机指示轰炸目标。在轰炸中，位于大马士革东北部约 250 英里处的一处仓库被击毁，但没有造成人员伤亡。以色列一直怀疑这个仓库是叙利亚提取浓缩铀的绝密试验室，而叙利亚称这个仓库是一个农业研究场所。

在发动这次攻击之前，以色列先是攻击了叙利亚靠近土耳其边境托尔·阿尔·阿巴雅德的防空设施，该处雷达站遭到了以色列电子攻击与常规精确制导炸弹的联合攻击。这确保了以色列后面的空袭任务得以成功实施并顺利从原路返回。

此事最引人关注的是：F－15 和 F－16 飞机并非隐形飞机，它们是如何穿过叙利亚的防空系统阵地而不被发现的？号称在该地区拥有最密集、最完整防空系统的叙利亚，整个雷达系统是如何被破坏，导致以色列在空袭中如入无人之境，没有遭到任何抵抗的？空袭行动结束之后，以色列政府和军方随后均对此事三缄其口，直到叙利亚向外界透露以色列战机"侵犯"其领空之后，外界才得知此次行动的蛛丝马迹。

【案例分析】

以色列针对叙利亚防空系统进行的网络攻击对于以色列成功完成此次任务发挥了至关重要的作用。尽管以色列对此事保持沉默，但还是在不经意间露出了蛛丝马迹。以色列国防部官员透露:“以色列系统如何运作的,不能告诉任何人,进攻性和防御性网络战是非常令人感兴趣的,但非常敏感,它的任何能力都是绝密。”国外情报资料分析普遍认为,以色列应当是使用了美国BAE系统公司研发的信息战新产品——“舒特”(SUTER)空基网络攻击系统的干扰技术,从而让并不先进的普通战机躲过了最先进雷达的眼睛。“这套信息系统功能非常强大,融入了网络攻击和信息战等尖端技术,可攻击并进入敌方的指挥通信网络。以色列采用的技术可以使使用者侵入敌方的通信指挥网络,并能看到敌方传感器所看到的情报,甚至冒充系统管理员或者指挥员把敌方雷达调整到无法发现来袭飞机的方位。这个过程包括对敌方的无线电发射机进行高精度的定位,然后将自己的数据流打入敌方的系统,其中可能包括错误的目标信息以及误导行动的指令,使得敌方决策者所获得的情报完全是错误的,比如说己方的飞机准备从东边飞过,那么该信息战系统就会告诉敌人,飞机将从西边入侵,所有的雷达或者其他传感器就被调去监视西方,而己方战机就能大摇大摆地从东边进入,不但实现了‘敌人看到什么,我们也能看到什么’,还当上了敌方系统的‘管理员’,直接控制敌方的防空网络,‘牵着敌人鼻子走’。”①

这次攻击引起各国高度重视,特别是给俄罗斯和大量购进俄制武器的国家敲响了警钟。因为叙利亚使用的是俄罗斯最先进的“道尔-M1”防空系统。这种先进的防空系统不但具有很强的机动能力,更能对各种目标实施有效跟踪。伊朗政府也公开宣称它耗资7.5亿美元购买了29套“道尔-M1”防空系统,并全部部署在核设施四周,以防美军和以色列国防军对其核设施实施闪电空袭。因此,当叙利亚境内的俄制新型雷达无一发现入侵以色列战机的消息传出后,伊朗大为震惊,迅速向叙利亚派出一个秘密代表团,协助评估损失情况。俄方成立的专家小组在事发后48小时内抵达叙利亚查找原因。此后,俄罗斯不断将更先进的新技术加入其系统中来填补能力上的缺陷。

这次网络攻击带来两个重要启示:首先,网络攻击已经进入全新的阶段。随着网络的触角不断延伸至世界各国的各个领域,网络攻防也可能在任何领域展开。对此要有充分认识。军队作为网络空间安全管理的重要力量,更应该时刻、处处绷紧这根弦。其次,任何国家要想拥有强大的国防实力,就必须在引进国外技术的同时,坚持自力更生,掌握自主产权的核心技术,研发自己的“杀手锏”。

① 吴勤.以色列空袭叙利亚——开启信息战新时代[J].现代军事,2008,34(9):44-48.

三、俄格冲突中的网络对抗

2008 年 8 月，俄罗斯与格鲁吉亚爆发军事冲突。8 月 7 日，俄罗斯在出兵格鲁吉亚前夜，俄罗斯对格鲁吉亚发起了 DDos 攻击，主要由僵尸网络实施，攻击主要针对政府和媒体网站。格鲁吉亚政府网站瞬间瘫痪。8 月 8 日俄罗斯出兵格鲁吉亚，第二阶段的大规模网络攻击同时展开。格鲁吉亚的交通、通信、媒体和银行网站纷纷被 DDos 攻击，网页被篡改，政府网站系统更是全面瘫痪，格鲁吉亚总统萨卡什维利的照片居然和希特勒等 20 世纪独裁者的照片挂在了一起。格鲁吉亚与外界的联系被截断，电信、物流控制网络也遭到了全方位的攻击，机场、物流处于崩溃状态，战争物资无法及时运达，对格鲁吉亚的军事行动造成了极大的影响，直接影响到了格鲁吉亚的战争动员与支援能力，也使格鲁吉亚的民心士气受到了极大影响。无奈之下，格鲁吉亚外交部只好把新闻发布在 Google 下的公共博客上。

【案例分析】

俄罗斯对格鲁吉亚发动的这次网络攻击，是世界上第一次与现实军事行动同步的网络攻击。幸运的是，格鲁吉亚是全球互联网依赖程度最低的国家之一。据估算，每 100 个格鲁吉亚人中大约有 7 个互联网用户；这与一年前遭受类似网络攻击的爱沙尼亚每 100 个人中约有 57 个网络用户形成了鲜明对比。有分析家指出，在这场网络战中，俄罗斯对格鲁吉亚的攻击目标是“隔离加静音”，其结果一是压制了格鲁吉亚的媒体；二是将格鲁吉亚与国际社会隔绝。与对爱沙尼亚的网络攻击不同，对格鲁吉亚的网络攻击主要是分布式拒绝服务攻击(DDos)，或者篡改公共网站的数据，从而发布虚假信息或抹黑政治领导人，而并非针对工业系统或关键基础设施系统。因此，这次网络攻击的结果并未造成电力供应中断或金融混乱等更为严重的后果，但如果这次攻击发生在网络信息化程度更高的国家，结果就很难说了。有专家称，在“俄格网络战中，每台电脑仅耗费 4 美分就可以实施进攻，整场战争的花费只是换一条坦克履带的钱”。① 可谓是“一本万利”。

四、摩尔多瓦“Twitter 革命”

2009 年 4 月 6 日晚，摩尔多瓦大选计票结果显示，执政的共产党得票率遥遥领先。翌日，摩尔多瓦首都发生大规模暴力示威活动抗议选举结果，示威者冲击议会大厦和总统府，并与警察发生暴力冲突。摩尔多瓦的一些青年组织 Hyde park、Think Moldova 等策划了此次行动，号召年轻人发起抗议。而社交平台 Twitter 网站为组织此次暴力示威活动提供了网络平台。

---

① 李大光.网络空间争霸战[J].时事报告，2009，21(9)：48－53.

后期，通过网络的进一步发酵，摩尔多瓦首都出现万人围堵总统府和议会大厦的场面，抗议活动最终升级为暴力骚乱。为了控制局势，摩尔多瓦关闭了电视台。但有 Twitter 用户写道："虽然摩尔多瓦的电视台已经关闭，但我们有万能的互联网，让我们用它来和平传达自由吧！"抗议组织者通过 Twitter 策划活动，政府官员也追着看 Twitter，以求掌握事态最新发展。策划者之一纳塔利娅·莫拉里在自己的博客中这样描述："6 个人，只用了 10 分钟的快速思考便作出决定，然后用数小时通过网络、博客、短信和电子信箱将消息传播出去……结果 1.5 万名年轻人走上街头。"摩尔多瓦官方后来称，"Twitter 革命"幕后推手就是金融大鳄乔治·索罗斯。正是索罗斯利用 Twitter 等网站，在美英看不顺眼的国家制造动乱。美国情报机构也参与了这次骚乱活动，Hyde Park 等非政府组织网站还得到了美国国务院文化和教育局的资金扶持。

【案例分析】

Twitter、Facebook 等社交媒体网站，在全世界范围内流行，影响力极大。一些国家通过这些平台来推行文化殖民和政治渗透。一个在索罗斯开放社会研究所的工作人员莫罗索夫在美国《外交政策》网站发表文章，介绍如何通过互联网发动"Twitter 革命"。他负责传授如何利用互联网在所谓的"封闭社会"推动民主运动，以推翻"专制政权"。他经常访问塔吉克斯坦、摩尔多瓦、叙利亚和泰国等国家，以考察利用互联网和信息技术推翻专制制度的可能性。此后，哈佛大学的博克曼中心发布了《社会媒体在颜色革命中所扮演角色》的报告称，即便是在摩尔多瓦这样一个科技不发达的国家中，科技在抗议示威活动中扮演了都极为重要的角色。摩尔多瓦的这场骚乱被国际社会称之为"Twitter 革命"，这场革命直接体现了网络在一国国家安全、政治安全中的影响力和破坏力。两个月以后，美国国防部部长罗伯特·盖茨在一场新闻发布会上直言，Twitter 等社交媒体网络是美国"极为重要的战略资产"，因为"这些新科技让独裁政府难以控制信息"。这次事件，开通过网络特别是社交媒体网络操纵网络舆情而引发一国动乱之先河。

五、韩国政府网站瘫痪事件

2009 年 7 月 7 日开始，韩国总统府、国会、国防部、国家情报院、外交通商部等主要政府机构网站，以及金融机构和主要媒体的网站遭到了"分布式拒绝服务 DDOS"袭击，无法访问或处于瘫痪。到 7 月 10 日晚，韩国有 7.4 万台电脑感染病毒，电脑硬盘随后被黑，所存数据全部丢失。经过长时间追查，韩国认为朝鲜是实施此次网络攻击的幕后黑手。因为被攻击时，韩国国防部正在筹备应对朝鲜半岛网络战争的策略。韩国军方认为，朝鲜黑客平时将恶性代码悄悄植入“肉鸡”电脑中，待时机成熟就向韩国政府主要网络发送大堆恶性文件致其瘫痪。事后，韩国政府投入 200 亿韩元(约合 1 574 万美元)紧急预算，帮助国家核心机构和主要公共机构来抵御 DDOS 攻击。

【案例分析】

韩国媒体称，朝鲜此次网络攻击采取了“点穴战术”，即在实力对比过于悬殊的情况下，通过攻击敌方关键穴位致其瘫痪，以扭转形势。事实上，无论实力强弱，也无论是常规战还是网络攻击，任何一个国家都会力争用最小的代价争取最大的效益。这次网络攻击虽然直到最后也无法证明是朝鲜所为，但它给所有国家都发出了一个信号，那就是网络战的能力与一个国家的综合实力并非都成正比。在这一个黑客一台电脑就能发起网络攻击的时代，不能轻视任何一个环节，不能忽略任何一个漏洞。

六、澳大利亚马谷志污水事件——网络攻击导致水污染

马谷志水电站是澳大利亚昆士兰阳光海岸的供水系统。该水电站临近系统由两个控制站所构成，3 个无线电频率控制着 142 个污水泵站。该系统突发一系列故障，包括不明原因的警报、增多的无线电通信、不明原因的 SCADA 系统软件高速、水泵关闭和持续运输等情况。负责设备运行的工程师，通过多次复杂的检测发现，有一名黑客使用无线通信技术连接到了系统。最终该黑客被逮捕，他叫威泰克博登，曾是该部门的承包商。因不满马谷志地方郡政委员会没有雇用他而进行报复。他仅仅通过一部电脑和一个无线电发射机，就对马谷志水电站 142 个水泵站实施了长达 3 个月的控制，将 100 多万未经处理的污水倒入雨水渠，直接注入了当地的地下水系统，严重威胁了当地居民身体健康和生命安全。

【案例分析】

该事件表明，工业控制系统的安全管理十分重要，特别是水电站类的供水系统等关系国计民生的关键基础设施。随着关键基础设施的普遍信息化、网络化、智能化，对关键基础设施的保护越来越聚焦到关键信息基础设施上的安全保护上。关键信息基础设施遭到破坏可能严重威胁国家安全、国计民生、公共利益。因此，保护国家关键信息基础设施安全日益成为各国关注的焦点。但由于此类系统极其复杂，影响因素众多，如机械故障、参数异常和操作人员操作不当甚至人为破坏等各种问题，因此必须加以重点防护。

七、美国“维基解密”事件

“维基解密”网站成立于 2006 年 12 月，专门公开来自匿名来源和网络泄露的文档。2010 年，“维基解密”网站连续大规模地公开美国军事机密，引起全世界的轰动。当年 4 月，维基解密公布了大量涉及美军在伊拉克战场的机密文件,包括美军士兵在巴格达滥杀无辜的视频。7 月 25 日,网站又公开了 9 万份阿富汗战争的文件。这些文件显示这场战争已造成 2 万人丧命;美军掩盖塔利班获得地对空导弹的秘密以防影响驻阿联军的士气;美军成立了"373 特遣部队",专门在阿富汗等地开展抓捕和暗杀塔利班头目及其组织首脑的行动,而且特遣部队士兵可以不经请示、不经审判就地击毙那些组织头目。与此同时,文件还披露了在一些塔利班路边炸弹攻击事件和美军攻击行动失误中丧生的阿富汗平民的数字,甚至还有误杀阿富汗平民的过程描述,比如射杀平民车辆、袭击婚礼现场等。2010 年 10 月 23 日,"维基解密"又公开 50 万份伊拉克战争文件,指伊战共导致近 11 万人丧生,其中 63%是伊拉克平民,同时还公布了美军 2007 年在巴格达杀害平民的画面。2010 年 11 月 28 日,"维基解密"又陆续公开美国驻外使领馆发送给国务院的 25 万份秘密电报。意大利外长法拉提尼称其为"全球外交 9・11"的事件。

"维基解密"在短时间内如此密集地曝光美国大量军事机密,令美国政府大为光火,下令在各国通缉朱利安・阿桑奇。2010 年 11 月 23 日,朱利安・阿桑奇在瑞典被拘捕,理由是涉嫌强奸。阿桑奇的支持者们在世界各地举行示威活动,声援阿桑奇。一时间,阿桑奇成了公平与正义的代名词,揭露霸权与暴政的英雄,被誉为"网络罗宾汉"。经美军调查,向维基泄密泄露伊拉克战争机密文件的人居然来自美军内部,23 岁的一等兵布拉德利・曼宁。他在伊拉克的主要工作是情报分析,他从美军网络系统上下载了近 70 万份文件,全部传给维基解密。这是美国有史以来最严重的违法泄漏官方机密的事件。拉德利・曼宁因此被判处 35 年徒刑。

【案例分析】

"维基解密"事件,对美国政府的可信度和美军的形象造成严重损害,使美国的内政外交陷入被动,在世界范围内揭露了美国霸权主义的真实面目。但该事件更值得我们警惕的,还是对于信息安全的保护。在信息化时代的背景下,对于每个国家来说,如何有效地保护机密不外泄,确实是一个严峻的考验。如果网络安全管理中存在漏洞,即便美国这样的信息技术强国,在网络战中也难以幸免。美军情报分析员一等兵布拉德利・曼宁能随意下载机密信息而不受约束,轻易带走涉密光盘而不被审查,都暴露出美军网络安全管理存在的问题。信息时代,接触秘密信息的人如果不可靠,密就不可保;信息时代如果仍然用"传统方法"管人,或者仅仅"基于对人的信任"来管密,信息安全同样难以确保。

八、伊朗"震网"事件

2011 年 1 月美国《纽约时报》爆料称,美国和以色列联合研制的名为"震网”(Stuxnet)的电脑蠕虫病毒，于2010年7月成功袭击了伊朗核设施，导致伊朗浓缩铀工厂内约1/5的离心机报废，从而大大延迟了伊朗核进程。

“震网”病毒主要通过U盘和局域网进行传播，通过一套完整的入侵和传播流程，突破了工业专用局域网的物理限制，对西门子公司的数据采集与监控系统SIMATIC WinCC进行攻击。“震网”病毒有两段子代码通过控制变频器改变了离心机的转速：在第一段子代码中，在15分钟内离心机的频率被迅速提升至1 410 Hz，大大高于额定频率1 064 Hz，相当于443米每秒的切线速度，已经非常接近铝制的IR－1型转子机械上可以承受的最高转速，随后控制系统恢复到正常状态。大约27天后，“震网”病毒执行另一段子代码，将离心机频率降低了2 Hz并持续了50分钟。随后将频率提升回额定频率1 064 Hz。再过27天后，启动第一段子代码，再过27天，启动另一段，如此往复。而每次发动攻击时“震网”病毒都会给变频器的报警和安全控制系统发出关闭命令，阻碍这些装置在频率变动时向操作员发出警告。“震网”病毒通过这种方式控制变频器改变离心机的工作频率，最终破坏了伊朗纳坦兹燃料浓缩工厂的约1 000台离心机。美国科学与国际安全研究所2010年12月22日发表研究报告，对“震网”病毒破坏伊朗纳坦兹燃料浓缩工厂的事件进行了分析和评估，认为“震网”病毒的目的和作用很可能不仅仅是破坏离心机，而是意在阻碍伊朗核计划的发展。除破坏部分离心机之外，“震网”病毒还使伊朗铀浓缩厂长时间无法正常运行，从而减缓了伊朗裂变材料的积累；伊明布什尔核电站也由于受到“震网”病毒攻击，发电时间一再被迫推迟。德国计算机高级顾问拉尔夫·朗格尔告诉《耶路撒冷邮报》记者说：“它将让伊朗花两年恢复。”

【案例分析】

伊朗核设施遭受“震网”蠕虫病毒攻击，被认为是网络空间安全的一个里程碑事件。此后，伊朗还数次遭受“震网”病毒及其变种的攻击，电力系统、通信系统和工业系统都曾受到不同程度的影响。虽然制作“震网”病毒的幕后黑手没有定论，但许多媒体和专家猜测，这种病毒是由美国国家安全局和以色列情报机构联合开发的。

伊朗“震网”事件，是第一次由网络病毒直接破坏现实世界中工业基础设施的事件。此前，计算机病毒主要通过互联网进行传播，攻击对象也都是操作系统、电子邮件系统等通用系统软件。作为第一种攻击与外部网络物理隔离的内部网络的专用控制系统的计算机病毒，“震网”病毒攻击的成功显示出物理隔离系统也会感染病毒，专用系统也会被攻击。计算机安全领域知名专家给“震网”病毒的定位是“空前的”“一次革命性的跨越”，甚至标志着网络武器的兴起。其突出特点表现在以下几个方面：一是隐蔽性强。“震网”病毒盗用正规软件的数字签名，伪造驱动程序，提高自身的隐藏能力，躲避杀毒软件的查杀，从而顺利绕过安全产品的检测。这使得“震网”病毒的潜伏和传播都具有极佳的隐身性。2010 年 6 月“震网”病毒开始被大量监测发现，但据专家研究发现，该病毒于 2009 年 6 月已经存在，已经潜伏了一年之久。二是结构复杂。计算机安全专家在对“震网”病毒软件进行深度的专业剖析后发现，“震网”病毒的结构非常复杂，代码非常精密，按照“震网”病毒设计者设定的程序，“震网”病毒侵入离心机控制系统后，首先记录离心机正常运转时的数据。攻击成功后，离心机运转速度失控，直至瘫痪。为了最大限度地达到破坏效果，“震网”病毒同时向监控设备发送“正常数据”，令监控人员无法及时察觉。当监控人员发现离心机工作异常时，很多离心机已经被破坏。三是目标明确。专门定向破坏伊朗核电站离心机等要害目标。国际社会普遍认为，“震网”病毒攻击黑手是美国和以色列，因为该病毒破坏伊朗境内核设施的目的性非常明确。四是破坏力强。由于攻击目标是与外界物理隔离的，“震网”并不以盗窃信息为首要目标，而是“自杀式攻击”的方式，控制关键过程并开启一连串执行程序，向 SCADA 系统传递错误命令，突然更改离心机中的发动机转速，导致离心机运转能力毁损且无法修复，其攻击性和破坏性堪比“网络导弹”。美国人称“这个病毒的作用快赶上一次军事袭击了，甚至效果更好，因为没有造成人员伤亡，也没有发生全面战争。从军事观点来看，这是个巨大的成功。”

“震网”病毒事件给了我们很多警示：一是物理隔离的网络并非牢不可破。病毒仍然可以通过摆渡、渗透和欺骗等战法进入内部专用网络，从而突破物理隔离。另外，攻击者还可以通过 IT 产品厂商或者特工把藏有破坏程序的硬件当成正常硬件出售、安装到敌方枢纽部位，渗透到物理隔离的内部网络，在条件满足时进行激活，启动攻击。通观整个“震网”病毒攻击事件，伊朗方面最为关键的败招，就是它没有杜绝内部网络与外部网络之间的 U 盘混用，使攻击方通过感染内外网混用的 U 盘将“震网”病毒带入内部专网。“震网”病毒从内部专网寻找西门子 SIMATIC WinCC 系统并发起了攻击。二是技术优劣是决定网络安全管理成效的重要因素。技术优势是美国和以色列运用“震网”病毒对伊朗核设施进行成功打击的关键因素。美国在计算机网络、微软操作系统等方面拥有巨大优势，包括德国西门子控制系统在内的全球大多数工业控制系统都在微软操作系统平台上运行，这使得美国军方能够借此找到 4 个系统漏洞，在突破物理限制之后再利用西门子系统的漏洞，对其开展破坏性攻击。另外，西门子控制系统的代码有 15 000 行，如果没有德国西门子工程人员提供帮助,从中寻找漏洞的工作难以在短期完成,甚至是无法完成的。这对于与伊朗具有同等技术水平、大量进口西方信息设备和系统用作军用或者民用的国家而言,无疑是一个重大警示。西门子SIMATIC WinCC系统在我国的多个重要行业应用广泛,如钢铁、电力、能源、化工等重要行业的人机交互与监控,如果这些系统受到攻击,轻则导致系统运行异常,重则造成商业资料失窃、停工停产等严重事故甚至造成毁灭性事故,必须引起我们的高度重视。三是网络攻击对国家安全战略产生重大影响。"震网"攻击开启了通过网络攻击的软手段摧毁国家战略硬设施的先河,它标志着全球网络安全进入了"国家基础设施保护时代"。不仅核心军事网络,而且工业和经济体系,特别是发电站、输油管道和空中交通控制系统等都可成为攻击目标。此类攻击比金融海啸或核电站事故所造成的危害更大。美国计算机网络安全研究所的技术主管约翰·布姆加纳说:"'震网'无疑将永远改变国际安全和外交政策。它将颠覆并开创军事网络防务革命。"[①]从此,各国开始确立新的国家安全观,将网络空间安全提升至国家战略地位,并在防御类似的网络攻击上投入更多的资源和精力,以应对各种病毒攻击给网络防御所带来的挑战。

九、"火焰"病毒盗取中东国家情报事件

2012年5月,俄罗斯信息安全企业卡巴斯基反病毒公司首先检测到了"火焰"病毒。该病毒以中东地区为主要攻击目标,入侵了伊朗、以色列、巴勒斯坦、叙利亚、黎巴嫩、沙特和埃及等中东国家和地区的大量电脑。这是一种定向精确的高级病毒,针对"政府、军队、教育、科研"等机构的电脑系统搜集情报,并不针对普通计算机。据伊朗官员说,"火焰"病毒企图收集伊朗石油行业的关键信息,该病毒在4月份曾对伊朗石油网络系统造成影响,导致伊朗被迫短暂切断石油部、石油出口数据中心等机构与互联网的连接。

【案例分析】

据多国反病毒公司称,"火焰"病毒利用的都是已知漏洞,甚至包括"震网"曾使用过的两个漏洞,然后使用安全系统来伪造安全证书,绕过了目标系统的病毒防火墙收集情报。"火焰"病毒与"震网"病毒有着众多相同之处:第一,两者都具有明确的攻击目标。两种病毒都主要针对中东地区国家,尤其是伊朗。利用电脑病毒攻击伊朗关键行业及核设施系统。第二,两种病毒都是针对特定的系统进行攻击。"震网"病毒专门针对德国西门子公司设计

---

① 华镕."震网"给工业控制敲响了警钟[J].仪器仪表标准化与计量,2011,27(2):35-39.

制造的供水、发电等基础设施的计算机控制系统，对那些不属于自己打击对象的系统，“震网”会在留下“电子指纹”后离开，继续寻找真正目标。“火焰”病毒则针对“政府、军队、教育、科研”等机构的电脑系统搜集情报。第三，两种病毒威力范围可控，它们也会传染普通用户的计算机或非目标计算机，但不会造成破坏。“震网”病毒只针对工业控制系统，对普通用户的计算机没有影响。据国内著名反病毒公司金山毒霸公司称，“火焰”病毒运行时会逃避国外流行的特定安全软件的查杀，但并未逃避中国普遍采用的安全软件，也就是说，该病毒收集情报的主要目标应该不是中国。

“火焰”病毒与“震网”病毒的不同之处在于：“火焰”病毒不但可以将收集到的情报传输给指定的服务器，还可从控制服务器接收指令，开启或关闭病毒中的某些功能模块。这是该病毒与“震网”病毒的最大不同之处，“震网”病毒一旦投放到目标系统就自由行动，寻找符合条件的目标系统进行攻击，而“火焰”病毒则要根据指令行动。此外，“火焰”病毒还可以“通过蓝牙信号传递指令”。据迈克菲(Macfee)反病毒公司的研究人员称，在他们成功关闭了几个向被感染计算机发送指令的服务器后，病毒攻击发起者依然可通过蓝牙信号对被感染计算机进行近距离控制。

事实上，无论是“火焰”病毒还是“震网”病毒，都是由政府和军方开发，并由政府和军方控制和使用的。世界著名反病毒公司卡巴斯基的研究人员发现，“震网”病毒和“火焰”病毒有着深层次的关联。第一，“震网”病毒使用的一个特别文件与“火焰”病毒中使用的代码有很多共同点；第二，“火焰”病毒使用的 Windoors 内核漏洞有两个与“震网”病毒相同；第三，两种病毒传播的介质都是 USB 存储设备，而且完成该部分功能使用的代码一致。

此次攻击所针对的国家虽然都是中东国家，但依然值得所有国家警醒：各国普遍使用涉密网(内网)和外网两套物理隔离的网络，但“震网”和“火焰”病毒攻击事件表明，外网的问题将会影响内网的安全，并非固若金汤，即便是完全物理隔离的专网，也存在 U 盘摆渡的风险。要从涉密网和外网两个方面协调进行网络安全保障能力建设，重要的涉密网应考虑采用自主可控的信息设备与产品，并严格控制移动存储介质的使用。无论是特定机构的计算机存储环境、存储介质的管理，还是信息的使用、存储，以及对相关人员的管理都必须高标准、严要求，要设计周全、措施有力，提高防窃密能力。同时，还需要提升信息反间反制能力。

十、美国“棱镜门”事件

2013 年 6 月，美国国家安全局前雇员爱德华·斯诺登将美国国家安全局代号为“棱镜”，正式名号为“US－984XN”的秘密项目公之于众，引起全世界的震惊。“棱镜”计划自2007年起由美国国家安全局实施，是一项绝密的电子监听计划。包括针对美国普通公民的电话监控项目和针对外国人的互联网监控项目。按照斯诺登的说法，微软、雅虎、谷歌、美国在线、苹果等美国9家最知名的IT公司参与了“棱镜”项目。美国情报机构一直在微软、谷歌、苹果、雅虎等多家美国大互联网公司的服务器中进行数据挖掘工作，从各种信息中分析个人的联系方式和行动。这九大公司向美国国家安全局开放其服务器使后者能监控无数客户的邮件、即时通话及存取的数据。斯诺登在接受采访时还披露，美国情报机构曾侵入过我国多家大的通信企业，还多次对我国网络发动黑客入侵行为，其攻击的目标达到上百个，其中包括大学、商业机构以及政界人士。

据查证，在“棱镜”计划中，美国监听世界政要、外国政府，监控全球民众和外国企业，无网不入，无所不用其极：一是监听范围和监听对象遍及全球。各国政府、企业、关键基础设施和行业、军事机构、科研机构等都是监听对象。二是监听内容包括政治、外交、军事、经济、金融等信息。三是监控方法极为广泛。通过电子邮件、即时消息、视频、照片、存储数据、社交网络资料等细节进行监控。根据斯诺登披露的文件，美国国家安全局可以接触到大量个人聊天日志、存储的数据、语音通信、文件传输、个人社交网络数据，甚至还可以实时监控个人正在进行的网络搜索内容。四是在监听主体体系化。形成了情报机构、政府与私营企业和科研机构三位一体的网络监听体系。美国彭博社2013年6月14日报道披露，美国国家安全局、中央情报局和联邦调查局等情报机构与美国数千家私营企业保持着紧密的合作关系，它们会从这些企业获得敏感情报，同时也会向合作企业提供机密信息。美国还把英国、加拿大、澳大利亚和新西兰拉在一起，组成所谓五眼联盟。该联盟发动过一场名为“网络魔术师”的网络间谍活动，通过在网络上发布虚假信息，操控网络言论，从而获取所需情报。美国编织了史无前例的大规模的全球监控网，并不断加强实战应用，成为贯彻美国全球战略的重要组成部分。

【案例分析】

“棱镜门”事件的曝光使得网络空间安全再一次成为世界各国关注的焦点，给各国政府、企业及个人都上了一堂现实版的网络谍战课，也让全世界都明白，美国所宣扬的“网络自由”，其实质无非是以网络自由为名行网络霸权之实。中国工程院院士倪光南指出：“棱镜门”事件“充分暴露了中国网络空间的软肋：我们所使用的信息技术、信息设备、信息系统、信息服务大多是由上述参与‘棱镜’这类计划的公司所提供的。虽然加上些常规信息安全措施可以起到某种防护作用，但由于用户信息本身就是那些公司的软硬件所处理的，很多也存放在那些公司的服务器上，在这种情况下，要想使这些信息不被‘棱镜’这类计划所监视和利用，几乎是不可能的。换句话说，依托微软、谷歌、苹果、思科等外国公司的技术和装备运作的中国网络空间是缺乏防护能力的”①。对此，必须要加大自主研发力度，实现网络技术和网络设施设备的自主可控，是加强我国网络空间安全管理的重中之重。

十一、“永恒之蓝”勒索病毒

2017 年 5 月 12 日，在全球范围内爆发了一种名为“Wanna Cry”的蠕虫式勒索病毒，被攻击的电脑用户需要支付高额赎金才能解密恢复文件，造成了严重损失。“Wanna Cry”勒索病毒只有 3.3 MB 大小，利用由 NSA（美国国家安全局）泄露的危险漏洞“Eternal Blue”（永恒之蓝）进行传播。该病毒主要针对 Windows 系统的电脑，且无需用户任何操作，只要开机上网，黑客就能在电脑和服务器中植入勒索软件，并获取系统用户名与密码进行内网传播。计算机被该病毒感染后会被植入勒索病毒，大量文件被加密，需要支付价值相当于 300 美元比特币才可解锁，否则文件将被删除。在短短一个周末的时间里，全球 150 多个国家的 30 多万名受害者成为该勒索软件的受害者，全球各地的政府、企业和个人都受到了影响。

【案例分析】

该病毒攻击时使用了 Windows“永恒之蓝”漏洞和网络自我复制技术，病毒在短时间内呈大规模爆发的态势。与普通勒索病毒不同的是，“Wanna Cry”勒索病毒并不是对电脑中的每个文件都进行加密，而是采用了一种更具破坏性的做法，即通过加密硬盘驱动器主文件表，使主引导记录不可操作；通过占用物理磁盘上的文件名，大小和位置信息来限制对完整系统的访问，让电脑无法启动。事后，多国联合对此事展开调查，如英国国家犯罪局与欧洲刑警组织展开调查以及英国政府通信总部（GCHQ）的国家网络安全中心进行合作，以追踪此次勒索病毒的犯罪者。

“永恒之蓝”勒索病毒是迄今为止规模最大的网络勒索犯罪，在全球范围内引发了混乱。此后，类似的网络犯罪行为愈演愈烈。各国在网络中的投入越大、对网络的依赖性越强，网络犯罪获利就越高，甚至成为一个巨大的“产业”，变得越来越有组织化。英国国家网络安全中心（NCSC）强调指出，有组织的网络犯罪分子通过分工合作来实现平稳运营。此外，由于网络犯罪比起传统犯罪，如敲诈勒索、抢劫诈骗等传统犯罪的风险要低很多。（根据世界经

---

① 创新科技期刊编辑部.倪光南：棱镜门事件凸显中国网络空间防护能力缺失[J].创新科技，2013，12(7)：6－7.

济论坛的数据，在美国，逮捕网络犯罪分子并将其递交法庭的可能性低至0.05%。）因此，网络犯罪越发“蓬勃发展”。世界经济论坛（WEF）的《2020年全球风险报告》指出，网络犯罪将是未来10年（至2030年）全球商业中第二大最受关注的风险。对此，各国不可能独善其身，必须联手进行防范和打击。

十二、委内瑞拉电网遭攻击事件

2019年3月，委内瑞拉国家电力系统遭受网络攻击陷入瘫痪，虽经抢修部分地区陆续恢复供电，但随之而来的第二轮网络攻击很快让电力系统再度崩溃，随后开始了该国自2012年以来时间最长、影响地区最广的停电史。一年后，2020年5月，委内瑞拉国家电网干线再度遭到网络攻击，全国11个州府均发生停电事故。

除委内瑞拉以外，2019年南美多地区的大规模停电也曾引起广泛关注。2019年6月16日清晨，一场大规模停电席卷了阿根廷、乌拉圭、巴拉圭3个南美国家，近5 000万人经历了“至暗周末”。停电历时约14小时，公路堵塞，公用设施大面积瘫痪，水供应出现短缺，截至晚间电力才开始恢复。

【案例分析】

据国外专家分析，本次事故的网络攻击大致分为3个步骤：第一步是利用电力系统的漏洞植入恶意软件；第二步是通过恶意软件发动网络攻击，干扰控制系统引发停电；第三步是对事故维修进行干扰。委内瑞拉电网遭攻击事件充分表明，随着能源行业正式进入互联网时代，能源行业所面临的网络安全风险大幅提升，能源网络威胁迫近。

能源系统遭到攻击，无疑将对宏观经济、社会发展与民生带来巨大冲击，尤其在如今日趋复杂的国际局势下，来自能源行业的网络安全威胁更比任何时候都显得更加严峻。无论是国家还是企业，都必须高度重视能源行业的网络安全问题。而能源行业的业务形态、服务对象、服务方式与其他行业不同，设备和系统具有专有性，因此给网络安全管理带来了巨大挑战。据技术专家分析，能源行业面临的常见网络风险来源包括以下几个方面：一是网络安全威胁：“网络层是网络入侵者攻击能源行业信息系统的主要渠道和通路，许多安全问题都集中体现在网络的安全方面”①；主机安全威胁：即基于操作系统的安全威胁，包括数据库、中间件等工具，另外，杀毒软件的正确配置和使用同样需要关注；应用安全威胁：主要是身份认证强度、认证方式、权限管理，如果采取不当的管理设计和操作，将会带来重大威胁隐患；二是管理安全问题：依靠单纯的技术无法确保系统的安全，好的管理是整个网络安全中更为

① 郭琼.数据中心网络安全技术方案探讨[J].电脑编程技巧与维护，2010，17(24)：127－128.

重要的环节。针对能源行业的网络安全，应围绕安全技术体系、安全管理体系和安全运维服务保障三方面进行设计并开展实施工作，增强信息系统的安全防护能力、威胁检测能力、应急事件处理能力和系统应急恢复能力，确保网络系统安全建设满足国家及能源行业相关政策要求，以满足“事前发现、事中控制、事后追溯”的网络安全战略需求。

十三、美国输油管线遭攻击关停

2021年5月9日，美国最大的燃油输送管线被网络攻击而不得不宣布暂时关闭。美国东海岸45%的汽油、柴油等燃料供应都受到了严重影响，美国政府随即宣布17个州和华盛顿特区进入紧急状态。

据报道，当地时间5月7日，全美最大的成品油运输管道运营商科洛尼尔公司，遭黑客攻击。8日该公司发出声明称，在遭遇勒索软件攻击后，他们主动切断了某些系统的网络连接，这使得所有管道运输暂停。截至9日，管道主干线仍然中断，公司尚未给出恢复日期。这条管道系统在休斯敦和新泽西之间，全长5500英里。据公司官网介绍，这条管线单日平均输油量3.8亿升。管线为美国东海岸地区供应了45%的汽油、柴油、航空燃料，还为军事基地供应油料补给。遭到网络攻击后，东海岸45%的燃料供应暂停。

【案例分析】

近些年来，针对美国能源体系的网络攻击正逐渐常态化。据美联社报道称，此次攻击造成的石油管线关停，是美国关键基础设施迄今遭遇的最严重网络攻击，暴露出美国大型基建设施在网络安全层面的脆弱性。调查显示，实施此次网络攻击的可能是一个名为“阴暗面”专业网络犯罪团伙。他们的手段是对目标系统植入恶意软件，以索要赎金。《纽约时报》称，这好比“对数据的绑架”。一些美国媒体将矛头指向俄罗斯，称“阴暗面”犯罪团伙可能与俄罗斯有关。对此，美国和俄罗斯官方均未回应。

无论是单纯的网络犯罪还是有政府支持的网络攻击行为，这一事件都充分表明提高国家基础设施的网络安全防御已经迫在眉睫。有专家分析，“如果仅仅是最大的油管运营商停运，还不构成‘国家紧急状态’。因为该公司以前也曾发生过由于机械故障导致的油管停止运行的情况，宣告进入紧急状态的主要原因是网络袭击。”这是美国首次因网络攻击而进入紧急状态。从这一事件和委内瑞拉电网遭攻击事件可以看出，金融、能源、电力、通信、交通等领域的关键信息基础设施已经成为网络攻击的首要目标。这些目标不出事则已，一出事就是大事。而且，网络攻击不分平时战时，不分军用民用，不分主体，任何一个节点都可能成为攻击使用的跳板。各国都需要加大国家重要基础设施的网络安全防护，明确保护范围和对象，及时查漏补缺，前移关口，并通过整体协同，构建一体化关键信息基础设施安全保障体系，防御抵御此类高级别攻击。

二、中国法律文件选编

中华人民共和国网络安全法

（2016年11月7日第十二届全国人民代表大会常务委员会第二十四次会议通过）

第一章　总　则
第二章　网络安全支持与促进
第三章　网络运行安全
第一节　一般规定
第二节　关键信息基础设施的运行安全
第四章　网络信息安全
第五章　监测预警与应急处置
第六章　法律责任
第七章　附　则

第一章　总　则

第一条　为了保障网络安全，维护网络空间主权和国家安全、社会公共利益，保护公民、法人和其他组织的合法权益，促进经济社会信息化健康发展，制定本法。

第二条　在中华人民共和国境内建设、运营、维护和使用网络，以及网络安全的监督管理，适用本法。

第三条　国家坚持网络安全与信息化发展并重，遵循积极利用、科学发展、依法管理、确保安全的方针，推进网络基础设施建设和互联互通，鼓励网络技术创新和应用，支持培养网络安全人才，建立健全网络安全保障体系，提高网络安全保护能力。

第四条　国家制定并不断完善网络安全战略，明确保障网络安全的基本要求和主要目标，提出重点领域的网络安全政策、工作任务和措施。

第五条　国家采取措施，监测、防御、处置来源于中华人民共和国境内外的网络安全风险和威胁，保护关键信息基础设施免受攻击、侵入、干扰和破坏，依法惩治网络违法犯罪活动，维护网络空间安全和秩序。

第六条　国家倡导诚实守信、健康文明的网络行为，推动传播社会主义核心价值观，采取措施提高全社会的网络安全意识和水平，形成全社会共同参与促进网络安全的良好环境。

第七条　国家积极开展网络空间治理、网络技术研发和标准制定、打击网络违法犯罪等方面的国际交流与合作，推动构建和平、安全、开放、合作的网络空间，建立多边、民主、透明的网络治理体系。

第八条　国家网信部门负责统筹协调网络安全工作和相关监督管理工作。国务院电信主管部门、公安部门和其他有关机关依照本法和有关法律、行政法规的规定，在各自职责范围内负责网络安全保护和监督管理工作。

县级以上地方人民政府有关部门的网络安全保护和监督管理职责，按照国家有关规定确定。

第九条　网络运营者开展经营和服务活动，必须遵守法律、行政法规，尊重社会公德，遵守商业道德，诚实信用，履行网络安全保护义务，接受政府和社会的监督，承担社会责任。

第十条　建设、运营网络或者通过网络提供服务，应当依照法律、行政法规的规定和国家标准的强制性要求，采取技术措施和其他必要措施，保障网络安全、稳定运行，有效应对网络安全事件，防范网络违法犯罪活动，维护网络数据的完整性、保密性和可用性。

第十一条　网络相关行业组织按照章程，加强行业自律，制定网络安全行为规范，指导会员加强网络安全保护，提高网络安全保护水平，促进行业健康发展。

第十二条　国家保护公民、法人和其他组织依法使用网络的权利，促进网络接入普及，提升网络服务水平，为社会提供安全、便利的网络服务，保障网络信息依法有序自由流动。

任何个人和组织使用网络应当遵守宪法法律，遵守公共秩序，尊重社会公德，不得危害网络安全，不得利用网络从事危害国家安全、荣誉和利益，煽动颠覆国家政权、推翻社会主义制度，煽动分裂国家、破坏国家统一，宣扬恐怖主义、极端主义，宣扬民族仇恨、民族歧视，传播暴力、淫秽色情信息，编造、传播虚假信息扰乱经济秩序和社会秩序，以及侵害他人名誉、隐私、知识产权和其他合法权益等活动。

第十三条　国家支持研究开发有利于未成年人健康成长的网络产品和服务，依法惩治利用网络从事危害未成年人身心健康的活动，为未成年人提供安全、健康的网络环境。

第十四条　任何个人和组织有权对危害网络安全的行为向网信、电信、公安等部门举报。收到举报的部门应当及时依法作出处理；不属于本部门职责的，应当及时移送有权处理的部门。

有关部门应当对举报人的相关信息予以保密，保护举报人的合法权益。

第二章　网络安全支持与促进

第十五条　国家建立和完善网络安全标准体系。国务院标准化行政主管部门和国务院其他有关部门根据各自的职责，组织制定并适时修订有关网络安全管理以及网络产品、服务和运行安全的国家标准、行业标准。

国家支持企业、研究机构、高等学校、网络相关行业组织参与网络安全国家标准、行业标准的制定。

第十六条　国务院和省、自治区、直辖市人民政府应当统筹规划，加大投入，扶持重点网络安全技术产业和项目，支持网络安全技术的研究开发和应用，推广安全可信的网络产品和服务，保护网络技术知识产权，支持企业、研究机构和高等学校等参与国家网络安全技术创新项目。

第十七条　国家推进网络安全社会化服务体系建设，鼓励有关企业、机构开展网络安全认证、检测和风险评估等安全服务。

第十八条　国家鼓励开发网络数据安全保护和利用技术，促进公共数据资源开放，推动技术创新和经济社会发展。

国家支持创新网络安全管理方式，运用网络新技术，提升网络安全保护水平。

第十九条　各级人民政府及其有关部门应当组织开展经常性的网络安全宣传教育，并指导、督促有关单位做好网络安全宣传教育工作。

大众传播媒介应当有针对性地面向社会进行网络安全宣传教育。

第二十条　国家支持企业和高等学校、职业学校等教育培训机构开展网络安全相关教育与培训，采取多种方式培养网络安全人才，促进网络安全人才交流。

第三章　网络运行安全

第一节　一般规定

第二十一条　国家实行网络安全等级保护制度。网络运营者应当按照网络安全等级保护制度的要求，履行下列安全保护义务，保障网络免受干扰、破坏或者未经授权的访问，防止网络数据泄露或者被窃取、篡改：

（一）制定内部安全管理制度和操作规程，确定网络安全负责人，落实网络安全保护责任；

（二）采取防范计算机病毒和网络攻击、网络侵入等危害网络安全行为的技术措施；

（三）采取监测、记录网络运行状态、网络安全事件的技术措施，并按照规定留存相关的网络日志不少于六个月；

（四）采取数据分类、重要数据备份和加密等措施；

（五）法律、行政法规规定的其他义务。

第二十二条　网络产品、服务应当符合相关国家标准的强制性要求。网络产品、服务的提供者不得设置恶意程序；发现其网络产品、服务存在安全缺陷、漏洞等风险时，应当立即采取补救措施，按照规定及时告知用户并向有关主管部门报告。

网络产品、服务的提供者应当为其产品、服务持续提供安全维护；在规定或者当事人约定的期限内，不得终止提供安全维护。

网络产品、服务具有收集用户信息功能的，其提供者应当向用户明示并取得同意；涉及用户个人信息的，还应当遵守本法和有关法律、行政法规关于个人信息保护的规定。

第二十三条　网络关键设备和网络安全专用产品应当按照相关国家标准的强制性要求，由具备资格的机构安全认证合格或者安全检测符合要求后，方可销售或者提供。国家网信部门会同国务院有关部门制定、公布网络关键设备和网络安全专用产品目录，并推动安全认证和安全检测结果互认，避免重复认证、检测。

第二十四条　网络运营者为用户办理网络接入、域名注册服务，办理固定电话、移动电话等入网手续，或者为用户提供信息发布、即时通讯等服务，在与用户签订协议或者确认提供服务时，应当要求用户提供真实身份信息。用户不提供真实身份信息的，网络运营者不得为其提供相关服务。

国家实施网络可信身份战略，支持研究开发安全、方便的电子身份认证技术，推动不同电子身份认证之间的互认。

第二十五条　网络运营者应当制定网络安全事件应急预案，及时处置系统漏洞、计算机病毒、网络攻击、网络侵入等安全风险；在发生危害网络安全的事件时，立即启动应急预案，采取相应的补救措施，并按照规定向有关主管部门报告。

第二十六条　开展网络安全认证、检测、风险评估等活动，向社会发布系统漏洞、计算机病毒、网络攻击、网络侵入等网络安全信息，应当遵守国家有关规定。

第二十七条　任何个人和组织不得从事非法侵入他人网络、干扰他人网络正常功能、窃取网络数据等危害网络安全的活动；不得提供专门用于从事侵入网络、干扰网络正常功能及防护措施、窃取网络数据等危害网络安全活动的程序、工具;明知他人从事危害网络安全的活动的,不得为其提供技术支持、广告推广、支付结算等帮助。

第二十八条　网络运营者应当为公安机关、国家安全机关依法维护国家安全和侦查犯罪的活动提供技术支持和协助。

第二十九条　国家支持网络运营者之间在网络安全信息收集、分析、通报和应急处置等方面进行合作,提高网络运营者的安全保障能力。

有关行业组织建立健全本行业的网络安全保护规范和协作机制,加强对网络安全风险的分析评估,定期向会员进行风险警示,支持、协助会员应对网络安全风险。

第三十条　网信部门和有关部门在履行网络安全保护职责中获取的信息,只能用于维护网络安全的需要,不得用于其他用途。

第二节　关键信息基础设施的运行安全

第三十一条　国家对公共通信和信息服务、能源、交通、水利、金融、公共服务、电子政务等重要行业和领域,以及其他一旦遭到破坏、丧失功能或者数据泄露,可能严重危害国家安全、国计民生、公共利益的关键信息基础设施,在网络安全等级保护制度的基础上,实行重点保护。关键信息基础设施的具体范围和安全保护办法由国务院制定。

国家鼓励关键信息基础设施以外的网络运营者自愿参与关键信息基础设施保护体系。

第三十二条　按照国务院规定的职责分工,负责关键信息基础设施安全保护工作的部门分别编制并组织实施本行业、本领域的关键信息基础设施安全规划,指导和监督关键信息基础设施运行安全保护工作。

第三十三条　建设关键信息基础设施应当确保其具有支持业务稳定、持续运行的性能,并保证安全技术措施同步规划、同步建设、同步使用。

第三十四条　除本法第二十一条的规定外,关键信息基础设施的运营者还应当履行下列安全保护义务:

(一)设置专门安全管理机构和安全管理负责人,并对该负责人和关键岗位的人员进行安全背景审查;

(二)定期对从业人员进行网络安全教育、技术培训和技能考核;

(三)对重要系统和数据库进行容灾备份;

(四)制定网络安全事件应急预案,并定期进行演练;

(五)法律、行政法规规定的其他义务。

第三十五条　关键信息基础设施的运营者采购网络产品和服务,可能影响国家安全的，应当通过国家网信部门会同国务院有关部门组织的国家安全审查。

第三十六条　关键信息基础设施的运营者采购网络产品和服务，应当按照规定与提供者签订安全保密协议，明确安全和保密义务与责任。

第三十七条　关键信息基础设施的运营者在中华人民共和国境内运营中收集和产生的个人信息和重要数据应当在境内存储。因业务需要，确需向境外提供的，应当按照国家网信部门会同国务院有关部门制定的办法进行安全评估；法律、行政法规另有规定的，依照其规定。

第三十八条　关键信息基础设施的运营者应当自行或者委托网络安全服务机构对其网络的安全性和可能存在的风险每年至少进行一次检测评估，并将检测评估情况和改进措施报送相关负责关键信息基础设施安全保护工作的部门。

第三十九条　国家网信部门应当统筹协调有关部门对关键信息基础设施的安全保护采取下列措施：

（一）对关键信息基础设施的安全风险进行抽查检测，提出改进措施，必要时可以委托网络安全服务机构对网络存在的安全风险进行检测评估；

（二）定期组织关键信息基础设施的运营者进行网络安全应急演练，提高应对网络安全事件的水平和协同配合能力；

（三）促进有关部门、关键信息基础设施的运营者以及有关研究机构、网络安全服务机构等之间的网络安全信息共享；

（四）对网络安全事件的应急处置与网络功能的恢复等，提供技术支持和协助。

第四章　网络信息安全

第四十条　网络运营者应当对其收集的用户信息严格保密，并建立健全用户信息保护制度。

第四十一条　网络运营者收集、使用个人信息，应当遵循合法、正当、必要的原则，公开收集、使用规则，明示收集、使用信息的目的、方式和范围，并经被收集者同意。

网络运营者不得收集与其提供的服务无关的个人信息，不得违反法律、行政法规的规定和双方的约定收集、使用个人信息，并应当依照法律、行政法规的规定和与用户的约定，处理其保存的个人信息。

第四十二条　网络运营者不得泄露、篡改、毁损其收集的个人信息；未经被收集者同意，不得向他人提供个人信息。但是，经过处理无法识别特定个人且不能复原的除外。

网络运营者应当采取技术措施和其他必要措施，确保其收集的个人信息安全，防止信息泄露、毁损、丢失。在发生或者可能发生个人信息泄露、毁损、丢失的情况时，应当立即采取补救措施，按照规定及时告知用户并向有关主管部门报告。

第四十三条　个人发现网络运营者违反法律、行政法规的规定或者双方的约定收集、使用其个人信息的，有权要求网络运营者删除其个人信息；发现网络运营者收集、存储的其个人信息有错误的，有权要求网络运营者予以更正。网络运营者应当采取措施予以删除或者更正。

第四十四条　任何个人和组织不得窃取或者以其他非法方式获取个人信息，不得非法出售或者非法向他人提供个人信息。

第四十五条　依法负有网络安全监督管理职责的部门及其工作人员，必须对在履行职责中知悉的个人信息、隐私和商业秘密严格保密，不得泄露、出售或者非法向他人提供。

第四十六条　任何个人和组织应当对其使用网络的行为负责，不得设立用于实施诈骗，传授犯罪方法，制作或者销售违禁物品、管制物品等违法犯罪活动的网站、通讯群组，不得利用网络发布涉及实施诈骗，制作或者销售违禁物品、管制物品以及其他违法犯罪活动的信息。

第四十七条　网络运营者应当加强对其用户发布的信息的管理，发现法律、行政法规禁止发布或者传输的信息的，应当立即停止传输该信息，采取消除等处置措施，防止信息扩散，保存有关记录，并向有关主管部门报告。

第四十八条　任何个人和组织发送的电子信息、提供的应用软件，不得设置恶意程序，不得含有法律、行政法规禁止发布或者传输的信息。

电子信息发送服务提供者和应用软件下载服务提供者，应当履行安全管理义务，知道其用户有前款规定行为的，应当停止提供服务，采取消除等处置措施，保存有关记录，并向有关主管部门报告。

第四十九条　网络运营者应当建立网络信息安全投诉、举报制度，公布投诉、举报方式等信息，及时受理并处理有关网络信息安全的投诉和举报。

网络运营者对网信部门和有关部门依法实施的监督检查，应当予以配合。

第五十条　国家网信部门和有关部门依法履行网络信息安全监督管理职责，发现法律、行政法规禁止发布或者传输的信息的，应当要求网络运营者停止传输，采取消除等处置措施，保存有关记录；对来源于中华人民共和国境外的上述信息，应当通知有关机构采取技术措施和其他必要措施阻断传播。

第五章　监测预警与应急处置

第五十一条　国家建立网络安全监测预警和信息通报制度。国家网信部门应当统筹协调有关部门加强网络安全信息收集、分析和通报工作，按照规定统一发布网络安全监测预警信息。

第五十二条　负责关键信息基础设施安全保护工作的部门，应当建立健全本行业、本领域的网络安全监测预警和信息通报制度，并按照规定报送网络安全监测预警信息。

第五十三条　国家网信部门协调有关部门建立健全网络安全风险评估和应急工作机制，制定网络安全事件应急预案，并定期组织演练。

负责关键信息基础设施安全保护工作的部门应当制定本行业、本领域的网络安全事件应急预案，并定期组织演练。

网络安全事件应急预案应当按照事件发生后的危害程度、影响范围等因素对网络安全事件进行分级，并规定相应的应急处置措施。

第五十四条　网络安全事件发生的风险增大时，省级以上人民政府有关部门应当按照规定的权限和程序，并根据网络安全风险的特点和可能造成的危害，采取下列措施：

（一）要求有关部门、机构和人员及时收集、报告有关信息，加强对网络安全风险的监测；

（二）组织有关部门、机构和专业人员，对网络安全风险信息进行分析评估，预测事件发生的可能性、影响范围和危害程度；

（三）向社会发布网络安全风险预警，发布避免、减轻危害的措施。

第五十五条　发生网络安全事件，应当立即启动网络安全事件应急预案，对网络安全事件进行调查和评估，要求网络运营者采取技术措施和其他必要措施，消除安全隐患，防止危害扩大，并及时向社会发布与公众有关的警示信息。

第五十六条　省级以上人民政府有关部门在履行网络安全监督管理职责中，发现网络存在较大安全风险或者发生安全事件的，可以按照规定的权限和程序对该网络的运营者的法定代表人或者主要负责人进行约谈。网络运营者应当按照要求采取措施，进行整改，消除隐患。

第五十七条　因网络安全事件，发生突发事件或者生产安全事故的，应当依照《中华人民共和国突发事件应对法》、《中华人民共和国安全生产法》等有关法律、行政法规的规定处置。

第五十八条　因维护国家安全和社会公共秩序，处置重大突发社会安全事件的需要，经国务院决定或者批准，可以在特定区域对网络通信采取限制等临时措施。

第六章 法律责任

第五十九条 网络运营者不履行本法第二十一条、第二十五条规定的网络安全保护义务的,由有关主管部门责令改正,给予警告;拒不改正或者导致危害网络安全等后果的,处一万元以上十万元以下罚款,对直接负责的主管人员处五千元以上五万元以下罚款。

关键信息基础设施的运营者不履行本法第三十三条、第三十四条、第三十六条、第三十八条规定的网络安全保护义务的,由有关主管部门责令改正,给予警告;拒不改正或者导致危害网络安全等后果的,处十万元以上一百万元以下罚款,对直接负责的主管人员处一万元以上十万元以下罚款。

第六十条 违反本法第二十二条第一款、第二款和第四十八条第一款规定,有下列行为之一的,由有关主管部门责令改正,给予警告;拒不改正或者导致危害网络安全等后果的,处五万元以上五十万元以下罚款,对直接负责的主管人员处一万元以上十万元以下罚款:

(一) 设置恶意程序的;

(二) 对其产品、服务存在的安全缺陷、漏洞等风险未立即采取补救措施,或者未按照规定及时告知用户并向有关主管部门报告的;

(三) 擅自终止为其产品、服务提供安全维护的。

第六十一条 网络运营者违反本法第二十四条第一款规定,未要求用户提供真实身份信息,或者对不提供真实身份信息的用户提供相关服务的,由有关主管部门责令改正;拒不改正或者情节严重的,处五万元以上五十万元以下罚款,并可以由有关主管部门责令暂停相关业务、停业整顿、关闭网站、吊销相关业务许可证或者吊销营业执照,对直接负责的主管人员和其他直接责任人员处一万元以上十万元以下罚款。

第六十二条 违反本法第二十六条规定,开展网络安全认证、检测、风险评估等活动,或者向社会发布系统漏洞、计算机病毒、网络攻击、网络侵入等网络安全信息的,由有关主管部门责令改正,给予警告;拒不改正或者情节严重的,处一万元以上十万元以下罚款,并可以由有关主管部门责令暂停相关业务、停业整顿、关闭网站、吊销相关业务许可证或者吊销营业执照,对直接负责的主管人员和其他直接责任人员处五千元以上五万元以下罚款。

第六十三条 违反本法第二十七条规定,从事危害网络安全的活动,或者提供专门用于从事危害网络安全活动的程序、工具,或者为他人从事危害网络安全的活动提供技术支持、广告推广、支付结算等帮助,尚不构成犯罪的,由公安机关没收违法所得,处五日以下拘留,可以并处五万元以上五十万元以下罚款;情节较重的,处五日以上十五日以下拘留,可以并处十万元以上一百万元以下罚款。

单位有前款行为的,由公安机关没收违法所得,处十万元以上一百万元以下罚款,并对直接负责的主管人员和其他直接责任人员依照前款规定处罚。

违反本法第二十七条规定,受到治安管理处罚的人员,五年内不得从事网络安全管理和网络运营关键岗位的工作;受到刑事处罚的人员,终身不得从事网络安全管理和网络运营关键岗位的工作。

第六十四条　网络运营者、网络产品或者服务的提供者违反本法第二十二条第三款、第四十一条至第四十三条规定,侵害个人信息依法得到保护的权利的,由有关主管部门责令改正,可以根据情节单处或者并处警告、没收违法所得、处违法所得一倍以上十倍以下罚款,没有违法所得的,处一百万元以下罚款,对直接负责的主管人员和其他直接责任人员处一万元以上十万元以下罚款;情节严重的,并可以责令暂停相关业务、停业整顿、关闭网站、吊销相关业务许可证或者吊销营业执照。

违反本法第四十四条规定,窃取或者以其他非法方式获取、非法出售或者非法向他人提供个人信息,尚不构成犯罪的,由公安机关没收违法所得,并处违法所得一倍以上十倍以下罚款,没有违法所得的,处一百万元以下罚款。

第六十五条　关键信息基础设施的运营者违反本法第三十五条规定,使用未经安全审查或者安全审查未通过的网络产品或者服务的,由有关主管部门责令停止使用,处采购金额一倍以上十倍以下罚款;对直接负责的主管人员和其他直接责任人员处一万元以上十万元以下罚款。

第六十六条　关键信息基础设施的运营者违反本法第三十七条规定,在境外存储网络数据,或者向境外提供网络数据的,由有关主管部门责令改正,给予警告,没收违法所得,处五万元以上五十万元以下罚款,并可以责令暂停相关业务、停业整顿、关闭网站、吊销相关业务许可证或者吊销营业执照;对直接负责的主管人员和其他直接责任人员处一万元以上十万元以下罚款。

第六十七条　违反本法第四十六条规定,设立用于实施违法犯罪活动的网站、通讯群组,或者利用网络发布涉及实施违法犯罪活动的信息,尚不构成犯罪的,由公安机关处五日以下拘留,可以并处一万元以上十万元以下罚款;情节较重的,处五日以上十五日以下拘留,可以并处五万元以上五十万元以下罚款。关闭用于实施违法犯罪活动的网站、通讯群组。

单位有前款行为的,由公安机关处十万元以上五十万元以下罚款,并对直接负责的主管人员和其他直接责任人员依照前款规定处罚。

第六十八条　网络运营者违反本法第四十七条规定，对法律、行政法规禁止发布或者传输的信息未停止传输、采取消除等处置措施、保存有关记录的，由有关主管部门责令改正，给予警告，没收违法所得；拒不改正或者情节严重的，处十万元以上五十万元以下罚款，并可以责令暂停相关业务、停业整顿、关闭网站、吊销相关业务许可证或者吊销营业执照，对直接负责的主管人员和其他直接责任人员处一万元以上十万元以下罚款。

电子信息发送服务提供者、应用软件下载服务提供者，不履行本法第四十八条第二款规定的安全管理义务的，依照前款规定处罚。

第六十九条　网络运营者违反本法规定，有下列行为之一的，由有关主管部门责令改正；拒不改正或者情节严重的，处五万元以上五十万元以下罚款，对直接负责的主管人员和其他直接责任人员，处一万元以上十万元以下罚款：

（一）不按照有关部门的要求对法律、行政法规禁止发布或者传输的信息，采取停止传输、消除等处置措施的；

（二）拒绝、阻碍有关部门依法实施的监督检查的；

（三）拒不向公安机关、国家安全机关提供技术支持和协助的。

第七十条　发布或者传输本法第十二条第二款和其他法律、行政法规禁止发布或者传输的信息的，依照有关法律、行政法规的规定处罚。

第七十一条　有本法规定的违法行为的，依照有关法律、行政法规的规定记入信用档案，并予以公示。

第七十二条　国家机关政务网络的运营者不履行本法规定的网络安全保护义务的，由其上级机关或者有关机关责令改正；对直接负责的主管人员和其他直接责任人员依法给予处分。

第七十三条　网信部门和有关部门违反本法第三十条规定，将在履行网络安全保护职责中获取的信息用于其他用途的，对直接负责的主管人员和其他直接责任人员依法给予处分。

网信部门和有关部门的工作人员玩忽职守、滥用职权、徇私舞弊，尚不构成犯罪的，依法给予处分。

第七十四条　违反本法规定，给他人造成损害的，依法承担民事责任。

违反本法规定，构成违反治安管理行为的，依法给予治安管理处罚；构成犯罪的，依法追究刑事责任。

第七十五条　境外的机构、组织、个人从事攻击、侵入、干扰、破坏等危害中华人民共和国的关键信息基础设施的活动，造成严重后果的，依法追究法律责任；国务院公安部门和有关部门并可以决定对该机构、组织、个人采取冻结财产或者其他必要的制裁措施。

第七章　附　则

第七十六条　本法下列用语的含义：

（一）网络，是指由计算机或者其他信息终端及相关设备组成的按照一定的规则和程序对信息进行收集、存储、传输、交换、处理的系统。

（二）网络安全，是指通过采取必要措施，防范对网络的攻击、侵入、干扰、破坏和非法使用以及意外事故，使网络处于稳定可靠运行的状态，以及保障网络数据的完整性、保密性、可用性的能力。

（三）网络运营者，是指网络的所有者、管理者和网络服务提供者。

（四）网络数据，是指通过网络收集、存储、传输、处理和产生的各种电子数据。

（五）个人信息，是指以电子或者其他方式记录的能够单独或者与其他信息结合识别自然人个人身份的各种信息，包括但不限于自然人的姓名、出生日期、身份证件号码、个人生物识别信息、住址、电话号码等。

第七十七条　存储、处理涉及国家秘密信息的网络的运行安全保护，除应当遵守本法外，还应当遵守保密法律、行政法规的规定。

第七十八条　军事网络的安全保护，由中央军事委员会另行规定。

第七十九条　本法自2017年6月1日起施行。

中华人民共和国数据安全法

（2021年6月10日第十三届全国人民代表大会常务委员会第二十九次会议通过）

第一章　总则

第一条　为了规范数据处理活动，保障数据安全，促进数据开发利用，保护个人、组织的合法权益，维护国家主权、安全和发展利益，制定本法。

第二条　在中华人民共和国境内开展数据处理活动及其安全监管，适用本法。

在中华人民共和国境外开展数据处理活动，损害中华人民共和国国家安全、公共利益或者公民、组织合法权益的，依法追究法律责任。

第三条　本法所称数据，是指任何以电子或者其他方式对信息的记录。

数据处理，包括数据的收集、存储、使用、加工、传输、提供、公开等。

数据安全，是指通过采取必要措施，确保数据处于有效保护和合法利用的状态，以及具备保障持续安全状态的能力。

第四条　维护数据安全，应当坚持总体国家安全观，建立健全数据安全治理体系，提高数据安全保障能力。

第五条　中央国家安全领导机构负责国家数据安全工作的决策和议事协调，研究制定、指导实施国家数据安全战略和有关重大方针政策，统筹协调国家数据安全的重大事项和重要工作，建立国家数据安全工作协调机制。

第六条　各地区、各部门对本地区、本部门工作中收集和产生的数据及数据安全负责。

工业、电信、交通、金融、自然资源、卫生健康、教育、科技等主管部门承担本行业、本领域数据安全监管职责。

公安机关、国家安全机关等依照本法和有关法律、行政法规的规定，在各自职责范围内承担数据安全监管职责。

国家网信部门依照本法和有关法律、行政法规的规定，负责统筹协调网络数据安全和相关监管工作。

第七条　国家保护个人、组织与数据有关的权益，鼓励数据依法合理有效利用，保障数据依法有序自由流动，促进以数据为关键要素的数字经济发展。

第八条　开展数据处理活动，应当遵守法律、法规，尊重社会公德和伦理，遵守商业道德和职业道德，诚实守信，履行数据安全保护义务，承担社会责任，不得危害国家安全、公共利益，不得损害个人、组织的合法权益。

第九条　国家支持开展数据安全知识宣传普及，提高全社会的数据安全保护意识和水平，推动有关部门、行业组织、科研机构、企业、个人等共同参与数据安全保护工作，形成全社会共同维护数据安全和促进发展的良好环境。

第十条　相关行业组织按照章程，依法制定数据安全行为规范和团体标准，加强行业自律，指导会员加强数据安全保护，提高数据安全保护水平，促进行业健康发展。

第十一条　国家积极开展数据安全治理、数据开发利用等领域的国际交流与合作，参与数据安全相关国际规则和标准的制定，促进数据跨境安全、自由流动。

第十二条　任何个人、组织都有权对违反本法规定的行为向有关主管部门投诉、举报。收到投诉、举报的部门应当及时依法处理。

有关主管部门应当对投诉、举报人的相关信息予以保密，保护投诉、举报人的合法权益。

第二章　数据安全与发展

第十三条　国家统筹发展和安全，坚持以数据开发利用和产业发展促进数据安全，以数据安全保障数据开发利用和产业发展。

第十四条　国家实施大数据战略，推进数据基础设施建设，鼓励和支持数据在各行业、各领域的创新应用。

省级以上人民政府应当将数字经济发展纳入本级国民经济和社会发展规划，并根据需要制定数字经济发展规划。

第十五条　国家支持开发利用数据提升公共服务的智能化水平。提供智能化公共服务，应当充分考虑老年人、残疾人的需求，避免对老年人、残疾人的日常生活造成障碍。

第十六条　国家支持数据开发利用和数据安全技术研究，鼓励数据开发利用和数据安全等领域的技术推广和商业创新，培育、发展数据开发利用和数据安全产品、产业体系。

第十七条　国家推进数据开发利用技术和数据安全标准体系建设。国务院标准化行政主管部门和国务院有关部门根据各自的职责，组织制定并适时修订有关数据开发利用技术、产品和数据安全相关标准。国家支持企业、社会团体和教育、科研机构等参与标准制定。

第十八条　国家促进数据安全检测评估、认证等服务的发展，支持数据安全检测评估、认证等专业机构依法开展服务活动。

国家支持有关部门、行业组织、企业、教育和科研机构、有关专业机构等在数据安全风险评估、防范、处置等方面开展协作。

第十九条　国家建立健全数据交易管理制度，规范数据交易行为，培育数据交易市场。

第二十条　国家支持教育、科研机构和企业等开展数据开发利用技术和数据安全相关教育和培训，采取多种方式培养数据开发利用技术和数据安全专业人才，促进人才交流。

第三章　数据安全制度

第二十一条　国家建立数据分类分级保护制度，根据数据在经济社会发展中的重要程度，以及一旦遭到篡改、破坏、泄露或者非法获取、非法利用，对国家安全、公共利益或者个人、组织合法权益造成的危害程度，对数据实行分类分级保护。国家数据安全工作协调机制统筹协调有关部门制定重要数据目录，加强对重要数据的保护。

关系国家安全、国民经济命脉、重要民生、重大公共利益等数据属于国家核心数据，实行更加严格的管理制度。

各地区、各部门应当按照数据分类分级保护制度，确定本地区、本部门以及相关行业、领域的重要数据具体目录，对列入目录的数据进行重点保护。

第二十二条　国家建立集中统一、高效权威的数据安全风险评估、报告、信息共享、监测预警机制。国家数据安全工作协调机制统筹协调有关部门加强数据安全风险信息的获取、分析、研判、预警工作。

第二十三条　国家建立数据安全应急处置机制。发生数据安全事件，有关主管部门应当依法启动应急预案，采取相应的应急处置措施，防止危害扩大，消除安全隐患，并及时向社会发布与公众有关的警示信息。

第二十四条　国家建立数据安全审查制度，对影响或者可能影响国家安全的数据处理活动进行国家安全审查。

依法作出的安全审查决定为最终决定。

第二十五条　国家对与维护国家安全和利益、履行国际义务相关的属于管制物项的数据依法实施出口管制。

第二十六条　任何国家或者地区在与数据和数据开发利用技术等有关的投资、贸易等方面对中华人民共和国采取歧视性的禁止、限制或者其他类似措施的，中华人民共和国可以根据实际情况对该国家或者地区对等采取措施。

第四章　数据安全保护义务

第二十七条　开展数据处理活动应当依照法律、法规的规定，建立健全全流程数据安全管理制度，组织开展数据安全教育培训，采取相应的技术措施和其他必要措施，保障数据安全。利用互联网等信息网络开展数据处理活动，应当在网络安全等级保护制度的基础上，履行上述数据安全保护义务。

重要数据的处理者应当明确数据安全负责人和管理机构，落实数据安全保护责任。

第二十八条　开展数据处理活动以及研究开发数据新技术，应当有利于促进经济社会发展，增进人民福祉，符合社会公德和伦理。

第二十九条　开展数据处理活动应当加强风险监测，发现数据安全缺陷、漏洞等风险时，应当立即采取补救措施；发生数据安全事件时，应当立即采取处置措施，按照规定及时告知用户并向有关主管部门报告。

第三十条　重要数据的处理者应当按照规定对其数据处理活动定期开展风险评估，并向有关主管部门报送风险评估报告。

风险评估报告应当包括处理的重要数据的种类、数量，开展数据处理活动的情况，面临的数据安全风险及其应对措施等。

第三十一条　关键信息基础设施的运营者在中华人民共和国境内运营中收集和产生的重要数据的出境安全管理，适用《中华人民共和国网络安全法》的规定；其他数据处理者在中华人民共和国境内运营中收集和产生的重要数据的出境安全管理办法，由国家网信部门会同国务院有关部门制定。

第三十二条　任何组织、个人收集数据，应当采取合法、正当的方式，不得窃取或者以其他非法方式获取数据。

法律、行政法规对收集、使用数据的目的、范围有规定的，应当在法律、行政法规规定的目的和范围内收集、使用数据。

第三十三条　从事数据交易中介服务的机构提供服务，应当要求数据提供方说明数据来源，审核交易双方的身份，并留存审核、交易记录。

第三十四条　法律、行政法规规定提供数据处理相关服务应当取得行政许可的，服务提供者应当依法取得许可。

第三十五条　公安机关、国家安全机关因依法维护国家安全或者侦查犯罪的需要调取数据，应当按照国家有关规定，经过严格的批准手续，依法进行，有关组织、个人应当予以配合。

第三十六条　中华人民共和国主管机关根据有关法律和中华人民共和国缔结或者参加的国际条约、协定，或者按照平等互惠原则，处理外国司法或者执法机构关于提供数据的请求。非经中华人民共和国主管机关批准，境内的组织、个人不得向外国司法或者执法机构提供存储于中华人民共和国境内的数据。

第五章　政务数据安全与开放

第三十七条　国家大力推进电子政务建设，提高政务数据的科学性、准确性、时效性，提升运用数据服务经济社会发展的能力。

第三十八条　国家机关为履行法定职责的需要收集、使用数据，应当在其履行法定职责的范围内依照法律、行政法规规定的条件和程序进行；对在履行职责中知悉的个人隐私、个人信息、商业秘密、保密商务信息等数据应当依法予以保密，不得泄露或者非法向他人提供。

第三十九条 国家机关应当依照法律、行政法规的规定，建立健全数据安全管理制度，落实数据安全保护责任，保障政务数据安全。

第四十条 国家机关委托他人建设、维护电子政务系统，存储、加工政务数据，应当经过严格的批准程序，并应当监督受托方履行相应的数据安全保护义务。受托方应当依照法律、法规的规定和合同约定履行数据安全保护义务，不得擅自留存、使用、泄露或者向他人提供政务数据。

第四十一条 国家机关应当遵循公正、公平、便民的原则，按照规定及时、准确地公开政务数据。依法不予公开的除外。

第四十二条 国家制定政务数据开放目录，构建统一规范、互联互通、安全可控的政务数据开放平台，推动政务数据开放利用。

第四十三条 法律、法规授权的具有管理公共事务职能的组织为履行法定职责开展数据处理活动，适用本章规定。

第六章 法律责任

第四十四条 有关主管部门在履行数据安全监管职责中，发现数据处理活动存在较大安全风险的，可以按照规定的权限和程序对有关组织、个人进行约谈，并要求有关组织、个人采取措施进行整改，消除隐患。

第四十五条 开展数据处理活动的组织、个人不履行本法第二十七条、第二十九条、第三十条规定的数据安全保护义务的，由有关主管部门责令改正，给予警告，可以并处五万元以上五十万元以下罚款，对直接负责的主管人员和其他直接责任人员可以处一万元以上十万元以下罚款；拒不改正或者造成大量数据泄露等严重后果的，处五十万元以上二百万元以下罚款，并可以责令暂停相关业务、停业整顿、吊销相关业务许可证或者吊销营业执照，对直接负责的主管人员和其他直接责任人员处五万元以上二十万元以下罚款。

违反国家核心数据管理制度，危害国家主权、安全和发展利益的，由有关主管部门处二百万元以上一千万元以下罚款，并根据情况责令暂停相关业务、停业整顿、吊销相关业务许可证或者吊销营业执照；构成犯罪的，依法追究刑事责任。

第四十六条 违反本法第三十一条规定，向境外提供重要数据的，由有关主管部门责令改正，给予警告，可以并处十万元以上一百万元以下罚款，对直接负责的主管人员和其他直接责任人员可以处一万元以上十万元以下罚款；情节严重的，处一百万元以上一千万元以下罚款，并可以责令暂停相关业务、停业整顿、吊销相关业务许可证或者吊销营业执照，对直接负责的主管人员和其他直接责任人员处十万元以上一百万元以下罚款。

第四十七条　从事数据交易中介服务的机构未履行本法第三十三条规定的义务的，由有关主管部门责令改正，没收违法所得，处违法所得一倍以上十倍以下罚款，没有违法所得或者违法所得不足十万元的，处十万元以上一百万元以下罚款，并可以责令暂停相关业务、停业整顿、吊销相关业务许可证或者吊销营业执照；对直接负责的主管人员和其他直接责任人员处一万元以上十万元以下罚款。

第四十八条　违反本法第三十五条规定，拒不配合数据调取的，由有关主管部门责令改正，给予警告，并处五万元以上五十万元以下罚款，对直接负责的主管人员和其他直接责任人员处一万元以上十万元以下罚款。

违反本法第三十六条规定，未经主管机关批准向外国司法或者执法机构提供数据的，由有关主管部门给予警告，可以并处十万元以上一百万元以下罚款，对直接负责的主管人员和其他直接责任人员可以处一万元以上十万元以下罚款；造成严重后果的，处一百万元以上五百万元以下罚款，并可以责令暂停相关业务、停业整顿、吊销相关业务许可证或者吊销营业执照，对直接负责的主管人员和其他直接责任人员处五万元以上五十万元以下罚款。

第四十九条　国家机关不履行本法规定的数据安全保护义务的，对直接负责的主管人员和其他直接责任人员依法给予处分。

第五十条　履行数据安全监管职责的国家工作人员玩忽职守、滥用职权、徇私舞弊的，依法给予处分。

第五十一条　窃取或者以其他非法方式获取数据，开展数据处理活动排除、限制竞争，或者损害个人、组织合法权益的，依照有关法律、行政法规的规定处罚。

第五十二条　违反本法规定，给他人造成损害的，依法承担民事责任。

违反本法规定，构成违反治安管理行为的，依法给予治安管理处罚；构成犯罪的，依法追究刑事责任。

第七章　附则

第五十三条　开展涉及国家秘密的数据处理活动，适用《中华人民共和国保守国家秘密法》等法律、行政法规的规定。

在统计、档案工作中开展数据处理活动，开展涉及个人信息的数据处理活动，还应当遵守有关法律、行政法规的规定。

第五十四条　军事数据安全保护的办法，由中央军事委员会依据本法另行制定。

第五十五条　本法自2021年9月1日起施行。

国家网络空间安全战略

（2016年12月27日，经中央网络安全和信息化领导小组批准，国家互联网信息办公室发布）

信息技术广泛应用和网络空间兴起发展，极大促进了经济社会繁荣进步，同时也带来了新的安全风险和挑战。网络空间安全（以下称网络安全）事关人类共同利益，事关世界和平与发展，事关各国国家安全。维护我国网络安全是协调推进全面建成小康社会、全面深化改革、全面依法治国、全面从严治党战略布局的重要举措，是实现“两个一百年”奋斗目标、实现中华民族伟大复兴中国梦的重要保障。为贯彻落实习近平关于推进全球互联网治理体系变革的“四项原则”和构建网络空间命运共同体的“五点主张”，阐明中国关于网络空间发展和安全的重大立场，指导中国网络安全工作，维护国家在网络空间的主权、安全、发展利益，制定本战略。

一、机遇和挑战

（一）重大机遇

伴随信息革命的飞速发展，互联网、通信网、计算机系统、自动化控制系统、数字设备及其承载的应用、服务和数据等组成的网络空间，正在全面改变人们的生产生活方式，深刻影响人类社会历史发展进程。

信息传播的新渠道。网络技术的发展，突破了时空限制，拓展了传播范围，创新了传播手段，引发了传播格局的根本性变革。网络已成为人们获取信息、学习交流的新渠道，成为人类知识传播的新载体。

生产生活的新空间。当今世界，网络深度融入人们的学习、生活、工作等方方面面，网络教育、创业、医疗、购物、金融等日益普及，越来越多的人通过网络交流思想、成就事业、实现梦想。

经济发展的新引擎。互联网日益成为创新驱动发展的先导力量，信息技术在国民经济各行业广泛应用，推动传统产业改造升级，催生了新技术、新业态、新产业、新模式，促进了经济结构调整和经济发展方式转变，为经济社会发展注入了新的动力。

文化繁荣的新载体。网络促进了文化交流和知识普及，释放了文化发展活力，推动了文化创新创造，丰富了人们精神文化生活，已经成为传播文化的新途径、提供公共文化服务的新手段。网络文化已成为文化建设的重要组成部分。

社会治理的新平台。网络在推进国家治理体系和治理能力现代化方面的作用日益凸显，电子政务应用走向深入，政府信息公开共享，推动了政府决策科学化、民主化、法治化，畅通了公民参与社会治理的渠道，成为保障公民知情权、参与权、表达权、监督权的重要途径。

交流合作的新纽带。信息化与全球化交织发展，促进了信息、资金、技术、人才等要素的全球流动，增进了不同文明交流融合。网络让世界变成了地球村，国际社会越来越成为你中有我、我中有你的命运共同体。

国家主权的新疆域。网络空间已经成为与陆地、海洋、天空、太空同等重要的人类活动新领域，国家主权拓展延伸到网络空间，网络空间主权成为国家主权的重要组成部分。尊重网络空间主权，维护网络安全，谋求共治，实现共赢，正在成为国际社会共识。

（二）严峻挑战

网络安全形势日益严峻，国家政治、经济、文化、社会、国防安全及公民在网络空间的合法权益面临严峻风险与挑战。

网络渗透危害政治安全。政治稳定是国家发展、人民幸福的基本前提。利用网络干涉他国内政、攻击他国政治制度、煽动社会动乱、颠覆他国政权，以及大规模网络监控、网络窃密等活动严重危害国家政治安全和用户信息安全。

网络攻击威胁经济安全。网络和信息系统已经成为关键基础设施乃至整个经济社会的神经中枢，遭受攻击破坏、发生重大安全事件，将导致能源、交通、通信、金融等基础设施瘫痪，造成灾难性后果，严重危害国家经济安全和公共利益。

网络有害信息侵蚀文化安全。网络上各种思想文化相互激荡、交锋，优秀传统文化和主流价值观面临冲击。网络谣言、颓废文化和淫秽、暴力、迷信等违背社会主义核心价值观的有害信息侵蚀青少年身心健康，败坏社会风气，误导价值取向，危害文化安全。网上道德失范、诚信缺失现象频发，网络文明程度亟待提高。

网络恐怖和违法犯罪破坏社会安全。恐怖主义、分裂主义、极端主义等势力利用网络煽动、策划、组织和实施暴力恐怖活动，直接威胁人民生命财产安全、社会秩序。计算机病毒、木马等在网络空间传播蔓延，网络欺诈、黑客攻击、侵犯知识产权、滥用个人信息等不法行为大量存在，一些组织肆意窃取用户信息、交易数据、位置信息以及企业商业秘密，严重损害国家、企业和个人利益，影响社会和谐稳定。

网络空间的国际竞争方兴未艾。国际上争夺和控制网络空间战略资源、抢占规则制定权和战略制高点、谋求战略主动权的竞争日趋激烈。个别国家强化网络威慑战略，加剧网络空间军备竞赛，世界和平受到新的挑战。

网络空间机遇和挑战并存，机遇大于挑战。必须坚持积极利用、科学发展、依法管理、确保安全，坚决维护网络安全，最大限度利用网络空间发展潜力，更好惠及13亿多中国人民，造福全人类，坚定维护世界和平。

二、目标

以总体国家安全观为指导，贯彻落实创新、协调、绿色、开放、共享的发展理念，增强风险意识和危机意识，统筹国内国际两个大局，统筹发展安全两件大事，积极防御、有效应对，推进网络空间和平、安全、开放、合作、有序，维护国家主权、安全、发展利益，实现建设网络强国的战略目标。

和平：信息技术滥用得到有效遏制，网络空间军备竞赛等威胁国际和平的活动得到有效控制，网络空间冲突得到有效防范。

安全：网络安全风险得到有效控制，国家网络安全保障体系健全完善，核心技术装备安全可控，网络和信息系统运行稳定可靠。网络安全人才满足需求，全社会的网络安全意识、基本防护技能和利用网络的信心大幅提升。

开放：信息技术标准、政策和市场开放、透明，产品流通和信息传播更加顺畅，数字鸿沟日益弥合。不分大小、强弱、贫富，世界各国特别是发展中国家都能分享发展机遇、共享发展成果、公平参与网络空间治理。

合作：世界各国在技术交流、打击网络恐怖和网络犯罪等领域的合作更加密切，多边、民主、透明的国际互联网治理体系健全完善，以合作共赢为核心的网络空间命运共同体逐步形成。

有序：公众在网络空间的知情权、参与权、表达权、监督权等合法权益得到充分保障，网络空间个人隐私获得有效保护，人权受到充分尊重。网络空间的国内和国际法律体系、标准规范逐步建立，网络空间实现依法有效治理，网络环境诚信、文明、健康，信息自由流动与维护国家安全、公共利益实现有机统一。

三、原则

一个安全稳定繁荣的网络空间，对各国乃至世界都具有重大意义。中国愿与各国一道，加强沟通、扩大共识、深化合作，积极推进全球互联网治理体系变革，共同维护网络空间和平安全。

（一）尊重维护网络空间主权

网络空间主权不容侵犯，尊重各国自主选择发展道路、网络管理模式、互联网公共政策和平等参与国际网络空间治理的权利。各国主权范围内的网络事务由各国人民自己做主，各国有权根据本国国情，借鉴国际经验，制定有关网络空间的法律法规，依法采取必要措施，管理本国信息系统及本国疆域上的网络活动；保护本国信息系统和信息资源免受侵入、干扰、攻击和破坏，保障公民在网络空间的合法权益；防范、阻止和惩治危害国家安全和利益的有害信息在本国网络传播，维护网络空间秩序。任何国家都不搞网络霸权、不搞双重标准，不利用网络干涉他国内政，不从事、纵容或支持危害他国国家安全的网络活动。

（二）和平利用网络空间

和平利用网络空间符合人类的共同利益。各国应遵守《联合国宪章》关于不得使用或威胁使用武力的原则，防止信息技术被用于与维护国际安全与稳定相悖的目的，共同抵制网络空间军备竞赛、防范网络空间冲突。坚持相互尊重、平等相待，求同存异、包容互信，尊重彼此在网络空间的安全利益和重大关切，推动构建和谐网络世界。反对以国家安全为借口，利用技术优势控制他国网络和信息系统、收集和窃取他国数据，更不能以牺牲别国安全谋求自身所谓绝对安全。

（三）依法治理网络空间

全面推进网络空间法治化，坚持依法治网、依法办网、依法上网，让互联网在法治轨道上健康运行。依法构建良好网络秩序，保护网络空间信息依法有序自由流动，保护个人隐私，保护知识产权。任何组织和个人在网络空间享有自由、行使权利的同时，须遵守法律，尊重他人权利，对自己在网络上的言行负责。

（四）统筹网络安全与发展

没有网络安全就没有国家安全，没有信息化就没有现代化。网络安全和信息化是一体之两翼、驱动之双轮。正确处理发展和安全的关系，坚持以安全保发展，以发展促安全。安全是发展的前提，任何以牺牲安全为代价的发展都难以持续。发展是安全的基础，不发展是最大的不安全。没有信息化发展，网络安全也没有保障，已有的安全甚至会丧失。

四、战略任务

中国的网民数量和网络规模世界第一，维护好中国网络安全，不仅是自身需要，对于维护全球网络安全乃至世界和平都具有重大意义。中国致力于维护国家网络空间主权、安全、发展利益，推动互联网造福人类，推动网络空间和平利用和共同治理。

（一）坚定捍卫网络空间主权

根据宪法和法律法规管理我国主权范围内的网络活动，保护我国信息设施和信息资源安全，采取包括经济、行政、科技、法律、外交、军事等一切措施，坚定不移地维护我国网络空间主权。坚决反对通过网络颠覆我国国家政权、破坏我国国家主权的一切行为。

（二）坚决维护国家安全

防范、制止和依法惩治任何利用网络进行叛国、分裂国家、煽动叛乱、颠覆或者煽动颠覆人民民主专政政权的行为；防范、制止和依法惩治利用网络进行窃取、泄露国家秘密等危害国家安全的行为；防范、制止和依法惩治境外势力利用网络进行渗透、破坏、颠覆、分裂活动。

（三）保护关键信息基础设施

国家关键信息基础设施是指关系国家安全、国计民生，一旦数据泄露、遭到破坏或者丧失功能可能严重危害国家安全、公共利益的信息设施，包括但不限于提供公共通信、广播电视传输等服务的基础信息网络，能源、金融、交通、教育、科研、水利、工业制造、医疗卫生、社会保障、公用事业等领域和国家机关的重要信息系统，重要互联网应用系统等。采取一切必要措施保护关键信息基础设施及其重要数据不受攻击破坏。坚持技术和管理并重、保护和震慑并举，着眼识别、防护、检测、预警、响应、处置等环节，建立实施关键信息基础设施保护制度，从管理、技术、人才、资金等方面加大投入，依法综合施策，切实加强关键信息基础设施安全防护。

关键信息基础设施保护是政府、企业和全社会的共同责任，主管、运营单位和组织要按照法律法规、制度标准的要求，采取必要措施保障关键信息基础设施安全，逐步实现先评估后使用。加强关键信息基础设施风险评估。加强党政机关以及重点领域网站的安全防护，基层党政机关网站要按集约化模式建设运行和管理。建立政府、行业与企业的网络安全信息有序共享机制，充分发挥企业在保护关键信息基础设施中的重要作用。

坚持对外开放，立足开放环境下维护网络安全。建立实施网络安全审查制度，加强供应链安全管理，对党政机关、重点行业采购使用的重要信息技术产品和服务开展安全审查，提高产品和服务的安全性和可控性，防止产品服务提供者和其他组织利用信息技术优势实施不正当竞争或损害用户利益。

（四）加强网络文化建设

加强网上思想文化阵地建设，大力培育和践行社会主义核心价值观，实施网络内容建设工程，发展积极向上的网络文化，传播正能量，凝聚强大精神力量，营造良好网络氛围。鼓励拓展新业务、创作新产品，打造体现时代精神的网络文化品牌，不断提高网络文化产业规模水平。实施中华优秀文化网上传播工程，积极推动优秀传统文化和当代文化精品的数字化、网络化制作和传播。发挥互联网传播平台优势，推动中外优秀文化交流互鉴，让各国人民了解中华优秀文化，让中国人民了解各国优秀文化，共同推动网络文化繁荣发展，丰富人们精神世界，促进人类文明进步。

加强网络伦理、网络文明建设，发挥道德教化引导作用，用人类文明优秀成果滋养网络空间、修复网络生态。建设文明诚信的网络环境，倡导文明办网、文明上网，形成安全、文明、有序的信息传播秩序。坚决打击谣言、淫秽、暴力、迷信、邪教等违法有害信息在网络空间传播蔓延。提高青少年网络文明素养，加强对未成年人上网保护，通过政府、社会组织、社区、学校、家庭等方面的共同努力，为青少年健康成长创造良好的网络环境。

（五）打击网络恐怖和违法犯罪

加强网络反恐、反间谍、反窃密能力建设，严厉打击网络恐怖和网络间谍活动。

坚持综合治理、源头控制、依法防范，严厉打击网络诈骗、网络盗窃、贩枪贩毒、侵害公民个人信息、传播淫秽色情、黑客攻击、侵犯知识产权等违法犯罪行为。

（六）完善网络治理体系

坚持依法、公开、透明管网治网，切实做到有法可依、有法必依、执法必严、违法必究。健全网络安全法律法规体系，制定出台网络安全法、未成年人网络保护条例等法律法规，明确社会各方面的责任和义务，明确网络安全管理要求。加快对现行法律的修订和解释，使之适用于网络空间。完善网络安全相关制度，建立网络信任体系，提高网络安全管理的科学化规范化水平。

加快构建法律规范、行政监管、行业自律、技术保障、公众监督、社会教育相结合的网络治理体系，推进网络社会组织管理创新，健全基础管理、内容管理、行业管理以及网络违法犯罪防范和打击等工作联动机制。加强网络空间通信秘密、言论自由、商业秘密，以及名誉权、财产权等合法权益的保护。

鼓励社会组织等参与网络治理，发展网络公益事业，加强新型网络社会组织建设。鼓励网民举报网络违法行为和不良信息。

（七）夯实网络安全基础

坚持创新驱动发展，积极创造有利于技术创新的政策环境，统筹资源和力量，以企业为主体，产学研用相结合，协同攻关、以点带面、整体推进，尽快在核心技术上取得突破。重视软件安全，加快安全可信产品推广应用。发展网络基础设施，丰富网络空间信息内容。实施“互联网＋”行动，大力发展网络经济。实施国家大数据战略，建立大数据安全管理制度，支持大数据、云计算等新一代信息技术创新和应用。优化市场环境，鼓励网络安全企业做大做强，为保障国家网络安全夯实产业基础。

建立完善国家网络安全技术支撑体系。加强网络安全基础理论和重大问题研究。加强网络安全标准化和认证认可工作，更多地利用标准规范网络空间行为。做好等级保护、风险评估、漏洞发现等基础性工作，完善网络安全监测预警和网络安全重大事件应急处置机制。

实施网络安全人才工程，加强网络安全学科专业建设，打造一流网络安全学院和创新园区，形成有利于人才培养和创新创业的生态环境。办好网络安全宣传周活动，大力开展全民网络安全宣传教育。推动网络安全教育进教材、进学校、进课堂，提高网络媒介素养，增强全社会网络安全意识和防护技能，提高广大网民对网络违法有害信息、网络欺诈等违法犯罪活动的辨识和抵御能力。

（八）提升网络空间防护能力

网络空间是国家主权的新疆域。建设与我国国际地位相称、与网络强国相适应的网络空间防护力量，大力发展网络安全防御手段，及时发现和抵御网络入侵，铸造维护国家网络安全的坚强后盾。

（九）强化网络空间国际合作

在相互尊重、相互信任的基础上，加强国际网络空间对话合作，推动互联网全球治理体系变革。深化同各国的双边、多边网络安全对话交流和信息沟通，有效管控分歧，积极参与全球和区域组织网络安全合作，推动互联网地址、根域名服务器等基础资源管理国际化。

支持联合国发挥主导作用，推动制定各方普遍接受的网络空间国际规则、网络空间国际反恐公约，健全打击网络犯罪司法协助机制，深化在政策法律、技术创新、标准规范、应急响应、关键信息基础设施保护等领域的国际合作。

加强对发展中国家和落后地区互联网技术普及和基础设施建设的支持援助，努力弥合数字鸿沟。推动“一带一路”建设，提高国际通信互联互通水平，畅通信息丝绸之路。搭建世界互联网大会等全球互联网共享共治平台，共同推动互联网健康发展。通过积极有效的国际合作，建立多边、民主、透明的国际互联网治理体系，共同构建和平、安全、开放、合作、有序的网络空间。

全国人民代表大会常务委员会
关于维护互联网安全的决定

（2000年12月28日第九届全国人民代表大会常务委员会第十九次会议通过）

我国的互联网，在国家大力倡导和积极推动下，在经济建设和各项事业中得到日益广泛的应用，使人们的生产、工作、学习和生活方式已经开始并将继续发生深刻的变化，对于加快我国国民经济、科学技术的发展和社会服务信息化进程具有重要作用。同时，如何保障互联网的运行安全和信息安全问题已经引起全社会的普遍关注。为了兴利除弊，促进我国互联网的健康发展，维护国家安全和社会公共利益，保护个人、法人和其他组织的合法权益，特作如下决定：

一、为了保障互联网的运行安全，对有下列行为之一，构成犯罪的，依照刑法有关规定追究刑事责任：

（一）侵入国家事务、国防建设、尖端科学技术领域的计算机信息系统；

（二）故意制作、传播计算机病毒等破坏性程序，攻击计算机系统及通信网络，致使计算机系统及通信网络遭受损害；

（三）违反国家规定，擅自中断计算机网络或者通信服务，造成计算机网络或者通信系统不能正常运行。

二、为了维护国家安全和社会稳定，对有下列行为之一，构成犯罪的，依照刑法有关规定追究刑事责任：

（一）利用互联网造谣、诽谤或者发表、传播其他有害信息，煽动颠覆国家政权、推翻社会主义制度，或者煽动分裂国家、破坏国家统一；

（二）通过互联网窃取、泄露国家秘密、情报或者军事秘密；

（三）利用互联网煽动民族仇恨、民族歧视，破坏民族团结；

（四）利用互联网组织邪教组织、联络邪教组织成员，破坏国家法律、行政法规实施。

三、为了维护社会主义市场经济秩序和社会管理秩序，对有下列行为之一，构成犯罪的，依照刑法有关规定追究刑事责任：

（一）利用互联网销售伪劣产品或者对商品、服务作虚假宣传；

（二）利用互联网损害他人商业信誉和商品声誉；

（三）利用互联网侵犯他人知识产权；

（四）利用互联网编造并传播影响证券、期货交易或者其他扰乱金融秩序的虚假信息；

（五）在互联网上建立淫秽网站、网页，提供淫秽站点链接服务，或者传播淫秽书刊、影片、音像、图片。

四、为了保护个人、法人和其他组织的人身、财产等合法权利，对有下列行为之一，构成犯罪的，依照刑法有关规定追究刑事责任：

（一）利用互联网侮辱他人或者捏造事实诽谤他人；

（二）非法截获、篡改、删除他人电子邮件或者其他数据资料，侵犯公民通信自由和通信秘密；

（三）利用互联网进行盗窃、诈骗、敲诈勒索。

五、利用互联网实施本决定第一条、第二条、第三条、第四条所列行为以外的其他行为，构成犯罪的，依照刑法有关规定追究刑事责任。

六、利用互联网实施违法行为，违反社会治安管理，尚不构成犯罪的，由公安机关依照《治安管理处罚条例》予以处罚；违反其他法律、行政法规，尚不构成犯罪的，由有关行政管理部门依法给予行政处罚；对直接负责的主管人员和其他直接责任人员，依法给予行政处分或者纪律处分。

利用互联网侵犯他人合法权益，构成民事侵权的，依法承担民事责任。

七、各级人民政府及有关部门要采取积极措施，在促进互联网的应用和网络技术的普及过程中，重视和支持对网络安全技术的研究和开发，增强网络的安全防护能力。有关主管部门要加强对互联网的运行安全和信息安全的宣传教育，依法实施有效的监督管理，防范和制止利用互联网进行的各种违法活动，为互联网的健康发展创造良好的社会环境。从事互联网业务的单位要依法开展活动，发现互联网上出现违法犯罪行为和有害信息时，要采取措施，停止传输有害信息，并及时向有关机关报告。任何单位和个人在利用互联网时，都要遵纪守法，抵制各种违法犯罪行为和有害信息。人民法院、人民检察院、公安机关、国家安全机关要各司其职，密切配合，依法严厉打击利用互联网实施的各种犯罪活动。要动员全社会的力量，依靠全社会的共同努力，保障互联网的运行安全与信息安全，促进社会主义精神文明和物质文明建设。

全国人民代表大会常务委员会关于加强网络信息保护的决定

（2012年12月28日第十一届全国人民代表大会常务委员会第三十次会议通过）

为了保护网络信息安全，保障公民、法人和其他组织的合法权益，维护国家安全和社会公共利益，特作如下决定：

一、国家保护能够识别公民个人身份和涉及公民个人隐私的电子信息。

任何组织和个人不得窃取或者以其他非法方式获取公民个人电子信息，不得出售或者非法向他人提供公民个人电子信息。

二、网络服务提供者和其他企业事业单位在业务活动中收集、使用公民个人电子信息，应当遵循合法、正当、必要的原则，明示收集、使用信息的目的、方式和范围，并经被收集者同意，不得违反法律、法规的规定和双方的约定收集、使用信息。

网络服务提供者和其他企业事业单位收集、使用公民个人电子信息，应当公开其收集、使用规则。

三、网络服务提供者和其他企业事业单位及其工作人员对在业务活动中收集的公民个人电子信息必须严格保密，不得泄露、篡改、毁损，不得出售或者非法向他人提供。

四、网络服务提供者和其他企业事业单位应当采取技术措施和其他必要措施，确保信息安全，防止在业务活动中收集的公民个人电子信息泄露、毁损、丢失。在发生或者可能发生信息泄露、毁损、丢失的情况时，应当立即采取补救措施。

五、网络服务提供者应当加强对其用户发布的信息的管理，发现法律、法规禁止发布或者传输的信息的，应当立即停止传输该信息，采取消除等处置措施，保存有关记录，并向有关主管部门报告。

六、网络服务提供者为用户办理网站接入服务，办理固定电话、移动电话等入网手续，或者为用户提供信息发布服务，应当在与用户签订协议或者确认提供服务时，要求用户提供真实身份信息。

七、任何组织和个人未经电子信息接收者同意或者请求，或者电子信息接收者明确表示拒绝的，不得向其固定电话、移动电话或者个人电子邮箱发送商业性电子信息。

八、公民发现泄露个人身份、散布个人隐私等侵害其合法权益的网络信息，或者受到商业性电子信息侵扰的，有权要求网络服务提供者删除有关信息或者采取其他必要措施予以制止。

九、任何组织和个人对窃取或者以其他非法方式获取、出售或者非法向他人提供公民个人电子信息的违法犯罪行为以及其他网络信息违法犯罪行为，有权向有关主管部门举报、控告；接到举报、控告的部门应当依法及时处理。被侵权人可以依法提起诉讼。

十、有关主管部门应当在各自职权范围内依法履行职责，采取技术措施和其他必要措施，防范、制止和查处窃取或者以其他非法方式获取、出售或者非法向他人提供公民个人电子信息的违法犯罪行为以及其他网络信息违法犯罪行为。有关主管部门依法履行职责时，网络服务提供者应当予以配合，提供技术支持。

国家机关及其工作人员对在履行职责中知悉的公民个人电子信息应当予以保密，不得泄露、篡改、毁损，不得出售或者非法向他人提供。

十一、对有违反本决定行为的，依法给予警告、罚款、没收违法所得、吊销许可证或者取消备案、关闭网站、禁止有关责任人员从事网络服务业务等处罚，记入社会信用档案并予以公布；构成违反治安管理行为的，依法给予治安管理处罚。构成犯罪的，依法追究刑事责任。侵害他人民事权益的，依法承担民事责任。

十二、本决定自公布之日起施行。

关键信息基础设施安全保护条例

（《关键信息基础设施安全保护条例》经2021年4月27日国务院第133次常务会议通过，自2021年9月1日起施行。）

第一章　总则

第一条　为了保障关键信息基础设施安全，维护网络安全，根据《中华人民共和国网络安全法》，制定本条例。

第二条　本条例所称关键信息基础设施，是指公共通信和信息服务、能源、交通、水利、金融、公共服务、电子政务、国防科技工业等重要行业和领域的，以及其他一旦遭到破坏、丧失功能或者数据泄露，可能严重危害国家安全、国计民生、公共利益的重要网络设施、信息系统等。

第三条　在国家网信部门统筹协调下，国务院公安部门负责指导监督关键信息基础设施安全保护工作。国务院电信主管部门和其他有关部门依照本条例和有关法律、行政法规的规定，在各自职责范围内负责关键信息基础设施安全保护和监督管理工作。

省级人民政府有关部门依据各自职责对关键信息基础设施实施安全保护和监督管理。

第四条　关键信息基础设施安全保护坚持综合协调、分工负责、依法保护，强化和落实关键信息基础设施运营者（以下简称运营者）主体责任，充分发挥政府及社会各方面的作用，共同保护关键信息基础设施安全。

第五条　国家对关键信息基础设施实行重点保护，采取措施，监测、防御、处置来源于中华人民共和国境内外的网络安全风险和威胁，保护关键信息基础设施免受攻击、侵入、干扰和破坏，依法惩治危害关键信息基础设施安全的违法犯罪活动。

任何个人和组织不得实施非法侵入、干扰、破坏关键信息基础设施的活动，不得危害关键信息基础设施安全。

第六条　运营者依照本条例和有关法律、行政法规的规定以及国家标准的强制性要求，在网络安全等级保护的基础上，采取技术保护措施和其他必要措施，应对网络安全事件，防范网络攻击和违法犯罪活动，保障关键信息基础设施安全稳定运行，维护数据的完整性、保密性和可用性。

第七条　对在关键信息基础设施安全保护工作中取得显著成绩或者作出突出贡献的单位和个人，按照国家有关规定给予表彰。

第二章　关键信息基础设施认定

第八条　本条例第二条涉及的重要行业和领域的主管部门、监督管理部门是负责关键信息基础设施安全保护工作的部门（以下简称保护工作部门）。

第九条　保护工作部门结合本行业、本领域实际，制定关键信息基础设施认定规则，并报国务院公安部门备案。

制定认定规则应当主要考虑下列因素：

（一）网络设施、信息系统等对于本行业、本领域关键核心业务的重要程度；

（二）网络设施、信息系统等一旦遭到破坏、丧失功能或者数据泄露可能带来的危害程度；

（三）对其他行业和领域的关联性影响。

第十条　保护工作部门根据认定规则负责组织认定本行业、本领域的关键信息基础设施，及时将认定结果通知运营者，并通报国务院公安部门。

第十一条　关键信息基础设施发生较大变化，可能影响其认定结果的，运营者应当及时将相关情况报告保护工作部门。保护工作部门自收到报告之日起3个月内完成重新认定，将认定结果通知运营者，并通报国务院公安部门。

第三章　运营者责任义务

第十二条　安全保护措施应当与关键信息基础设施同步规划、同步建设、同步使用。

第十三条　运营者应当建立健全网络安全保护制度和责任制，保障人力、财力、物力投入。运营者的主要负责人对关键信息基础设施安全保护负总责，领导关键信息基础设施安全保护和重大网络安全事件处置工作，组织研究解决重大网络安全问题。

第十四条　运营者应当设置专门安全管理机构，并对专门安全管理机构负责人和关键岗位人员进行安全背景审查。审查时，公安机关、国家安全机关应当予以协助。

第十五条　专门安全管理机构具体负责本单位的关键信息基础设施安全保护工作，履行下列职责：

（一）建立健全网络安全管理、评价考核制度，拟订关键信息基础设施安全保护计划；

（二）组织推动网络安全防护能力建设，开展网络安全监测、检测和风险评估；

（三）按照国家及行业网络安全事件应急预案，制定本单位应急预案，定期开展应急演练，处置网络安全事件；

（四）认定网络安全关键岗位，组织开展网络安全工作考核，提出奖励和惩处建议；

（五）组织网络安全教育、培训；

（六）履行个人信息和数据安全保护责任，建立健全个人信息和数据安全保护制度；

（七）对关键信息基础设施设计、建设、运行、维护等服务实施安全管理；

（八）按照规定报告网络安全事件和重要事项。

第十六条　运营者应当保障专门安全管理机构的运行经费、配备相应的人员，开展与网络安全和信息化有关的决策应当有专门安全管理机构人员参与。

第十七条　运营者应当自行或者委托网络安全服务机构对关键信息基础设施每年至少进行一次网络安全检测和风险评估，对发现的安全问题及时整改，并按照保护工作部门要求报送情况。

第十八条　关键信息基础设施发生重大网络安全事件或者发现重大网络安全威胁时，运营者应当按照有关规定向保护工作部门、公安机关报告。

发生关键信息基础设施整体中断运行或者主要功能故障、国家基础信息以及其他重要数据泄露、较大规模个人信息泄露、造成较大经济损失、违法信息较大范围传播等特别重大网络安全事件或者发现特别重大网络安全威胁时，保护工作部门应当在收到报告后，及时向国家网信部门、国务院公安部门报告。

第十九条　运营者应当优先采购安全可信的网络产品和服务；采购网络产品和服务可能影响国家安全的，应当按照国家网络安全规定通过安全审查。

第二十条　运营者采购网络产品和服务，应当按照国家有关规定与网络产品和服务提供者签订安全保密协议，明确提供者的技术支持和安全保密义务与责任，并对义务与责任履行情况进行监督。

第二十一条　运营者发生合并、分立、解散等情况，应当及时报告保护工作部门，并按照保护工作部门的要求对关键信息基础设施进行处置，确保安全。

第四章　保障和促进

第二十二条　保护工作部门应当制定本行业、本领域关键信息基础设施安全规划，明确保护目标、基本要求、工作任务、具体措施。

第二十三条　国家网信部门统筹协调有关部门建立网络安全信息共享机制，及时汇总、研判、共享、发布网络安全威胁、漏洞、事件等信息，促进有关部门、保护工作部门、运营者以及网络安全服务机构等之间的网络安全信息共享。

第二十四条　保护工作部门应当建立健全本行业、本领域的关键信息基础设施网络安全监测预警制度，及时掌握本行业、本领域关键信息基础设施运行状况、安全态势，预警通报网络安全威胁和隐患，指导做好安全防范工作。

第二十五条　保护工作部门应当按照国家网络安全事件应急预案的要求，建立健全本行业、本领域的网络安全事件应急预案，定期组织应急演练；指导运营者做好网络安全事件应对处置，并根据需要组织提供技术支持与协助。

第二十六条　保护工作部门应当定期组织开展本行业、本领域关键信息基础设施网络安全检查检测，指导监督运营者及时整改安全隐患、完善安全措施。

第二十七条　国家网信部门统筹协调国务院公安部门、保护工作部门对关键信息基础设施进行网络安全检查检测，提出改进措施。

有关部门在开展关键信息基础设施网络安全检查时，应当加强协同配合、信息沟通，避免不必要的检查和交叉重复检查。检查工作不得收取费用，不得要求被检查单位购买指定品牌或者指定生产、销售单位的产品和服务。

第二十八条　运营者对保护工作部门开展的关键信息基础设施网络安全检查检测工作，以及公安、国家安全、保密行政管理、密码管理等有关部门依法开展的关键信息基础设施网络安全检查工作应当予以配合。

第二十九条　在关键信息基础设施安全保护工作中，国家网信部门和国务院电信主管部门、国务院公安部门等应当根据保护工作部门的需要，及时提供技术支持和协助。

第三十条　网信部门、公安机关、保护工作部门等有关部门，网络安全服务机构及其工作人员对于在关键信息基础设施安全保护工作中获取的信息，只能用于维护网络安全，并严格按照有关法律、行政法规的要求确保信息安全，不得泄露、出售或者非法向他人提供。

第三十一条　未经国家网信部门、国务院公安部门批准或者保护工作部门、运营者授权，任何个人和组织不得对关键信息基础设施实施漏洞探测、渗透性测试等可能影响或者危害关键信息基础设施安全的活动。对基础电信网络实施漏洞探测、渗透性测试等活动，应当事先向国务院电信主管部门报告。

第三十二条　国家采取措施，优先保障能源、电信等关键信息基础设施安全运行。

能源、电信行业应当采取措施，为其他行业和领域的关键信息基础设施安全运行提供重点保障。

第三十三条　公安机关、国家安全机关依据各自职责依法加强关键信息基础设施安全保卫，防范打击针对和利用关键信息基础设施实施的违法犯罪活动。

第三十四条　国家制定和完善关键信息基础设施安全标准，指导、规范关键信息基础设施安全保护工作。

第三十五条　国家采取措施，鼓励网络安全专门人才从事关键信息基础设施安全保护工作；将运营者安全管理人员、安全技术人员培训纳入国家继续教育体系。

第三十六条　国家支持关键信息基础设施安全防护技术创新和产业发展，组织力量实施关键信息基础设施安全技术攻关。

第三十七条　国家加强网络安全服务机构建设和管理，制定管理要求并加强监督指导，不断提升服务机构能力水平，充分发挥其在关键信息基础设施安全保护中的作用。

第三十八条　国家加强网络安全军民融合，军地协同保护关键信息基础设施安全。

第五章　法律责任

第三十九条　运营者有下列情形之一的，由有关主管部门依据职责责令改正，给予警告；拒不改正或者导致危害网络安全等后果的，处10万元以上100万元以下罚款，对直接负责的主管人员处1万元以上10万元以下罚款：

（一）在关键信息基础设施发生较大变化，可能影响其认定结果时未及时将相关情况报告保护工作部门的；

（二）安全保护措施未与关键信息基础设施同步规划、同步建设、同步使用的；

（三）未建立健全网络安全保护制度和责任制的；

（四）未设置专门安全管理机构的；

（五）未对专门安全管理机构负责人和关键岗位人员进行安全背景审查的；

（六）开展与网络安全和信息化有关的决策没有专门安全管理机构人员参与的；

（七）专门安全管理机构未履行本条例第十五条规定的职责的；

（八）未对关键信息基础设施每年至少进行一次网络安全检测和风险评估，未对发现的安全问题及时整改，或者未按照保护工作部门要求报送情况的；

（九）采购网络产品和服务，未按照国家有关规定与网络产品和服务提供者签订安全保密协议的；

（十）发生合并、分立、解散等情况，未及时报告保护工作部门，或者未按照保护工作部门的要求对关键信息基础设施进行处置的。

第四十条　运营者在关键信息基础设施发生重大网络安全事件或者发现重大网络安全威胁时，未按照有关规定向保护工作部门、公安机关报告的，由保护工作部门、公安机关依据职责责令改正，给予警告；拒不改正或者导致危害网络安全等后果的，处 10 万元以上 100 万元以下罚款，对直接负责的主管人员处 1 万元以上 10 万元以下罚款。

第四十一条　运营者采购可能影响国家安全的网络产品和服务，未按照国家网络安全规定进行安全审查的，由国家网信部门等有关主管部门依据职责责令改正，处采购金额 1 倍以上 10 倍以下罚款，对直接负责的主管人员和其他直接责任人员处 1 万元以上 10 万元以下罚款。

第四十二条　运营者对保护工作部门开展的关键信息基础设施网络安全检查检测工作，以及公安、国家安全、保密行政管理、密码管理等有关部门依法开展的关键信息基础设施网络安全检查工作不予配合的，由有关主管部门责令改正；拒不改正的，处 5 万元以上 50 万元以下罚款，对直接负责的主管人员和其他直接责任人员处 1 万元以上 10 万元以下罚款；情节严重的，依法追究相应法律责任。

第四十三条　实施非法侵入、干扰、破坏关键信息基础设施，危害其安全的活动尚不构成犯罪的，依照《中华人民共和国网络安全法》有关规定，由公安机关没收违法所得，处 5 日以下拘留，可以并处 5 万元以上 50 万元以下罚款；情节较重的，处 5 日以上 15 日以下拘留，可以并处 10 万元以上 100 万元以下罚款。

单位有前款行为的，由公安机关没收违法所得，处10万元以上100万元以下罚款，并对直接负责的主管人员和其他直接责任人员依照前款规定处罚。

违反本条例第五条第二款和第三十一条规定，受到治安管理处罚的人员，5年内不得从事网络安全管理和网络运营关键岗位的工作；受到刑事处罚的人员，终身不得从事网络安全管理和网络运营关键岗位的工作。

第四十四条　网信部门、公安机关、保护工作部门和其他有关部门及其工作人员未履行关键信息基础设施安全保护和监督管理职责或者玩忽职守、滥用职权、徇私舞弊的，依法对直接负责的主管人员和其他直接责任人员给予处分。

第四十五条　公安机关、保护工作部门和其他有关部门在开展关键信息基础设施网络安全检查工作中收取费用，或者要求被检查单位购买指定品牌或者指定生产、销售单位的产品和服务的，由其上级机关责令改正，退还收取的费用；情节严重的，依法对直接负责的主管人员和其他直接责任人员给予处分。

第四十六条　网信部门、公安机关、保护工作部门等有关部门、网络安全服务机构及其工作人员将在关键信息基础设施安全保护工作中获取的信息用于其他用途，或者泄露、出售、非法向他人提供的，依法对直接负责的主管人员和其他直接责任人员给予处分。

第四十七条　关键信息基础设施发生重大和特别重大网络安全事件，经调查确定为责任事故的，除应当查明运营者责任并依法予以追究外，还应查明相关网络安全服务机构及有关部门的责任，对有失职、渎职及其他违法行为的，依法追究责任。

第四十八条　电子政务关键信息基础设施的运营者不履行本条例规定的网络安全保护义务的，依照《中华人民共和国网络安全法》有关规定予以处理。

第四十九条　违反本条例规定，给他人造成损害的，依法承担民事责任。

违反本条例规定，构成违反治安管理行为的，依法给予治安管理处罚；构成犯罪的，依法追究刑事责任。

第六章　附则

第五十条　存储、处理涉及国家秘密信息的关键信息基础设施的安全保护，还应当遵守保密法律、行政法规的规定。

关键信息基础设施中的密码使用和管理，还应当遵守相关法律、行政法规的规定。

第五十一条　本条例自2021年9月1日起施行。

互联网新闻信息服务管理规定

（国家互联网信息办公室5月2日公布，自2017年6月1日起施行。）

第一章 总则

第一条 为了规范互联网新闻信息服务，满足公众对互联网新闻信息的需求，维护国家安全和公共利益，保护互联网新闻信息服务单位的合法权益，促进互联网新闻信息服务健康、有序发展，制定本规定。

第二条 在中华人民共和国境内从事互联网新闻信息服务，应当遵守本规定。

本规定所称新闻信息，是指时政类新闻信息，包括有关政治、经济、军事、外交等社会公共事务的报道、评论，以及有关社会突发事件的报道、评论。

本规定所称互联网新闻信息服务，包括通过互联网登载新闻信息、提供时政类电子公告服务和向公众发送时政类通讯信息。

第三条 互联网新闻信息服务单位从事互联网新闻信息服务，应当遵守宪法、法律和法规，坚持为人民服务、为社会主义服务的方向，坚持正确的舆论导向，维护国家利益和公共利益。

国家鼓励互联网新闻信息服务单位传播有益于提高民族素质、推动经济发展、促进社会进步的健康、文明的新闻信息。

第四条 国务院新闻办公室主管全国的互联网新闻信息服务监督管理工作。省、自治区、直辖市人民政府新闻办公室负责本行政区域内的互联网新闻信息服务监督管理工作。

第二章 互联网新闻信息服务单位的设立

第五条 互联网新闻信息服务单位分为以下三类：

（一）新闻单位设立的登载超出本单位已刊登播发的新闻信息、提供时政类电子公告服务、向公众发送时政类通讯信息的互联网新闻信息服务单位；

（二）非新闻单位设立的转载新闻信息、提供时政类电子公告服务、向公众发送时政类通讯信息的互联网新闻信息服务单位；

（三）新闻单位设立的登载本单位已刊登播发的新闻信息的互联网新闻信息服务单位。

根据《国务院对确需保留的行政审批项目设定行政许可的决定》和有关行政法规，设立前款第（一）项、第（二）项规定的互联网新闻信息服务单位，应当经国务院新闻办公室审批。

设立本条第一款第（三）项规定的互联网新闻信息服务单位，应当向国务院新闻办公室或者省、自治区、直辖市人民政府新闻办公室备案。

第六条 新闻单位与非新闻单位合作设立互联网新闻信息服务单位，新闻单位拥有的股权不低于51%的，视为新闻单位设立互联网新闻信息服务单位；新闻单位拥有的股权低于51%的，视为非新闻单位设立互联网新闻信息服务单位。

第七条 设立本规定第五条第一款第（一）项规定的互联网新闻信息服务单位，应当具备下列条件：

（一）有健全的互联网新闻信息服务管理规章制度；

（二）有5名以上在新闻单位从事新闻工作3年以上的专职新闻编辑人员；

（三）有必要的场所、设备和资金，资金来源应当合法。

可以申请设立前款规定的互联网新闻信息服务单位的机构，应当是中央新闻单位，省、自治区、直辖市直属新闻单位，以及省、自治区人民政府所在地的市直属新闻单位。

审批设立本条第一款规定的互联网新闻信息服务单位，除应当依照本条规定条件外，还应当符合国务院新闻办公室关于互联网新闻信息服务行业发展的总量、结构、布局的要求。

第八条 设立本规定第五条第一款第（二）项规定的互联网新闻信息服务单位，除应当具备本规定第七条第一款第（一）项、第（三）项规定条件外，还应当有10名以上专职新闻编辑人员；其中，在新闻单位从事新闻工作3年以上的新闻编辑人员不少于5名。

可以申请设立前款规定的互联网新闻信息服务单位的组织，应当是依法设立2年以上的从事互联网信息服务的法人，并在最近2年内没有因违反有关互联网信息服务管理的法律、法规、规章的规定受到行政处罚；申请组织为企业法人的，注册资本应当不低于1 000万元人民币。

审批设立本条第一款规定的互联网新闻信息服务单位，除应当依照本条规定条件外，还应当符合国务院新闻办公室关于互联网新闻信息服务行业发展的总量、结构、布局的要求。

第九条 任何组织不得设立中外合资经营、中外合作经营和外资经营的互联网新闻信息服务单位。

互联网新闻信息服务单位与境内外中外合资经营、中外合作经营和外资经营的企业进行涉及互联网新闻信息服务业务的合作，应当报经国务院新闻办公室进行安全评估。

第十条 申请设立本规定第五条第一款第（一）项、第（二）项规定的互联网新闻信息服务单位，应当填写申请登记表，并提交下列材料：

（一）互联网新闻信息服务管理规章制度；

（二）场所的产权证明或者使用权证明和资金的来源、数额证明；

（三）新闻编辑人员的从业资格证明。

申请设立本规定第五条第一款第（一）项规定的互联网新闻信息服务单位的机构，还应当提交新闻单位资质证明；申请设立本规定第五条第一款第（二）项规定的互联网新闻信息服务单位的组织，还应当提交法人资格证明。

第十一条　申请设立本规定第五条第一款第（一）项、第（二）项规定的互联网新闻信息服务单位，中央新闻单位应当向国务院新闻办公室提出申请；省、自治区、直辖市直属新闻单位和省、自治区人民政府所在地的市直属新闻单位以及非新闻单位应当通过所在地省、自治区、直辖市人民政府新闻办公室向国务院新闻办公室提出申请。

通过省、自治区、直辖市人民政府新闻办公室提出申请的，省、自治区、直辖市人民政府新闻办公室应当自收到申请之日起20日内进行实地检查，提出初审意见报国务院新闻办公室；国务院新闻办公室应当自收到初审意见之日起40日内作出决定。向国务院新闻办公室提出申请的，国务院新闻办公室应当自收到申请之日起40日内进行实地检查，作出决定。批准的，发给互联网新闻信息服务许可证；不批准的，应当书面通知申请人并说明理由。

第十二条　本规定第五条第一款第（三）项规定的互联网新闻信息服务单位，属于中央新闻单位设立的，应当自从事互联网新闻信息服务之日起1个月内向国务院新闻办公室备案；属于其他新闻单位设立的，应当自从事互联网新闻信息服务之日起1个月内向所在地省、自治区、直辖市人民政府新闻办公室备案。

办理备案时，应当填写备案登记表，并提交互联网新闻信息服务管理规章制度和新闻单位资质证明。

第十三条　互联网新闻信息服务单位依照本规定设立后，应当依照有关互联网信息服务管理的行政法规向电信主管部门办理有关手续。

第十四条　本规定第五条第一款第（一）项、第（二）项规定的互联网新闻信息服务单位变更名称、住所、法定代表人或者主要负责人、股权构成、服务项目、网站网址等事项的，应当向国务院新闻办公室申请换发互联网新闻信息服务许可证。根据电信管理的有关规定，需报电信主管部门批准或者需要电信主管部门办理许可证或者备案变更手续的，依照有关规定办理。

本规定第五条第一款第（三）项规定的互联网新闻信息服务单位变更名称、住所、法定代表人或者主要负责人、股权构成、网站网址等事项的，应当向原备案机关重新备案；但是，股权构成变更后，新闻单位拥有的股权低于51%的，应当依照本规定办理许可手续。根据电信管理的有关规定，需报电信主管部门批准或者需要电信主管部门办理许可证或者备案变更手续的，依照有关规定办理。

第三章　互联网新闻信息服务规范

第十五条　互联网新闻信息服务单位应当按照核定的服务项目提供互联网新闻信息服务。

第十六条　本规定第五条第一款第(一)项、第(二)项规定的互联网新闻信息服务单位，转载新闻信息或者向公众发送时政类通讯信息，应当转载、发送中央新闻单位或者省、自治区、直辖市直属新闻单位发布的新闻信息，并应当注明新闻信息来源，不得歪曲原新闻信息的内容。

本规定第五条第一款第(二)项规定的互联网新闻信息服务单位，不得登载自行采编的新闻信息。

第十七条　本规定第五条第一款第(一)项、第(二)项规定的互联网新闻信息服务单位转载新闻信息，应当与中央新闻单位或者省、自治区、直辖市直属新闻单位签订书面协议。中央新闻单位设立的互联网新闻信息服务单位，应当将协议副本报国务院新闻办公室备案；其他互联网新闻信息服务单位，应当将协议副本报所在地省、自治区、直辖市人民政府新闻办公室备案。

中央新闻单位或者省、自治区、直辖市直属新闻单位签订前款规定的协议，应当核验对方的互联网新闻信息服务许可证，不得向没有互联网新闻信息服务许可证的单位提供新闻信息。

第十八条　中央新闻单位与本规定第五条第一款第(二)项规定的互联网新闻信息服务单位开展除供稿之外的互联网新闻业务合作，应当在开展合作业务10日前向国务院新闻办公室报告；其他新闻单位与本规定第五条第一款第(二)项规定的互联网新闻信息服务单位开展除供稿之外的互联网新闻业务合作，应当在开展合作业务10日前向所在地省、自治区、直辖市人民政府新闻办公室报告。

第十九条　互联网新闻信息服务单位登载、发送的新闻信息或者提供的时政类电子公告服务，不得含有下列内容：

(一) 违反宪法确定的基本原则的；

(二) 危害国家安全，泄露国家秘密，颠覆国家政权，破坏国家统一的；

(三) 损害国家荣誉和利益的；

(四) 煽动民族仇恨、民族歧视，破坏民族团结的；

(五) 破坏国家宗教政策，宣扬邪教和封建迷信的；

（六）散布谣言，扰乱社会秩序，破坏社会稳定的；

（七）散布淫秽、色情、赌博、暴力、恐怖或者教唆犯罪的；

（八）侮辱或者诽谤他人，侵害他人合法权益的；

（九）煽动非法集会、结社、游行、示威、聚众扰乱社会秩序的；

（十）以非法民间组织名义活动的；

（十一）含有法律、行政法规禁止的其他内容的。

第二十条　互联网新闻信息服务单位应当建立新闻信息内容管理责任制度。不得登载、发送含有违反本规定第三条第一款、第十九条规定内容的新闻信息；发现提供的时政类电子公告服务中含有违反本规定第三条第一款、第十九条规定内容的，应当立即删除，保存有关记录，并在有关部门依法查询时予以提供。

第二十一条　互联网新闻信息服务单位应当记录所登载、发送的新闻信息内容及其时间、互联网地址，记录备份应当至少保存60日，并在有关部门依法查询时予以提供。

第四章　监督管理

第二十二条　国务院新闻办公室和省、自治区、直辖市人民政府新闻办公室，依法对互联网新闻信息服务单位进行监督检查，有关单位、个人应当予以配合。

国务院新闻办公室和省、自治区、直辖市人民政府新闻办公室的工作人员依法进行实地检查时，应当出示执法证件。

第二十三条　国务院新闻办公室和省、自治区、直辖市人民政府新闻办公室，应当对互联网新闻信息服务进行监督；发现互联网新闻信息服务单位登载、发送的新闻信息或者提供的时政类电子公告服务中含有违反本规定第三条第一款、第十九条规定内容的，应当通知其删除。互联网新闻信息服务单位应当立即删除，保存有关记录，并在有关部门依法查询时予以提供。

第二十四条　本规定第五条第一款第(一)项、第(二)项规定的互联网新闻信息服务单位，属于中央新闻单位设立的，应当每年在规定期限内向国务院新闻办公室提交年度业务报告；属于其他新闻单位或者非新闻单位设立的，应当每年在规定期限内通过所在地省、自治区、直辖市人民政府新闻办公室向国务院新闻办公室提交年度业务报告。

国务院新闻办公室根据报告情况，可以对互联网新闻信息服务单位的管理制度、人员资质、服务内容等进行检查。

第二十五条　互联网新闻信息服务单位应当接受公众监督。

国务院新闻办公室应当公布举报网站网址、电话，接受公众举报并依法处理；属于其他部门职责范围的举报，应当移交有关部门处理。

第五章 法律责任

第二十六条 违反本规定第五条第二款规定，擅自从事互联网新闻信息服务，或者违反本规定第十五条规定，超出核定的服务项目从事互联网新闻信息服务的，由国务院新闻办公室或者省、自治区、直辖市人民政府新闻办公室依据各自职权责令停止违法活动，并处1万元以上3万元以下的罚款；情节严重的，由电信主管部门根据国务院新闻办公室或者省、自治区、直辖市人民政府新闻办公室的书面认定意见，按照有关互联网信息服务管理的行政法规的规定停止其互联网信息服务或者责令互联网接入服务者停止接入服务。

第二十七条 互联网新闻信息服务单位登载、发送的新闻信息含有本规定第十九条禁止内容，或者拒不履行删除义务的，由国务院新闻办公室或者省、自治区、直辖市人民政府新闻办公室给予警告，可以并处1万元以上3万元以下的罚款；情节严重的，由电信主管部门根据有关主管部门的书面认定意见，按照有关互联网信息服务管理的行政法规的规定停止其互联网信息服务或者责令互联网接入服务者停止接入服务。

互联网新闻信息服务单位登载、发送的新闻信息含有违反本规定第三条第一款规定内容的，由国务院新闻办公室或者省、自治区、直辖市人民政府新闻办公室依据各自职权依照前款规定的处罚种类、幅度予以处罚。

第二十八条 违反本规定第十六条规定，转载来源不合法的新闻信息、登载自行采编的新闻信息或者歪曲原新闻信息内容的，由国务院新闻办公室或者省、自治区、直辖市人民政府新闻办公室依据各自职权责令改正，给予警告，并处5 000元以上3万元以下的罚款。

违反本规定第十六条规定，未注明新闻信息来源的，由国务院新闻办公室或者省、自治区、直辖市人民政府新闻办公室依据各自职权责令改正，给予警告，可以并处5 000元以上2万元以下的罚款。

第二十九条 违反本规定有下列行为之一的，由国务院新闻办公室或者省、自治区、直辖市人民政府新闻办公室依据各自职权责令改正，给予警告，可以并处3万元以下的罚款：

（一）未履行备案义务的；

（二）未履行报告义务的；

（三）未履行记录、记录备份保存或者提供义务的。

第三十条 违反本规定第十七条第二款规定，向没有互联网新闻信息服务许可证的单位提供新闻信息的，对负有责任的主管人员和其他直接责任人员依法给予行政处分。

第三十一条　国务院新闻办公室和省、自治区、直辖市人民政府新闻办公室以及电信主管部门的工作人员，玩忽职守、滥用职权、徇私舞弊，造成严重后果，构成犯罪的，依法追究刑事责任；尚不构成犯罪的，对负有责任的主管人员和其他直接责任人员依法给予行政处分。

第六章　附则

第三十二条　本规定所称新闻单位是指依法设立的报社、广播电台、电视台和通讯社；其中，中央新闻单位包括中央国家机关各部门设立的新闻单位。

第三十三条　本规定自公布之日起施行。

中华人民共和国计算机信息系统安全保护条例

（1994年2月18日中华人民共和国国务院令第147号发布，根据2011年1月8日《国务院关于废止和修改部分行政法规的决定》修订。）

第一章　总则

第一条　为了保护计算机信息系统的安全，促进计算机的应用和发展，保障社会主义现代化建设的顺利进行，制定本条例。

第二条　本条例所称的计算机信息系统，是指由计算机及其相关的和配套的设备、设施（含网络）构成的，按照一定的应用目标和规则对信息进行采集、加工、存储、传输、检索等处理的人机系统。

第三条　计算机信息系统的安全保护，应当保障计算机及其相关的和配套的设备、设施（含网络）的安全，运行环境的安全，保障信息的安全，保障计算机功能的正常发挥，以维护计算机信息系统的安全运行。

第四条　计算机信息系统的安全保护工作，重点维护国家事务、经济建设、国防建设、尖端科学技术等重要领域的计算机信息系统的安全。

第五条　中华人民共和国境内的计算机信息系统的安全保护，适用本条例。

未联网的微型计算机的安全保护办法，另行制定。

第六条　公安部主管全国计算机信息系统安全保护工作。

国家安全部、国家保密局和国务院其他有关部门，在国务院规定的职责范围内做好计算机信息系统安全保护的有关工作。

第七条　任何组织或者个人，不得利用计算机信息系统从事危害国家利益、集体利益和公民合法利益的活动，不得危害计算机信息系统的安全。

第二章　安全保护制度

第八条　计算机信息系统的建设和应用，应当遵守法律、行政法规和国家其他有关规定。

第九条　计算机信息系统实行安全等级保护。安全等级的划分标准和安全等级保护的具体办法，由公安部会同有关部门制定。

第十条　计算机机房应当符合国家标准和国家有关规定。

在计算机机房附近施工，不得危害计算机信息系统的安全。

第十一条　进行国际联网的计算机信息系统，由计算机信息系统的使用单位报省级以上人民政府公安机关备案。

第十二条　运输、携带、邮寄计算机信息媒体进出境的，应当如实向海关申报。

第十三条　计算机信息系统的使用单位应当建立健全安全管理制度，负责本单位计算机信息系统的安全保护工作。

第十四条　对计算机信息系统中发生的案件，有关使用单位应当在24小时内向当地县级以上人民政府公安机关报告。

第十五条　对计算机病毒和危害社会公共安全的其他有害数据的防治研究工作，由公安部归口管理。

第十六条　国家对计算机信息系统安全专用产品的销售实行许可证制度。具体办法由公安部会同有关部门制定。

第三章　安全监督

第十七条　公安机关对计算机信息系统安全保护工作行使下列监督职权：

（一）监督、检查、指导计算机信息系统安全保护工作；

（二）查处危害计算机信息系统安全的违法犯罪案件；

（三）履行计算机信息系统安全保护工作的其他监督职责。

第十八条　公安机关发现影响计算机信息系统安全的隐患时，应当及时通知使用单位采取安全保护措施。

第十九条　公安部在紧急情况下，可以就涉及计算机信息系统安全的特定事项发布专项通令。

第四章　法律责任

第二十条　违反本条例的规定，有下列行为之一的，由公安机关处以警告或者停机整顿：

（一）违反计算机信息系统安全等级保护制度，危害计算机信息系统安全的；

（二）违反计算机信息系统国际联网备案制度的；

（三）不按照规定时间报告计算机信息系统中发生的案件的；

（四）接到公安机关要求改进安全状况的通知后，在限期内拒不改进的；

（五）有危害计算机信息系统安全的其他行为的。

第二十一条　计算机机房不符合国家标准和国家其他有关规定的，或者在计算机机房附近施工危害计算机信息系统安全的，由公安机关会同有关单位进行处理。

第二十二条　运输、携带、邮寄计算机信息媒体进出境，不如实向海关申报的，由海关依照《中华人民共和国海关法》和本条例以及其他有关法律、法规的规定处理。

第二十三条　故意输入计算机病毒以及其他有害数据危害计算机信息系统安全的，或者未经许可出售计算机信息系统安全专用产品的，由公安机关处以警告或者对个人处以 5 000 元以下的罚款、对单位处以 15 000 元以下的罚款；有违法所得的，除予以没收外，可以处以违法所得 1 至 3 倍的罚款。

第二十四条　违反本条例的规定，构成违反治安管理行为的，依照《中华人民共和国治安管理处罚法》的有关规定处罚；构成犯罪的，依法追究刑事责任。

第二十五条　任何组织或者个人违反本条例的规定，给国家、集体或者他人财产造成损失的，应当依法承担民事责任。

第二十六条　当事人对公安机关依照本条例所作出的具体行政行为不服的，可以依法申请行政复议或者提起行政诉讼。

第二十七条　执行本条例的国家公务员利用职权，索取、收受贿赂或者有其他违法、失职行为，构成犯罪的，依法追究刑事责任；尚不构成犯罪的，给予行政处分。

第五章　附则

第二十八条　本条例下列用语的含义：

计算机病毒，是指编制或者在计算机程序中插入的破坏计算机功能或者毁坏数据，影响计算机使用，并能自我复制的一组计算机指令或者程序代码。

计算机信息系统安全专用产品，是指用于保护计算机信息系统安全的专用硬件和软件产品。

第二十九条　军队的计算机信息系统安全保护工作，按照军队的有关法规执行。

第三十条　公安部可以根据本条例制定实施办法。

第三十一条　本条例自发布之日起施行。

互联网安全保护技术措施规定

（《互联网安全保护技术措施规定》已经2005年11月23日公安部部长办公会议通过，二〇〇五年十二月十三日中华人民共和国公安部令第82号发布，自2006年3月1日起施行。）

第一条　为加强和规范互联网安全技术防范工作，保障互联网网络安全和信息安全，促进互联网健康、有序发展，维护国家安全、社会秩序和公共利益，根据《计算机信息网络国际联网安全保护管理办法》，制定本规定。

第二条　本规定所称互联网安全保护技术措施，是指保障互联网网络安全和信息安全、防范违法犯罪的技术设施和技术方法。

第三条　互联网服务提供者、联网使用单位负责落实互联网安全保护技术措施，并保障互联网安全保护技术措施功能的正常发挥。

第四条　互联网服务提供者、联网使用单位应当建立相应的管理制度。未经用户同意不得公开、泄露用户注册信息，但法律、法规另有规定的除外。

互联网服务提供者、联网使用单位应当依法使用互联网安全保护技术措施，不得利用互联网安全保护技术措施侵犯用户的通信自由和通信秘密。

第五条　公安机关公共信息网络安全监察部门负责对互联网安全保护技术措施的落实情况依法实施监督管理。

第六条　互联网安全保护技术措施应当符合国家标准。没有国家标准的，应当符合公共安全行业技术标准。

第七条　互联网服务提供者和联网使用单位应当落实以下互联网安全保护技术措施：

（一）防范计算机病毒、网络入侵和攻击破坏等危害网络安全事项或者行为的技术措施；

（二）重要数据库和系统主要设备的容灾备份措施；

（三）记录并留存用户登录和退出时间、主叫号码、账号、互联网地址或域名、系统维护日志的技术措施；

（四）法律、法规和规章规定应当落实的其他安全保护技术措施。

第八条　提供互联网接入服务的单位除落实本规定第七条规定的互联网安全保护技术措施外，还应当落实具有以下功能的安全保护技术措施：

（一）记录并留存用户注册信息；

（二）使用内部网络地址与互联网网络地址转换方式为用户提供接入服务的，能够记录并留存用户使用的互联网网络地址和内部网络地址对应关系；

（三）记录、跟踪网络运行状态，监测、记录网络安全事件等安全审计功能。

第九条　提供互联网信息服务的单位除落实本规定第七条规定的互联网安全保护技术措施外，还应当落实具有以下功能的安全保护技术措施：

（一）在公共信息服务中发现、停止传输违法信息，并保留相关记录；

（二）提供新闻、出版以及电子公告等服务的，能够记录并留存发布的信息内容及发布时间；

（三）开办门户网站、新闻网站、电子商务网站的，能够防范网站、网页被篡改，被篡改后能够自动恢复；

（四）开办电子公告服务的，具有用户注册信息和发布信息审计功能；

（五）开办电子邮件和网上短信息服务的，能够防范、清除以群发方式发送伪造、隐匿信息发送者真实标记的电子邮件或者短信息。

第十条　提供互联网数据中心服务的单位和联网使用单位除落实本规定第七条规定的互联网安全保护技术措施外，还应当落实具有以下功能的安全保护技术措施：

（一）记录并留存用户注册信息；

（二）在公共信息服务中发现、停止传输违法信息，并保留相关记录；

（三）联网使用单位使用内部网络地址与互联网网络地址转换方式向用户提供接入服务的，能够记录并留存用户使用的互联网网络地址和内部网络地址对应关系。

第十一条　提供互联网上网服务的单位，除落实本规定第七条规定的互联网安全保护技术措施外，还应当安装并运行互联网公共上网服务场所安全管理系统。

第十二条　互联网服务提供者依照本规定采取的互联网安全保护技术措施应当具有符合公共安全行业技术标准的联网接口。

第十三条　互联网服务提供者和联网使用单位依照本规定落实的记录留存技术措施，应当具有至少保存六十天记录备份的功能。

第十四条　互联网服务提供者和联网使用单位不得实施下列破坏互联网安全保护技术措施的行为：

（一）擅自停止或者部分停止安全保护技术设施、技术手段运行；

（二）故意破坏安全保护技术设施；

（三）擅自删除、篡改安全保护技术设施、技术手段运行程序和记录；

（四）擅自改变安全保护技术措施的用途和范围；

（五）其他故意破坏安全保护技术措施或者妨碍其功能正常发挥的行为。

第十五条　违反本规定第七条至第十四条规定的，由公安机关依照《计算机信息网络国际联网安全保护管理办法》第二十一条的规定予以处罚。

第十六条　公安机关应当依法对辖区内互联网服务提供者和联网使用单位安全保护技术措施的落实情况进行指导、监督和检查。

公安机关在依法监督检查时，互联网服务提供者、联网使用单位应当派人参加。公安机关对监督检查发现的问题，应当提出改进意见，通知互联网服务提供者、联网使用单位及时整改。

公安机关在监督检查时，监督检查人员不得少于二人，并应当出示执法身份证件。

第十七条　公安机关及其工作人员违反本规定，有滥用职权，徇私舞弊行为的，对直接负责的主管人员和其他直接责任人员依法给予行政处分；构成犯罪的，依法追究刑事责任。

第十八条　本规定所称互联网服务提供者，是指向用户提供互联网接入服务、互联网数据中心服务、互联网信息服务和互联网上网服务的单位。

本规定所称联网使用单位，是指为本单位应用需要连接并使用互联网的单位。

本规定所称提供互联网数据中心服务的单位，是指提供主机托管、租赁和虚拟空间租用等服务的单位。

第十九条　本规定自2006年3月1日起施行。

最高人民法院关于审理侵害信息网络传播权民事纠纷案件适用法律若干问题的规定

（2012年11月26日最高人民法院审判委员会第1561次会议通过　2012年12月17日公布　自2013年1月1日起施行）

为正确审理侵害信息网络传播权民事纠纷案件，依法保护信息网络传播权，促进信息网络产业健康发展，维护公共利益，根据《中华人民共和国民法通则》《中华人民共和国侵权责任法》《中华人民共和国著作权法》《中华人民共和国民事诉讼法》等有关法律规定，结合审判实际，制定本规定。

第一条　人民法院审理侵害信息网络传播权民事纠纷案件，在依法行使裁量权时，应当兼顾权利人、网络服务提供者和社会公众的利益。

第二条　本规定所称信息网络，包括以计算机、电视机、固定电话机、移动电话机等电子设备为终端的计算机互联网、广播电视网、固定通信网、移动通信网等信息网络，以及向公众开放的局域网络。

第三条　网络用户、网络服务提供者未经许可，通过信息网络提供权利人享有信息网络传播权的作品、表演、录音录像制品，除法律、行政法规另有规定外，人民法院应当认定其构成侵害信息网络传播权行为。

通过上传到网络服务器、设置共享文件或者利用文件分享软件等方式，将作品、表演、录音录像制品置于信息网络中，使公众能够在个人选定的时间和地点以下载、浏览或者其他方式获得的，人民法院应当认定其实施了前款规定的提供行为。

第四条　有证据证明网络服务提供者与他人以分工合作等方式共同提供作品、表演、录音录像制品，构成共同侵权行为的，人民法院应当判令其承担连带责任。网络服务提供者能够证明其仅提供自动接入、自动传输、信息存储空间、搜索、链接、文件分享技术等网络服务，主张其不构成共同侵权行为的，人民法院应予支持。

第五条　网络服务提供者以提供网页快照、缩略图等方式实质替代其他网络服务提供者向公众提供相关作品的，人民法院应当认定其构成提供行为。

前款规定的提供行为不影响相关作品的正常使用，且未不合理损害权利人对该作品的合法权益，网络服务提供者主张其未侵害信息网络传播权的，人民法院应予支持。

第六条　原告有初步证据证明网络服务提供者提供了相关作品、表演、录音录像制品，但网络服务提供者能够证明其仅提供网络服务，且无过错的，人民法院不应认定为构成侵权。

第七条　网络服务提供者在提供网络服务时教唆或者帮助网络用户实施侵害信息网络传播权行为的，人民法院应当判令其承担侵权责任。

网络服务提供者以言语、推介技术支持、奖励积分等方式诱导、鼓励网络用户实施侵害信息网络传播权行为的，人民法院应当认定其构成教唆侵权行为。

网络服务提供者明知或者应知网络用户利用网络服务侵害信息网络传播权，未采取删除、屏蔽、断开链接等必要措施，或者提供技术支持等帮助行为的，人民法院应当认定其构成帮助侵权行为。

第八条　人民法院应当根据网络服务提供者的过错，确定其是否承担教唆、帮助侵权责任。网络服务提供者的过错包括对于网络用户侵害信息网络传播权行为的明知或者应知。

网络服务提供者未对网络用户侵害信息网络传播权的行为主动进行审查的，人民法院不应据此认定其具有过错。

网络服务提供者能够证明已采取合理、有效的技术措施，仍难以发现网络用户侵害信息网络传播权行为的，人民法院应当认定其不具有过错。

第九条　人民法院应当根据网络用户侵害信息网络传播权的具体事实是否明显，综合考虑以下因素，认定网络服务提供者是否构成应知：

（一）基于网络服务提供者提供服务的性质、方式及其引发侵权的可能性大小，应当具备的管理信息的能力；

（二）传播的作品、表演、录音录像制品的类型、知名度及侵权信息的明显程度；

（三）网络服务提供者是否主动对作品、表演、录音录像制品进行了选择、编辑、修改、推荐等；

（四）网络服务提供者是否积极采取了预防侵权的合理措施；

（五）网络服务提供者是否设置便捷程序接收侵权通知并及时对侵权通知作出合理的反应；

（六）网络服务提供者是否针对同一网络用户的重复侵权行为采取了相应的合理措施；

（七）其他相关因素。

第十条　网络服务提供者在提供网络服务时，对热播影视作品等以设置榜单、目录、索引、描述性段落、内容简介等方式进行推荐，且公众可以在其网页上直接以下载、浏览或者其他方式获得的，人民法院可以认定其应知网络用户侵害信息网络传播权。

第十一条　网络服务提供者从网络用户提供的作品、表演、录音录像制品中直接获得经济利益的，人民法院应当认定其对该网络用户侵害信息网络传播权的行为负有较高的注意义务。

网络服务提供者针对特定作品、表演、录音录像制品投放广告获取收益，或者获取与其传播的作品、表演、录音录像制品存在其他特定联系的经济利益，应当认定为前款规定的直接获得经济利益。网络服务提供者因提供网络服务而收取一般性广告费、服务费等，不属于本款规定的情形。

第十二条　有下列情形之一的，人民法院可以根据案件具体情况，认定提供信息存储空间服务的网络服务提供者应知网络用户侵害信息网络传播权：

（一）将热播影视作品等置于首页或者其他主要页面等能够为网络服务提供者明显感知的位置的；

（二）对热播影视作品等的主题、内容主动进行选择、编辑、整理、推荐，或者为其设立专门的排行榜的；

（三）其他可以明显感知相关作品、表演、录音录像制品为未经许可提供，仍未采取合理措施的情形。

第十三条　网络服务提供者接到权利人以书信、传真、电子邮件等方式提交的通知，未及时采取删除、屏蔽、断开链接等必要措施的，人民法院应当认定其明知相关侵害信息网络传播权行为。

第十四条　人民法院认定网络服务提供者采取的删除、屏蔽、断开链接等必要措施是否及时，应当根据权利人提交通知的形式，通知的准确程度，采取措施的难易程度，网络服务的性质，所涉作品、表演、录音录像制品的类型、知名度、数量等因素综合判断。

第十五条　侵害信息网络传播权民事纠纷案件由侵权行为地或者被告住所地人民法院管辖。侵权行为地包括实施被诉侵权行为的网络服务器、计算机终端等设备所在地。侵权行为地和被告住所地均难以确定或者在境外的，原告发现侵权内容的计算机终端等设备所在地可以视为侵权行为地。

第十六条　本规定施行之日起，《最高人民法院关于审理涉及计算机网络著作权纠纷案件适用法律若干问题的解释》（法释〔2006〕11 号）同时废止。

本规定施行之后尚未终审的侵害信息网络传播权民事纠纷案件，适用本规定。本规定施行前已经终审，当事人申请再审或者按照审判监督程序决定再审的，不适用本规定。

最高人民法院最高人民检察院关于办理危害计算机信息系统安全刑事案件应用法律若干问题的解释

（2011 年 6 月 20 日最高人民法院审判委员会第 1524 次会议、2011 年 7 月 11 日最高人民检察院第十一届检察委员会第 63 次会议通过。自 2011 年 9 月 1 日起施行。）

为依法惩治危害计算机信息系统安全的犯罪活动，根据《中华人民共和国刑法》《全国人民代表大会常务委员会关于维护互联网安全的决定》的规定，现就办理这类刑事案件应用法律的若干问题解释如下：

第一条　非法获取计算机信息系统数据或者非法控制计算机信息系统，具有下列情形之一的，应当认定为刑法第二百八十五条第二款规定的“情节严重”：

（一）获取支付结算、证券交易、期货交易等网络金融服务的身份认证信息十组以上的；

（二）获取第（一）项以外的身份认证信息五百组以上的；

（三）非法控制计算机信息系统二十台以上的；

（四）违法所得五千元以上或者造成经济损失一万元以上的；

（五）其他情节严重的情形。

实施前款规定行为，具有下列情形之一的，应当认定为刑法第二百八十五条第二款规定的"情节特别严重"：

（一）数量或者数额达到前款第（一）项至第（四）项规定标准五倍以上的；

（二）其他情节特别严重的情形。

明知是他人非法控制的计算机信息系统，而对该计算机信息系统的控制权加以利用的，依照前两款的规定定罪处罚。

第二条　具有下列情形之一的程序、工具，应当认定为刑法第二百八十五条第三款规定的"专门用于侵入、非法控制计算机信息系统的程序、工具"：

（一）具有避开或者突破计算机信息系统安全保护措施，未经授权或者超越授权获取计算机信息系统数据的功能的；

（二）具有避开或者突破计算机信息系统安全保护措施，未经授权或者超越授权对计算机信息系统实施控制的功能的；

（三）其他专门设计用于侵入、非法控制计算机信息系统、非法获取计算机信息系统数据的程序、工具。

第三条　提供侵入、非法控制计算机信息系统的程序、工具，具有下列情形之一的，应当认定为刑法第二百八十五条第三款规定的"情节严重"：

（一）提供能够用于非法获取支付结算、证券交易、期货交易等网络金融服务身份认证信息的专门性程序、工具五人次以上的；

（二）提供第（一）项以外的专门用于侵入、非法控制计算机信息系统的程序、工具二十人次以上的；

（三）明知他人实施非法获取支付结算、证券交易、期货交易等网络金融服务身份认证信息的违法犯罪行为而为其提供程序、工具五人次以上的；

（四）明知他人实施第（三）项以外的侵入、非法控制计算机信息系统的违法犯罪行为而为其提供程序、工具二十人次以上的；

（五）违法所得五千元以上或者造成经济损失一万元以上的；

（六）其他情节严重的情形。

实施前款规定行为，具有下列情形之一的，应当认定为提供侵入、非法控制计算机信息系统的程序、工具“情节特别严重”：

（一）数量或者数额达到前款第（一）项至第（五）项规定标准五倍以上的；

（二）其他情节特别严重的情形。

第四条　破坏计算机信息系统功能、数据或者应用程序，具有下列情形之一的，应当认定为刑法第二百八十六条第一款和第二款规定的“后果严重”：

（一）造成十台以上计算机信息系统的主要软件或者硬件不能正常运行的；

（二）对二十台以上计算机信息系统中存储、处理或者传输的数据进行删除、修改、增加操作的；

（三）违法所得五千元以上或者造成经济损失一万元以上的；

（四）造成为一百台以上计算机信息系统提供域名解析、身份认证、计费等基础服务或者为一万以上用户提供服务的计算机信息系统不能正常运行累计一小时以上的；

（五）造成其他严重后果的。

实施前款规定行为，具有下列情形之一的，应当认定为破坏计算机信息系统“后果特别严重”：

（一）数量或者数额达到前款第（一）项至第（三）项规定标准五倍以上的；

（二）造成为五百台以上计算机信息系统提供域名解析、身份认证、计费等基础服务或者为五万以上用户提供服务的计算机信息系统不能正常运行累计一小时以上的；

（三）破坏国家机关或者金融、电信、交通、教育、医疗、能源等领域提供公共服务的计算机信息系统的功能、数据或者应用程序，致使生产、生活受到严重影响或者造成恶劣社会影响的；

（四）造成其他特别严重后果的。

第五条　具有下列情形之一的程序，应当认定为刑法第二百八十六条第三款规定的“计算机病毒等破坏性程序”：

（一）能够通过网络、存储介质、文件等媒介，将自身的部分、全部或者变种进行复制、传播，并破坏计算机系统功能、数据或者应用程序的；

（二）能够在预先设定条件下自动触发，并破坏计算机系统功能、数据或者应用程序的；

（三）其他专门设计用于破坏计算机系统功能、数据或者应用程序的程序。

第六条　故意制作、传播计算机病毒等破坏性程序，影响计算机系统正常运行，具有下列情形之一的，应当认定为刑法第二百八十六条第三款规定的"后果严重"：

（一）制作、提供、传输第五条第（一）项规定的程序，导致该程序通过网络、存储介质、文件等媒介传播的；

（二）造成二十台以上计算机系统被植入第五条第（二）、（三）项规定的程序的；

（三）提供计算机病毒等破坏性程序十人次以上的；

（四）违法所得五千元以上或者造成经济损失一万元以上的；

（五）造成其他严重后果的。

实施前款规定行为，具有下列情形之一的，应当认定为破坏计算机信息系统"后果特别严重"：

（一）制作、提供、传输第五条第（一）项规定的程序，导致该程序通过网络、存储介质、文件等媒介传播，致使生产、生活受到严重影响或者造成恶劣社会影响的；

（二）数量或者数额达到前款第（二）项至第（四）项规定标准五倍以上的；

（三）造成其他特别严重后果的。

第七条　明知是非法获取计算机信息系统数据犯罪所获取的数据、非法控制计算机信息系统犯罪所获取的计算机信息系统控制权，而予以转移、收购、代为销售或者以其他方法掩饰、隐瞒，违法所得五千元以上的，应当依照刑法第三百一十二条第一款的规定，以掩饰、隐瞒犯罪所得罪定罪处罚。

实施前款规定行为，违法所得五万元以上的，应当认定为刑法第三百一十二条第一款规定的"情节严重"。

单位实施第一款规定行为的，定罪量刑标准依照第一款、第二款的规定执行。

第八条　以单位名义或者单位形式实施危害计算机信息系统安全犯罪，达到本解释规定的定罪量刑标准的，应当依照刑法第二百八十五条、第二百八十六条的规定追究直接负责的主管人员和其他直接责任人员的刑事责任。

第九条　明知他人实施刑法第二百八十五条、第二百八十六条规定的行为，具有下列情形之一的，应当认定为共同犯罪，依照刑法第二百八十五条、第二百八十六条的规定处罚：

（一）为其提供用于破坏计算机信息系统功能、数据或者应用程序的程序、工具，违法所得五千元以上或者提供十人次以上的；

（二）为其提供互联网接入、服务器托管、网络存储空间、通讯传输通道、费用结算、交易服务、广告服务、技术培训、技术支持等帮助，违法所得五千元以上的；

（三）通过委托推广软件、投放广告等方式向其提供资金五千元以上的。

实施前款规定行为，数量或者数额达到前款规定标准五倍以上的，应当认定为刑法第二百八十五条、第二百八十六条规定的“情节特别严重”或者“后果特别严重”。

第十条　对于是否属于刑法第二百八十五条、第二百八十六条规定的“国家事务、国防建设、尖端科学技术领域的计算机信息系统”、“专门用于侵入、非法控制计算机信息系统的程序、工具”、“计算机病毒等破坏性程序”难以确定的，应当委托省级以上负责计算机信息系统安全保护管理工作的部门检验。司法机关根据检验结论，并结合案件具体情况认定。

第十一条　本解释所称“计算机信息系统”和“计算机系统”，是指具备自动处理数据功能的系统，包括计算机、网络设备、通信设备、自动化控制设备等。

本解释所称“身份认证信息”，是指用于确认用户在计算机信息系统上操作权限的数据，包括账号、口令、密码、数字证书等。

本解释所称“经济损失”，包括危害计算机信息系统犯罪行为给用户直接造成的经济损失，以及用户为恢复数据、功能而支出的必要费用。

最高人民法院最高人民检察院关于办理非法利用信息网络、帮助信息网络犯罪活动等刑事案件适用法律若干问题的解释

（2019年6月3日最高人民法院审判委员会第1771次会议、2019年9月4日最高人民检察院第十三届检察委员会第二十三次会议通过，自2019年11月1日起施行。）

为依法惩治拒不履行信息网络安全管理义务、非法利用信息网络、帮助信息网络犯罪活动等犯罪，维护正常网络秩序，根据《中华人民共和国刑法》《中华人民共和国刑事诉讼法》的规定，现就办理此类刑事案件适用法律的若干问题解释如下：

第一条　提供下列服务的单位和个人，应当认定为刑法第二百八十六条

之一第一款规定的“网络服务提供者”：

（一）网络接入、域名注册解析等信息网络接入、计算、存储、传输服务；

（二）信息发布、搜索引擎、即时通讯、网络支付、网络预约、网络购物、网络游戏、网络直播、网站建设、安全防护、广告推广、应用商店等信息网络应用服务；

（三）利用信息网络提供的电子政务、通信、能源、交通、水利、金融、教育、医疗等公共服务。

第二条 刑法第二百八十六条之一第一款规定的“监管部门责令采取改正措施”，是指网信、电信、公安等依照法律、行政法规的规定承担信息网络安全监管职责的部门，以责令整改通知书或者其他文书形式，责令网络服务提供者采取改正措施。

认定“经监管部门责令采取改正措施而拒不改正”，应当综合考虑监管部门责令改正是否具有法律、行政法规依据，改正措施及期限要求是否明确、合理，网络服务提供者是否具有按照要求采取改正措施的能力等因素进行判断。

第三条 拒不履行信息网络安全管理义务，具有下列情形之一的，应当认定为刑法第二百八十六条之一第一款第一项规定的“致使违法信息大量传播”：

（一）致使传播违法视频文件二百个以上的；

（二）致使传播违法视频文件以外的其他违法信息二千个以上的；

（三）致使传播违法信息，数量虽未达到第一项、第二项规定标准，但是按相应比例折算合计达到有关数量标准的；

（四）致使向二千个以上用户账号传播违法信息的；

（五）致使利用群组成员账号数累计三千以上的通讯群组或者关注人员账号数累计三万以上的社交网络传播违法信息的；

（六）致使违法信息实际被点击数达到五万以上的；

（七）其他致使违法信息大量传播的情形。

第四条 拒不履行信息网络安全管理义务，致使用户信息泄露，具有下列情形之一的，应当认定为刑法第二百八十六条之一第一款第二项规定的“造成严重后果”：

（一）致使泄露行踪轨迹信息、通信内容、征信信息、财产信息五百条以上的；

（二）致使泄露住宿信息、通信记录、健康生理信息、交易信息等其他可能影响人身、财产安全的用户信息五千条以上的；

（三）致使泄露第一项、第二项规定以外的用户信息五万条以上的；

（四）数量虽未达到第一项至第三项规定标准，但是按相应比例折算合计达到有关数量标准的；

（五）造成他人死亡、重伤、精神失常或者被绑架等严重后果的；

（六）造成重大经济损失的；

（七）严重扰乱社会秩序的；

（八）造成其他严重后果的。

第五条 拒不履行信息网络安全管理义务，致使影响定罪量刑的刑事案件证据灭失，具有下列情形之一的，应当认定为刑法第二百八十六条之一第一款第三项规定的“情节严重”：

（一）造成危害国家安全犯罪、恐怖活动犯罪、黑社会性质组织犯罪、贪污贿赂犯罪案件的证据灭失的；

（二）造成可能判处五年有期徒刑以上刑罚犯罪案件的证据灭失的；

（三）多次造成刑事案件证据灭失的；

（四）致使刑事诉讼程序受到严重影响的；

（五）其他情节严重的情形。

第六条 拒不履行信息网络安全管理义务，具有下列情形之一的，应当认定为刑法第二百八十六条之一第一款第四项规定的“有其他严重情节”：

（一）对绝大多数用户日志未留存或者未落实真实身份信息认证义务的；

（二）二年内经多次责令改正拒不改正的；

（三）致使信息网络服务被主要用于违法犯罪的；

（四）致使信息网络服务、网络设施被用于实施网络攻击，严重影响生产、生活的；

（五）致使信息网络服务被用于实施危害国家安全犯罪、恐怖活动犯罪、黑社会性质组织犯罪、贪污贿赂犯罪或者其他重大犯罪的；

（六）致使国家机关或者通信、能源、交通、水利、金融、教育、医疗等领域提供公共服务的信息网络受到破坏，严重影响生产、生活的；

（七）其他严重违反信息网络安全管理义务的情形。

第七条 刑法第二百八十七条之一规定的“违法犯罪”，包括犯罪行为和属于刑法分则规定的行为类型但尚未构成犯罪的违法行为。

第八条 以实施违法犯罪活动为目的而设立或者设立后主要用于实施违法犯罪活动的网站、通讯群组，应当认定为刑法第二百八十七条之一第一款第一项规定的“用于实施诈骗、传授犯罪方法、制作或者销售违禁物品、管制物品等违法犯罪活动的网站、通讯群组”。

第九条　利用信息网络提供信息的链接、截屏、二维码、访问账号密码及其他指引访问服务的，应当认定为刑法第二百八十七条之一第一款第二项、第三项规定的“发布信息”。

第十条　非法利用信息网络，具有下列情形之一的，应当认定为刑法第二百八十七条之一第一款规定的“情节严重”：

（一）假冒国家机关、金融机构名义，设立用于实施违法犯罪活动的网站的；

（二）设立用于实施违法犯罪活动的网站，数量达到三个以上或者注册账号数累计达到二千以上的；

（三）设立用于实施违法犯罪活动的通讯群组，数量达到五个以上或者群组成员账号数累计达到一千以上的；

（四）发布有关违法犯罪的信息或者为实施违法犯罪活动发布信息，具有下列情形之一的：

1. 在网站上发布有关信息一百条以上的；

2. 向二千个以上用户账号发送有关信息的；

3. 向群组成员数累计达到三千以上的通讯群组发送有关信息的；

4. 利用关注人员账号数累计达到三万以上的社交网络传播有关信息的；

（五）违法所得一万元以上的；

（六）二年内曾因非法利用信息网络、帮助信息网络犯罪活动、危害计算机信息系统安全受过行政处罚，又非法利用信息网络的；

（七）其他情节严重的情形。

第十一条　为他人实施犯罪提供技术支持或者帮助，具有下列情形之一的，可以认定行为人明知他人利用信息网络实施犯罪，但是有相反证据的除外：

（一）经监管部门告知后仍然实施有关行为的；

（二）接到举报后不履行法定管理职责的；

（三）交易价格或者方式明显异常的；

（四）提供专门用于违法犯罪的程序、工具或者其他技术支持、帮助的；

（五）频繁采用隐蔽上网、加密通信、销毁数据等措施或者使用虚假身份，逃避监管或者规避调查的；

（六）为他人逃避监管或者规避调查提供技术支持、帮助的；

（七）其他足以认定行为人明知的情形。

第十二条　明知他人利用信息网络实施犯罪，为其犯罪提供帮助，具有下列情形之一的，应当认定为刑法第二百八十七条之二第一款规定的“情节严重”：

（一）为三个以上对象提供帮助的；

（二）支付结算金额二十万元以上的；

（三）以投放广告等方式提供资金五万元以上的；

（四）违法所得一万元以上的；

（五）二年内曾因非法利用信息网络、帮助信息网络犯罪活动、危害计算机信息系统安全受过行政处罚，又帮助信息网络犯罪活动的；

（六）被帮助对象实施的犯罪造成严重后果的；

（七）其他情节严重的情形。

实施前款规定的行为，确因客观条件限制无法查证被帮助对象是否达到犯罪的程度，但相关数额总计达到前款第二项至第四项规定标准五倍以上，或者造成特别严重后果的，应当以帮助信息网络犯罪活动罪追究行为人的刑事责任。

第十三条　被帮助对象实施的犯罪行为可以确认，但尚未到案、尚未依法裁判或者因未达到刑事责任年龄等原因依法未予追究刑事责任的，不影响帮助信息网络犯罪活动罪的认定。

第十四条　单位实施本解释规定的犯罪的，依照本解释规定的相应自然人犯罪的定罪量刑标准，对直接负责的主管人员和其他直接责任人员定罪处罚，并对单位判处罚金。

第十五条　综合考虑社会危害程度、认罪悔罪态度等情节，认为犯罪情节轻微的，可以不起诉或者免予刑事处罚；情节显著轻微危害不大的，不以犯罪论处。

第十六条　多次拒不履行信息网络安全管理义务、非法利用信息网络、帮助信息网络犯罪活动构成犯罪，依法应当追诉的，或者二年内多次实施前述行为未经处理的，数量或者数额累计计算。

第十七条　对于实施本解释规定的犯罪被判处刑罚的，可以根据犯罪情况和预防再犯罪的需要，依法宣告职业禁止；被判处管制、宣告缓刑的，可以根据犯罪情况，依法宣告禁止令。

第十八条　对于实施本解释规定的犯罪的，应当综合考虑犯罪的危害程度、违法所得数额以及被告人的前科情况、认罪悔罪态度等，依法判处罚金。

第十九条　本解释自 2019 年 11 月 1 日起施行。

三、外国网络安全文件节选

美国《网络空间国际战略》（节选）

我们在未来网络空间中的职责

为实现这一未来并宣传积极的规范，美国会结合外交、国防和发展，促进网络的繁荣、安全和开放性，让所有人都能得益于网络技术。这三种途径是我们在国际上努力的中心。在20世纪的后50年，美国致力于建立战后国际经济和安全合作体系。在21世纪，我们将本着同样的合作与共同责任的精神，努力实现和平可靠的网络空间构想。

外交：强化合作关系

在维护网络空间利益和特性的同时，其和平与安全原则的扩展需要强化合作伙伴关系，增强主动性。我们会参与国内和国际社会团体真诚而紧迫的对话中，目的是建立网络空间稳定体系。

外交目标

美国会尽力与周边国家达成共识，激励对开放、会操作、安全可靠的网络空间内在价值有共识的国家，建立多边协作和多国负责的国际环境。

加强合作关系

我们会通过我们的国际交流和同盟关系，推动更多利益主体出于经济、社会、政治和安全利益考虑参与此网络空间构想。同时，这些工作也需要国内外私营机构的密切合作。

分布式的系统需要分布式的行动。没有任何一个机构、文件、计划或设备能够完全陈述网络空间的需求。从端用户、私营软硬件销售商和因特网服务供应商到地区、多变和多方利益主体组织，都对网络空间发挥潜能至关重要。

在维护和平与稳定、推动创新、维持经济与国家安全利益、保护和改善人权等方面，国家有长期的责任，特别是在国际舞台上。美国会在其国际关系中建立一种依靠外交国防政策，加强国际合作伙伴关系的国际环境。

双边和多边合作。我们会与其他国家进行双边合作，对与我们政府和人民息息相关的网络空间问题建立合作机制。在达成关于网络空间行为规范的共识前，要首先在具有类似想法的国家间获得一致认可。其间，我们也会邀请更多合作者的加入，在各层级的政府和各种的活动中就网络空间问题进行广泛的双边会谈。在强化手段和方法初见成效时，我们仍将倡导面对网络空间挑战的共同行动。更重要的是，我们会积极邀请发展中国家的参与，保证听取关于该问题的任何声音。

国际和多方利益组织。地区组织已经在解决关系其成员的网络安全问题中发挥效用。他们对发展和使用行动规范的作用越来越重要。我们会坚持在这些地区组织和更广泛的国际组织中，发挥我们的成员关系，致力于推动与各组织专业技术相适应和能实现成员特定利益的生产进程。因特网管理政策的重要步骤已经确定，以保证关键组织中的反应能力和国际代表性。美国很欣赏所作出的这些努力，并会继续支持作出这些努力的组织，他们将整个因特网团体，包括私营机构、民间团体、学术界和多方利益环境中的政府融为一体。

私营部门的合作。尽管私营机构在国际和多方利益组织中已经起到了重要的作用，但我们将继续利用现有的合作机制与企业伙伴合作。特别指出的是，我们还将与基础设施拥有者和运营者(负责大部分的网络功能实现)密切协作，倡导网络生态系统安全，维护网络空间的利益和特性，拓展技术革新道路，推广和平与安全的原则。我们也欢迎私营机构参与因特网的管理，这有利于维护多方利益。此外，我们还会在论坛中对相关问题坚持倡导包容。

国防：劝阻和遏制

无论威胁来自恐怖分子、网络罪犯还是国家及其代表，美国都将保卫其网络不受侵犯。不仅如此，我们还会鼓励善意行动者，劝阻和遏制威胁网络空间安全和稳定的行动。对烦琐的政策也是如此，它赋予了国内外网络的弹性以一定的谨慎和各种可靠反应选择。在防御中，我们会根据法律和原则保护平民的自由和隐私权。

防御目标

美国将与其他国家一同，通过劝阻和遏制恶意破坏，鼓励负责任的行为，打击破坏网络系统的行为，并保留必要和适当的权利，以保护国家重要设施。

劝阻

重要网络的防护需要强而有力的防御能力。加强网络防御以及抗毁和生存能力是我们的一贯做法。一旦有重大袭击事件发生，造成破坏，我们将按照完备预案，减轻设备受损，降低对网络的影响及可能的次生危害。

国内力量。网络和信息系统受损后的快速修复能力需要所有政府部门、私营企业和个体公民的协同行动。十年来，美国已经构建了一种网络安全文化和有效化解危机和处理事故的机构。我们一再强调，在公众和私营机构系统地使用完善的信息技术有利于降低我国的风险，加强网络系统的稳定。对于网络漏洞以及公众和私营机构网络风险的态势感知共享，已取得稳步发展。我们通过国家计算机安全事故反应队建立了政府、重点企业、关键基础设施以及其他利益相关者之间的信息共享。我们也在不断寻求新的方法，以加强与私营机构的合作，提升我们所共同使用的网络的安全性。

国外力量。这种防御模式已经成功地在国际上得到共享，从教育、培训到现在的操作和政策合作。如今，通过技术和国防领域一直以来的合作，各国可以史无前例地共享事故的探测和反应能力，这是预防袭击者对国家和国际网络造成长期破坏的关键一步。然而，全球分布式网络需要全球分布式的早期预警能力。我们必须拓展新的计算机安全事故的全球反应能力，并简化连接过程，加强计算机网络的防御能力。美国有义务与合作伙伴协作，支援不发达国家构建防御能力，并加强对此方面的关注。与友国和盟国的合作能提升国际社会的整体安全性。

遏制

网络攻击和入侵的威胁远远超过了其潜在的利益。我们已充分认识到网络空间活动的影响延伸到了网络以外；这类事件就需要自身防御的反应。同样，网络联结使各国联系紧密，所以，对某一国的攻击所产生的影响可能远远跨越了国界。

对威胁我们国家和经济安全的罪犯和非国家行为者进行国内遏制，需要在所有国家内都允许进行调查、逮捕和制裁。国际上，无论能否获取调查所需重要数据，执法机构必须与他国协商，与立法和司法部协调合作，完善相应的程序和法规。

一旦获得授权，美国将会像应对其他威胁一样，对网络空间的敌对行动采取应对措施。各国都有自卫权，并且某些网络空间的敌对行为会迫使我们按照与军事条约伙伴签署的约定采取行动。我们保留按照可用的国际法适当使用一切必要手段（外交、信息、军事和经济手段）的权利，保卫我们的国家、盟友、合作伙伴和利益。在采取军事力量前，我们会尝试所有方法；并慎重考虑采取与不采取军事行动的代价和风险；寻求国际支持，采取能体现价值的行动，加强立法。

互联网管理：改进有效和包容性的结构

为了改进因特网管理结构，有效地满足所有互联网用户的需求，我们将：

· 优先考虑互联网的开放性和创新性。通过互联网有效传播信息的能力是当代消费、商业、政治、科学和教育活动的中心。全世界各国政府认识到互联网的重要性，然而，其中许多国家限制信息的自由流动，或利用网络禁止传播反对意见或压制反对活动。限制的方法和程度各国之间差别很大，他们辩解的理由也各不相同，但我们不允许重新设计互联网管理或技术体系，去迎合这种违反基本自由或阻止创新的决策。有效的、具有包容性的互联网管理能确保可接受的互联网管理规范以外的行为不会因为技术或管理结构而更加复杂化。一项明确的优先政策就是维护、加强和增加对开放的、全球化的互联网的访问。美国将通过各种活动继续推进这些目标,包括将其推广到各利益相关者的机构组织以及相关的政府间和非政府的组织中。

· 维护包括域名系统(DNS)在内的全球网络的安全和稳定。鉴于互联网对于世界经济的重要性,保持网络及其相关的基础设施、域名系统(DNS)的稳定和安全是至关重要的。为了确保持续的稳定和安全,当务之急是我们和其他国家应继续认可多方利益相关者所作的所有贡献,特别是那些对互联网技术操作至关重要的组织和技术专家。美国认为有效协调资源促进了互联网的成功,并将继续支持那些有效的、多方利益相关者的工作。

· 巩固多方利益相关者对互联网管理问题所持的立场。正是互联网的体系机构体现了社会和技术组织模式的分散性、协作性和层次性。每一个特点对于互联网所带来的好处都是很重要的。这种体系结构刺激了自由创新,促进了经济增长。它也促进了言论和结社自由,使社会和政治得以发展和全世界范围内的民主社会得以正常运行。美国坚信当国际社会讨论互联网管理的一系列问题时,这些讨论必须以一个多方利益相关者的姿态进行。我们将继续支持像互联网管理论坛这样的成功论坛,它们允许非政府利益相关者与各国政府平等地参与讨论,体现了互联网本身的开放性和包容性。

美国《国防部网络战略》(节选)

一、引言

我们生活在一个网络互联的世界。公司与国家需要依靠网络空间处理很多事务,如金融交易、军队调遣等。计算机代码模糊了网络和物理世界之间的界限,并把数百万个物体与因特网或专用网络连接起来。电力公司依赖工业控制系统以为输电网提供电力。航运管理人员利用卫星和互联网跟踪在全球海上通道航行的货船,美军依赖安全的网络和数据以履行使命。

二、战略环境

关键网络威胁

从 2013 年到 2015 年,美国国家情报总监把网络威胁列为美国面临的头号战略威胁,这是自“9·11”事件以来第一次把它列在恐怖主义的前面。全球范围内,潜在的敌对国家和非国家行为体进行恶意网络活动,打击美国利益,以试探美国和国际社会的容忍极限。基于各种原因,这些行为体会渗透美国的网络和系统，如窃取知识产权、为了激进的目的而扰乱一个机构的运作，或进行干扰性和破坏性的攻击以实现军事目的。

潜在对手已经在网络方面给予了重大的投资，因为这为他们提供了一个攻击美国本土和损害美国利益的可行的、似乎可以抵赖的能力。俄罗斯和中国已经开发了先进的网络能力和战略。俄罗斯行为体的网络技术尚不明确，有时他们的意图难以辨别。

除了国家方面的威胁，非国家行为体，如伊斯兰国(ISIL)，使用网络空间招募战士和传播宣传材料，并宣布他们有意获得颠覆性的和破坏性的网络功能。在网络空间，犯罪分子构成了相当大的威胁，特别是对金融机构而言。意识形态群体经常使用黑客，以推进他们的政治目的。国家的和非国家的威胁往往还交织在一起；爱国实体往往充当各国的网络代理人，非国家实体可以为国家行动提供掩护。这些行为可以使追查变得更加困难，并增加了误判的概率。

恶意软件扩散

恶意代码或软件（“恶意软件”）的全球扩散增大美国的网络和数据面临的风险。对一个军事系统或工业控制系统进行颠覆性或破坏性的网络行动需要专业知识，但一个潜在的对手并不需要花费数十亿美元开发一种进攻能力。民族国家、非国家团体或个人可以在黑市上购买破坏性的恶意软件和其他功能。国家和非国家行为体也给专家提供经费，让其寻找漏洞并制定攻击方法。这种做法已经创造了一个危险的和不可控的市场，为国际体系中的多种行为体提供服务，往往是出于对抗的目的。随着时间的推移，网络能力变得更容易获得，美国国防部评估认为国家和非国家行为体将继续寻求和发展网络战能力，来对抗美国的利益。

国防部网络和基础设施面临的风险

国防部自身的网络和系统很容易受到入侵和攻击。除了国防部自己的网络，对美国国防部行动依赖的关键基础设施和关键资源的网络攻击可能会影响美军的应急行动能力。通过其“任务保障计划”(Mission Assurance Program)，在确定自己的重要资产中存在的网络安全漏洞方面，国防部已经取得了成果——对许多关键资产而言，美国国防部已确定了关键物理资产依赖的物理网络基础设施——但必须采取更多措施来保护美国国防部的网络基础设施。

除了颠覆性和破坏性的攻击，网络行为体从众多的美国政府机构和商业实体盗取业务信息和知识产权，也影响了国防部。受害者包括武器开发商，以及通过美军运输司令部(USTRANSCOM)支持兵力调遣的商业公司。国家行为体窃取美国国防部的知识产权，以削弱美国的战略和技术优势，并让自己的军事建设和经济发展获益。

最后，国防部面临着美国政府预算不断的不确定性方面的风险。虽然国防部在资源分配方面优先考虑到了发展网络战能力，但是持续的财政不确定性要求国防部制订计划，在国防预算整体下降的环境下发展其网络功能。国防部必须继续优先排序其网络投资的重点，发展在国内和海外捍卫美国利益所需要的能力。

未来安全环境中的威慑

在不断升级的威胁面前，国防部必须推进综合性网络威慑战略的制定和落实，以阻止关键的国家和非国家行为体使用网络攻击打击美国的利益。由于网络空间中国家和非国家行为体的类型和数量，以及破坏性网络工具的相对易获得性，有效的威慑战略需要一系列的政策和功能，以影响国家或非国家行为体的行为。

随着美国国防部开始建立自己的网络任务部队和整体能力，国防部认为威慑对美国利益的网络攻击将无法仅仅通过网络政策的申明而实现，而是通过我们各种行动的统一而实现，其中包括宣示性政策、核心征候和预警能力、防御态势、有效的响应流程，以及美国网络和系统的整体弹性。因此，在网络空间中威慑国家和非国家团体将需要多个美国政府部门和机构的共同努力。在这个等式中，国防部扮演一些特定的角色。

三、战略目标

为了降低风险，并保卫在当前和未来的安全环境中的美国利益，美国国防部提出了其活动和任务的五个战略目标和具体目的。

战略目标之一：建立和维持做好战备的网络部队和网络能力，实施网络空间作战。

战略目标之二：保护美国国防部信息网络、国防部数据的安全，并减轻国防部任务面临的风险。

战略目标之三：准备好保卫美国本土和美国的切身利益免遭会产生严重后果的颠覆性或破坏性网络攻击的侵害。

战略目标之四：建立并维持可行的网络选项，并计划使用这些选项来控制冲突升级，塑造各个阶段的冲突环境。

战略目标之五：建立并维持强大的国际联盟和伙伴关系，以威慑共同威胁，加强国际安全与稳定。

四、具体战略目标

国防部设定的每一个战略目的都需要国防部实现具体的、可衡量的目标。国防部首席网络顾问办公室、国防部负责采办、技术和后勤部副部长办公室和联合参谋部将与国防部构成机构合作，作出优先次序安排，并监督这一战略及其目标的落实，划分管理目标方面的主要责任办公室和支持责任办公室。主要责任办公室将为每一个目标制订项目计划；首席网络顾问将追踪每个目标的落实情况和每个战略目标的最终成功情况。

五、管理战略

为了实现这一战略提出的目标和目的，需要就网络力量和人员、组织和能力方面作出艰难的选择。在实施这一战略过程中，美国国防部在财政方面的选择将在今后几年产生全国和全球层面的影响，国防部必须以有效的和具有成本效益的方式行动，以保证其投资获得最好的回报。为此，国防部将实现以下管理目标，以管理其网络活动和任务。

1. 建立国防部长的首席网络顾问办公室。在《2014 年国防授权法案》(NDAA)中，国会要求国防部指定国防部长的首席网络顾问(Principal Cyber Advisor to the Secretary of Defense)审查军事性网络空间活动、网络任务部队、进攻和防御性网络作战和任务。此外，首席网络顾问将管理国防部网络空间政策和国防部企业化战略的制定。

2. 加强网络预算管理。国防部将开发一个一致同意的方法，以更加透明和有效地管理美国国防部的网络作战预算。今天，网络方面的资金分散在国防部预算中，包括军事情报项目(MIP)，存在于多种拨款形式、预算项目、项目内容和项目计划中。此外，国防部负责情报的副部长代表美国国防部，确保所有国家情报项目(NIP)投资符合支持国防部任务的要求。国防部网络预算的分散性为国防部有效管理预算提出了一个挑战；国防部必须开发一个用于管理跨项目资助(Cross-program Funding)的新方法，以提高任务效率，实现管理效率。

3. 制定国防部的网络作战和网络安全政策框架。遵守总统的指示，国防部将调整和简化其网络作战和网络安全策略管理，查明能力差距、重叠、冲突，以及最新文件中需要修订的领域。这项工作将有助于将国家和政府部门的指导和政策转换为战术行动。其对明确现有文件中的冲突是很重要的，目前这些文件复杂化了网络作战和网络安全管理。

4. 对美国国防部的网络能力进行端到端的评估。美军网络司令部将领导对其态势进行一次全面的作战评估。在与国防部长的首席网络顾问、国防部负责采办、技术和后勤的副部长办公室、海岸评估和项目鉴定的主任办公室(Office of the Director of Coast Assessment and Program Evaluation)协调后，美军网络司令部将通过网络投资和管理委员会给国防部部长提供短期和长期的建议，这些建议是关于组织结构、指挥和控制机制、交战规则、人员、能力、工具和潜在的作战差距方面的。这种态势评估的目标是提供关于未来作战环境、关键利益攸关者的意见，以及规划和作战的战略重点、选择和资源的清晰认识。

六、结论

我们生活在一个美国的利益面临不断增长的网络威胁的时代。国家和非国家行为体威胁对美国实施破坏性和毁灭性的攻击，以及进行网络的知识产权盗窃，削弱了美国的科技优势和军事优势。我们在网络空间很容易遭到攻击，网络威胁的大势需要领导者和整个政府的各个机构以及私营部门采取紧急行动。

俄罗斯《联邦信息、信息化和信息保护法》(节选)

第 10 条　信息资源按开放程度分类

10.1　俄联邦的国家信息资源是公开的和人人都能获取的。法律规定为限制获取的文件信息除外。

10.2　限制获取的文件信息，按照有关法律制度的条件，分为涉及(属于)国家机密的信息和不公开的信息。

10.3　禁止列入限制获取的信息：

确定国家政权机关、地方自治机关、机构、社会团体的法律地位的以及公民权益、自由和义务及其实现程序的法律和其他规范法令；

含有关于紧急情况的信息，诸如生态、气象、人口、卫生防疫和其他对于保障居民点、生产单位的安全运转、公民和全体居民安全所需的信息文件；

除被认为属于国家机密情报外，有关国家政权机关和地方自治机关的活动的信息文件，有关使用预算经费和其他国家和地方资源的信息文件，有关居民经济和需求的信息文件；

在图书馆和档案馆的公开馆藏中和在国家政权机关、地方自治机关、社会团体、机构的信息系统中积累的具有社会意义的或对于实现公民的权益、自由和义务所必需的文件。

10.4　信息列为国家机密信息应依照俄联邦“国家机密”法进行。

10.5　除了本联邦法第十一条规定的情况而外，列为不公开的信息依照俄联邦法律规定的程序进行。

第 13 条　提供信息的保证

13.1　国家政权机关和地方自治机关，在这些机关及其下属机构的活动方面，应建立每人都可询索的信息资源，以及在其权限范围内，在公民的权利、自由和义务方面，在公民的安全和具有社会意义的其他方面，应向使用者实施大量信息供应。

13.2 询索本条第1款中述及的信息资源遭到拒绝，可以向法庭起诉。

13.3 俄联邦总统信息政策委员会组织登记所有的信息资源、信息系统和公布保障公民询索信息权利的资料。

13.4 从国家信息资源向使用者提供的信息服务清单，无偿提供或收取在服务开支总额中亏损的部分费用，由俄联邦政府规定。

所述服务开支从联邦预算和俄联邦诸主体的预算经费偿付。

第14条 公民和机构询索有关他们的信息

14.1 公民和机构有权询索关于他们的文件信息，针对该信息的准确性，以保障其完整性和可信性，公民和机构有权知道何人及为何使用该信息。

限制公民和机构询索有关他们的信息必须以联邦法律规定为依据。

14.2 有关公民的文件信息的占有者，应按信息涉及的那些人的要求，免费提供这种信息。仅在俄联邦法律已有的规定的情况下，才能给以限制。

14.3 在本联邦法第七和八条的基础上，为充实信息资源而提供有关自身信息的主体，有权免费使用这一信息。

14.4 信息资源的占有者拒绝主体询索有关其自身的信息，可按司法程序起诉。

第15条 信息资源占有者的义务和责任

15.1 信息资源的占有者应确保遵守俄联邦法律规定的和由这些信息资源的所有者依法律规定向使用者提供信息的规章和处理(加工)制度。

15.2 依照俄联邦法律规定，信息资源的占有者违犯信息工作规章要承担法律责任。

第16条 信息系统、技术及其保障手段的设计(研制)和生产

16.1 信息系统和网络、技术及其保障手段等生产活动构成一个特殊的经济部门，其发展决定于国家的信息化科技和工业政策。

16.2 国家和非国家机构以及公民都有权设计(研制)和生产信息系统、技术及其保障手段。

16.3 国家在信息系统、技术及其保障手段的设计和生产领域中要为科研和实验设计工作创造条件。俄联邦政府确定信息化发展方向(先后顺序)及其拨款方式。

16.4 研究和开发联邦信息系统按“信息技术”(“信息保障”)费用条款从联邦预算资金中拨款。

16.5 国家统计机关协同俄联邦总统信息化政策委员会制定经济活动部门财产核算和分析准则，其发展决定于国家的信息科学技术和工业政策。

第17条 信息系统、技术及其保障手段的所有权

17.1 信息系统、技术及其保障手段等客体可以是自然人、法人、国家所有。

17.2 凡提供资金建造，或通过继承、赠与，或其他合法方式接受或获得的信息系统、技术及其保障手段等客体的自然人和法人，被视为这些客体的所有者。

17.3 信息系统、技术及其保障手段，包括在实现这些客体的所有者或占有者的权利的主体的财产组成中。

信息系统、技术及其保障手段是在维护其设计者(研制者)的特权的情况下作为商品(产品)出现的。

信息系统、技术及其保障手段的所有者确定该产品的使用条件。

第18条 信息系统、技术及其保障手段的版权和所有权

信息系统、技术及其保障手段的版权和所有权可属于不是同一个人。

信息系统、技术及其保障手段的所有者，依照俄联邦法律，应保护这些客体的创作者的权益。

欧洲委员会《打击网络空间犯罪公约》(节选)

第7条 计算机相关伪造

当以犯罪意图或未经授权输入、更改、删除或限制计算机数据，而产生看似真实的可被认为或符合合法目的的计算机数据，而不管此数据是否直接可读或可理解时，每一签约方应采取本国法律。认定犯罪行为可能是必要的立法的和其他手段。在附带犯罪责任前，签约方可以规定犯罪成立的欺骗意图，或类似不诚实的意图。

第8条 计算机相关诈骗

当致使他人财产的损失的行为通过下列方式被故意而未经授权进行时，每一签约方应采取本国法律下认定犯罪行为可能是必要的立法的和其他手段：

a 任何输入、更改、删除或限制计算机数据的行为；

b 任何干扰计算机系统功能的行为，

而且是以具有欺骗性的或不诚实的意图以在未经授权的情况下为自己或他人获得经济利益。

第 9 条　涉及儿童色情的犯罪

1　当下列行为被故意而未经授权进行时，每一签约方应采取本国法律，认定犯罪行为可能是必要的立法的和其他手段：

a　以通过计算机系统发行为目的而制作儿童色情作品；

b　通过计算机系统提供儿童色情作品或使得儿童色情作品可被利用；

c　通过计算机系统发行或传播儿童色情作品；

d　通过计算机系统为自己或他人取得儿童色情作品；

e　在计算机系统或计算机数据存储媒介中拥有儿童色情作品。

2　基于上述第 1 款的目的，术语“儿童色情作品”应包括在如下在视觉上进行描述的色情材料：

a　参与明确性行为的未成年人；

b　参与明确性行为且表现为未成年人的个人；

c　表现了未成年人参与明确性行为的实际图像。

3　基于上述第 2 款的目的，术语“未成年人”应包括 18 岁以下的所有人。然而，签约方可以要求不应低于 16 岁的更低的年龄限制。

4　每个签约方可以保留全部或部分不应用第 1 款 d、e 子款和第 2 款 b、c 子款的权利。

第 10 条　涉及版权和相关权利侵犯的犯罪

1　在犯罪行为是大规模并借助计算机系统主观进行时，每一签约方应建立国内法管辖下的、由签约方协议定义的侵犯版权相关犯罪所必需的立法或手段，以履行 1971 年 7 月 24 日《巴黎法案关于文学和艺术作品的保护的伯尔尼修订协定》《贸易知识产权协议》和《WIPO 版权条约》规定下的义务，但本协定规定的道德权利除外。

2　在犯罪行为是大规模并借助于计算机系统主观进行时，每一签约方应建立国内法管辖下的、由签约方协议定义的侵犯版权的相关犯罪所必需的立法或手段，以履行《表演者、生产者、和广播团体保护的国际协定》(罗马协定)、《贸易知识产权协议》和《WIPO 版权条约》规定下的义务，但本协定规定的道德权利除外。

3　假如可获得其他有效的补救方法以及该保留不损害本条款第 1 款和第 2 款中提及的国际文件中施加的签约方的国际义务，在有限制的条件下，签约方可以保留不加本条款第 1 款和第 2 款下犯罪责任的权利。

第 11 条　企图以及协助或教唆

1　当依据现有协定的第 2 至 10 条确定的任何犯罪的帮助或教唆是故意进行时，每一签约方应采取本国法律下认定犯罪行为可能是必要的立法的和其他手段。

2 根据本协定的第3至5条、第7、8和9.1.a和c条确定的犯罪的企图是故意实施时，每一签约方应采取本国法律下认定犯罪行为可能是必要的立法的和其他手段。

3 每个签约方可以保留全部或部分不应用本条款第2款的权利。

第12条 法人责任

1 每一签约方应采取必要的立法的和其他手段确保对依据本协定确定的犯罪行为负有责任的法人代表能够被拘捕。该犯罪是通过任何自然人或者在法人机构中担任领导职位并作为法人有机的一部分的个人进行，并有利于其利益，且基于：

a 法人代表的权力；

b 代表法人作决定的负责人；

c 在法人中行使控制权的负责人进行。

2 除了本条款第1款中已经提出的情况，在缺乏第1款中提及的由自然人进行的监督或控制且已经使得依据本协定确定的犯罪的实施成为可能的情况下，该违法行为如果是通过机构中的自然人的行动来为法人牟取利益，每一签约方应采取必要措施确保法人将负有责任。

3 根据签约方的合法规则，法人的责任可以是刑事，民事的或行政责任。

4 该责任应不违背已经犯罪的自然人的犯罪责任。

第13条 制裁和措施

1 每一签约方应采取必要的立法的和其他手段确保，依据第2至11条确定的违法行为得到有效的、成比例的与劝诫的法令的处罚，包括自由的剥夺。

2 每一签约方应确保，对依据本协定确定的犯罪行为负有责任的被拘捕的法人的个人应受到有效的、成比例的与劝诫的刑事或非刑事法令的处罚，包括罚款。

主要参考文献

[1] 习近平.习近平谈治国理政[M].北京：外文出版社，2014.

[2] 习近平.习近平谈治国理政(第二卷)[M].北京：外文出版社，2017.

[3] 习近平.习近平谈治国理政(第三卷)[M].北京：外文出版社，2020.

[4] 习近平.习近平谈治国理政(第四卷)[M].北京：外文出版社，2022.

[5] 中共中央党史和文献研究院编.习近平关于网络强国论述摘编[M].北京：中央文献出版社，2021.

[6] 奇安信行业安全研究中心.走进新安全——读懂网络安全威胁、技术与新思想[M].北京：电子工业出版社，2021.

[7] 石磊，赵慧然，肖建良.网络安全与管理(第3版)[M].北京：清华大学出版社，2021.

[8] 习近平.论党的宣传思想工作[M].北京：中央文献出版社，2020.

[9] 国家工业信息安全法治研究中心.大数据时代[M].北京：电子工业出版社，2020.

[10] 贾焰.网络安全态势感知[M].北京：电子工业出版社，2020.

[11] 朱诗兵.网络安全意识导论[M].北京：电子工业出版社，2020.

[12] 廉龙颖，游海晖，武狄.网络安全基础[M].北京：清华大学出版社，2020.

[13] 封化民，孙宝云.网络安全治理新格局[M].北京：国家行政管理出版社，2018.

[14] 史蒂芬·卢奇，丹尼·科佩克.人工智能(第2版)[M].林赐，译.北京：人民邮电出版社，2018.

[15] 惠志斌，唐涛.中国网络空间安全发展报告[M].北京：社会科学文献出版社，2015.

[16] 洪京一.世界网络安全发展报告(2014—2015)[M].北京：社会科学文献出版社，2015.

[17] 习近平.在中国科学院第十七次院士大会、中国工程院第十二次院士大会上的讲话[M].北京：人民出版社，2014.

[18] 惠志斌.全球网络空间信息安全战略研究[M].上海：上海世界图书出版公司，2013.

[19] 东鸟.2020，世界网络大战[M].长沙：湖南人民出版社，2012.

[20] 教育部高等学校安全工程学科教学指导委员会.安全工程概论[M].北京：中国劳动社会保障出版社，2010.

[21] 唐守廉.互联网及其治理[M].北京：北京邮电大学出版社，2008.

[22] 刘钧.风险管理概论[M].北京：清华大学出版社，2008.

[23] 托马斯·弗里德曼.世界是平的[M].何帆等,译.长沙:湖南科学技术出版社,2006.
[24] 钟义信,周延泉,李雷.信息科学教程[M].北京:邮电大学出版社,2005.
[25] 孙义明,杨丽萍.信息化战争中的战术数据链[M].北京:邮电大学出版社,2005.
[26] 阿奎拉,伦菲尔德.决战信息时代[M].长春:吉林人民出版社,2004.
[27] 马维野.全球化时代的国家安全[M].武汉:湖北教育出版社,2003.
[28] 沈伟光.解密信息安全[M].北京:新华出版社,2003.
[29] 陆忠强.非传统安全论[M].北京:时事出版社,2003.
[30] 刘荫铭,李金海,刘国丽,等.计算机安全技术[M].北京:清华大学出版社,2000.
[31] 吕新奎.中国信息化[M].电子工业出版社,2002.
[32] 沈伟光.21 世纪战场[M].北京:新华出版社,2002.
[33] 张成福,党秀云.公共管理学[M].北京:中国人民大学出版社,2001.
[34] 戴宗坤,罗万伯,唐三平,等.信息系统安全[M].北京:金城出版社,2001.
[35] 及燕丽,王友村,沈其聪,等.现代通信系统[M].北京:电子工业出版社,2001.
[36] 李海泉,李健.计算机网络安全与加密技术[M].北京:科学出版社,2001.
[37] 聂元铭,丘平.网络信息安全技术[M].北京:科学出版社,2001 年.
[38] 丛友贵.信息安全保密概论[M].北京:金城出版社,2001.
[39] 冯建伟.信息新论[M].北京:新华出版社,2001.
[40] 罗伯特.信息时代的战争法则[M].北京:新华出版社,2001.
[41] 罗宗坤.信息系统安全[M].北京:金城出版社,2000.
[42] 汪致远,李常蔚,姜岩.决胜信息时代[M].北京:新华出版社,2000.
[43] 刘启原,刘怡,等.数据库与信息系统的安全[M].北京:科学出版社,2000.
[44] 刘刚.俄罗斯网络安全组织体系探析[J].国际研究参考,2021(01):24-29.
[45] 王政坤.中国网络安全管理体制回顾与展望[J].网络空间安全,2018,9(12):41-45.
[46] 谭玉珊,任玮.日本加快完善网络空间管理体系[J].中国信息安全,2015,6(03):104-107.
[47] 周季礼,李慧.美国构筑网络安全顶层架构的主要做法及启示[J].信息安全与通信保密,2015(08):28-31.
[48] 吴晔,逯海军.加快国家网络安全力量建设势在必行[J].中国信息安全,2014,5(08):43-45.
[49] 朱瑞.实现互联互通愿景共担网络空间责任[J].信息安全与通信保密,2014,36(12):84-85.
[50] 创新科技期刊编辑部.倪光南:棱镜门事件凸显中国网络空间防护能力缺失[J].创新科技,2013,12(7):6-7.
[51] 檀有志.网络空间全球治理:国际情势与中国路径[J].世界经济与政治,2013,27(12):25-42.
[52] 刘一.国外网络信息安全建设概述[J].信息安全与技术,2013,4(06):3-4,7.
[53] 吕晶华.奥巴马政府网络空间安全政策述评[J].国际观察,2012,(02):23-29.

[54] 崔娟莲,王亚平.医疗安全之“墨菲定律”和“海恩法则”[J].医学与哲学,2012,33(12):1-2,6.
[55] 华镕.“震网”给工业控制敲响了警钟[J].仪器仪表标准化与计量,2011,27(2):35-39.
[56] 郭琼.数据中心网络安全技术方案探讨[J].电脑编程技巧与维护,2010,17(24):127-128.
[57] 孙杰,李鑫华.空地一体化信息对抗系统构架设想[J]. 航天电子对抗,2009(01):10-13.
[58] 李大光.网络空间争霸战[J].时事报告,2009,21(09):48-53.
[59] 劳动保护期刊编辑部.我国安全生产方针的演变[J].劳动保护,2009,57(10):12-15.
[60] 李舒.没有硝烟的网络战[J].瞭望,2008(24):21-22.
[61] 钱惠新. 美军网络战部队建设的研究[J].信息管理,2008(12):13-18.
[62] 韩冰.对互联网信息加强行政监管的必要性[J].信息化建设,2008,11(11):40-42.
[63] 吴勤.以色列空袭叙利亚——开启信息战新时代[J].现代军事,2008,34(9):44-48.
[64] 卢昱,张伶,卢鋆.网络战装备概念和体系结构研究[J].计算机工程与科学,2006(02):1-3.
[65] 李明.网络时代高校德育面临的挑战及对策[J].学校党建与思想教育,2005,23(7):47-48.
[66] 李华.网络战[J].中国人民防空,2004,7(51).
[67] 曹志鸿,王春永.21 世纪新的战争样式——网络战[J]. 石家庄师范专科学校学报,2003(02):17-19.
[68] 明文.信息时代网络战[J].现代通信,2001(01):23-24.
[69] Raphael Satter. First Cyber War Manual Released, in The Sydney Morning Herald, March 20, 2013.
[70] M. Mullon. The National Military Strategy of the United States of America[R]. U.S. Joint Chiefs of Staff. 2011.
[71] R. M. Gate. Quadrennial Defense Review[R]. U.S. Government. 2010.
[72] Richard A. Clarke and Robert K. Knake, Cyber War: The Next Threat to National Security and What to Do About It, Harper Collins 2010.
[73] Martin C. LibiCki. Cyber deterrence and Cyberwar[R]. Rand Corp, 2009.
[74] B Obama. Cyberspace Policy Review—Assuring a Trusted and Resilience Information and Communications Infrastructure[R]. U.S. Government. 2009.
[75] Shane Harris. The Cyberwar Plan[R]. U.S. Government, 2009(11).
[76] Keith B. Alexander. Warfighting in Cyberspace[J]. JFQ, 2007(09): 58-61.
[77] DOD. Defense Strategy Report 2005[R]. U.S. Government, 2005.
[78] PCIPB. National Strategy to Secure Cyberspace[R]. U.S. Government. 2003.